2018年北京农学院学位与研究生教育改革与发展项目资助

都市型农林高校研究生教育内涵式发展与实践

（2018）

姚允聪　　何忠伟　　董利民　　主编

中国农业出版社

北　京

前　言

　　《学位与研究生教育发展"十三五"规划》明确指出："研究生教育作为国民教育体系的顶端，是培养高层次人才和释放人才红利的主要途径，是国家人才竞争和科技竞争的重要支柱，是实施创新驱动发展战略和建设创新型国家的核心要素，是科技第一生产力、人才第一资源、创新第一动力的重要结合点。"北京农学院学位与研究生教育改革发展继续坚持"稳中求进、内涵发展"的原则，改进培养模式，优化结构布局，以提高研究生培养质量为目标，健全质量监督机制，扩大国际合作，促进研究生教育综合改革和创新发展。

　　本书反映了北京农学院 2018 年研究生教育内涵式发展与实践的教育教学成果，同时收录了学校学位与研究生教育的部分工作总结与工作报告。

　　回眸往昔，已然硕果初具；展望未来，仍须砥砺前行。北京农学院研究生教育在时代发展中迎来新的机遇，吾辈学仁当携手一致，抢抓机遇、迎接挑战，把论文写在研究生教育的伟大实践中，把思想嵌进研究生教育的综合改革中，积极推进研究生教育教学改革，提升人才培养质量，共同肩负起时代使命，托起伟大祖国研究生教育的强国梦！

编　者

2019 年 5 月

目　录

前言

研　究　论　文

工 作 报 告

附　　录

研 究 论 文

北京农学院博士学位授予单位项目建设规划与实践

何忠伟　高　源　张芝理

（北京农学院研究生处）

　　摘　要：博士学位授予单位项目建设是学校学科发展的重要内容，也是提升学校科研水平的重要载体。本文分析了学校博士学位授予单位项目的必要性和特殊性，设计了总体建设目标与 3 个学科建设规划，提出了实现博士学位授予单位项目的保障措施。

　　关键词：博士学位　授予单位　规划　实践

一、博士学位授予单位项目的必要性和特殊性分析

　　1. 国家经济社会发展需求对农科研究生教育提出新要求　中共十九大报告指出，中国特色社会主义进入新时代，我国社会主要矛盾已经转化为人民日益增长的美好生活需要和不平衡不充分的发展之间的矛盾。当前，我国社会中最大的发展不平衡，是城乡发展不平衡；最大的发展不充分，是农村发展不充分。通过坚持农业农村优先发展、实施乡村振兴战略，加快农业现代化步伐，推进农业绿色发展，实现"产业兴旺、生态宜居、乡风文明、治理有效、生活富裕"的总体要求。新时代"三农"的新发展需要农林院校培养适应新时代需求的接地气的懂农业、爱农村、爱农民的高层次人才支撑，为地方农林院校的人才培养提出了新要求。

　　2. 首都区域经济社会发展需求为农科研究生教育提供新机遇　北京"四个中心"的城市功能定位和建设国际一流的和谐宜居之都的奋斗目标，需要发

　　基金项目：2018 年北京农学院学位与研究生教育改革与发展项目资助。

　　第一作者：何忠伟，教授、博士。主要研究方向：高等农业教育、都市型现代农业。

展城市功能导向型产业和都市型现代农业，需要一二三产融合的现代农业，需要大力拓展农业的生态功能，需要探索推广集循环农业、创意农业、观光休闲、农事体验于一体的田园综合体模式和新型业态，需要大力挖掘浅山区和乡村的发展潜力与空间，从而满足市民日益增长的多元化、高质量的农产品需求和休闲环境需求。首都城市的特殊地位和深刻转型造就了首都"三农"的特殊性，"和谐宜居"需要"三农"提供更宽、更大的服务贡献，"国际一流"需要更高层次的人才支撑，也造就了首都农科高校的特色服务面向和义不容辞的责任。

3. 北京农学院服务首都发展的优势特色和尚存差距　北京地区有中国农业大学、北京林业大学、北京农学院和北京农业职业学院 4 所农林高校，服务面向和人才培养定位明显不同，形成了典型的差异化发展。中国农业大学和北京林业大学是教育部直属院校，服务全国，培养研究型人才；北京农学院和北京农业职业学院是地方院校，立足首都发展，北京农学院培养应用型复合型本科以上层次人才，北京农业职业学院培养技能型专科人才。北京农学院责无旁贷地承担着首都新时代"三农"发展所需高层次人才培养的重任。应对首都城市发展对"三农"的需求，北京农学院已经形成了都市型现代农林特色的办学体系，以园艺学和兽医学为代表的硬学科和以农林经济管理为代表的软学科都为首都"三农"发展作出了实质性的贡献，得到了市农委等主管部门的充分肯定。对照博士授权单位的申报条件，学校已经具备相关要求，在学科和专业设置以及科研支撑等方面具有较好的基础。但是，个别学科在师资队伍及高水平科研等方面还有一定差距，需要进一步加强建设。

二、博士学位授予单位项目的建设目标

1. 指导思想　以习近平新时代中国特色社会主义思想为指导，全面贯彻党和国家的教育方针，围绕国际一流和谐宜居之都建设需求，坚持立德树人，进一步加强研究生教育，提高办学层次，培养首都特色的具有创新精神和实践能力的高层次应用型人才。

2. 总体目标　按照《统筹推进世界一流大学和一流学科建设总体方案》的要求，学校坚持内涵、特色、差异化发展道路，以首都发展需求为导向，以现有 11 个一级学科为基础，优先集中建设园艺学、兽医学和农林经济管理学科，对照检查《学位授权审核申请基本条件》要求，保优势、补短板、强弱项，通过 2018—2020 年 3 年建设期，使学校成为博士学位授予单位、2～3 个学科获得博士学位授权点，全面提升学校的办学层次和办学水平。

3. 主要措施

（1）进一步优化学科方向。围绕《北京城市总体规划（2016—2035年）》对农林产业、生态环境和乡村振兴的布局，对照《学位授权审核申请基本条件（试行）》（2017年）和《学位授予和人才培养一级学科简介》（2013年），进一步优化园艺、兽医学、农林经济管理等学科方向，强化学科内涵和团队建设，大力提升研究生培养质量。

（2）不断提升学校科研实力。围绕首都发展对农林行业的需求，聚焦"食品质量与安全、生态环境、乡村振兴、种质资源开发与利用、智库"等特色研究方向，充分发挥省部级科技创新平台的支撑作用，在学科团队的基础上，按照首都重大需求组建跨学科、跨学院的科技创新团队，进一步加强科学研究和技术创新，提高科研水平，为学科建设提供坚实的科研基础。在科技创新政策方面，加大对申报学科的支持力度和倾斜力度。

（3）强化人才支撑与经费投入。加大公共服务体系建设，特别对申报授权学科建设的人财物等办学条件建设实行倾斜政策。目前，兽医学科在教师队伍方面仍有不足，学校将有计划地分批次补充教师队伍。进一步做好3个学科的教师职业发展规划和人才项目，培养一批学科领军人物及具有创新精神的中青年学术骨干。加大经费投入力度，对3个申报博士点的一级学科建设每年投入300万元。

三、博士学位授予单位项目的学科建设规划

1. 园艺学博士点建设规划

（1）现有基础。园艺专业始建于1957年，"文化大革命"时期停办，1979年恢复招生，2003年获批果树学硕士研究生学位授权点并开始招收研究生，2007年获批蔬菜学硕士研究生学位授权点。园艺学科始终立足首都功能定位对园艺产业的需要，以培养适应我国社会主义现代化建设和北京国际一流和谐宜居之都建设需要的园艺学科高级专门人才为目标，以开展应用基础与应用技术创新研究为特色，针对产业持续性的重大问题凝练学科方向，不断加强人才培养，增强科研力量，提升学科影响力。

人员规模及结构：园艺学科现有教职员工42人，其中教授22人，副教授14人，讲师4人，实验员2人。其中，45岁以下教师占比达一半，全部具有博士学位。目前享有国务院政府特殊津贴人才2人，北京市高层人才2人，北京市长城学者2人，青年拔尖人才4人，北京市教学名师2人，北京市科技新星12人，国家级、省级学会理事以上人员26人次，市政府顾问1人，市级产

业体系专家 3 人；拥有省部级重点建设学科 1 个，市级学术创新团队 3 个，市级优秀教学创新团队 1 个。

人才培养：园艺学科经几十年的发展，现有 1 个园艺学一级学科硕士点，1 个农艺与种业专业学位。近 5 年来，硕士研究生第一志愿录取比例超过 90％。在校研究生规模达到 150 人。其中，全日制学术型研究生 84 人，专业学位研究生 51 人，在职研究生 15 人。课程体系不断完善，拥有稳定的教学团队，课程设置科学、合理，具有特色。近 5 年来，共授予硕士学位 325 人（含果树学及蔬菜学硕士 140 人，全日制园艺领域专硕 125 人，在职园艺领域专硕 60 人）。共有 20 名硕士毕业生的学位论文被评为"校级研究生优秀学位论文"。近 5 年来，硕士毕业生以第一作者发表学术论文 350 余篇，其中 SCI 论文 60 余篇；参与各级各类科研项目 260 多人次。近 5 年，研究生就业率在 98％以上。其中，50％以上的硕士研究生赴荷兰、波兰以及我国香港与内地高校继续攻读博士学位。毕业生普遍职业胜任能力强、职业素质较高，受到用人单位好评。

科学研究：在良好的理论和应用科研环境的支撑下，注重基础理论研究和应用基础研究相结合，将国际园艺学前沿理论研究和关注重点及解决我国园艺产业可持续发展的重大问题的支撑性基础研究作为研究核心，研究整体水平高，理论研究优势明显，特别是在园艺产品种质资源及果实发育分子生物学等领域，部分研究成果达国际先进水平；至 2017 年底，本学科承担国家级项目 30 余项、省部级和境外合作项目 110 项，5 年内到账科研经费总额达 7 545.8 万元。获国家科技进步奖二等奖 1 项，省部级科技进步奖励 10 余项。被 SCI、EI 收录的论文百余篇；审定、鉴定园艺作物新品种 24 个，获国家发明专利授权 37 项，实用新型专利授权 2 项；规划设计软件著作权 1 项。在强化理论研究的同时，以理论研究成果促进学科对产业的服务，在京郊大地建立科技示范园 40 余个、校级教授工作站 4 个，服务对象超过 10 万人次；引育良种和研发技术在全国直接推广面积超过 30 万亩*，为保障园艺作物综合生产能力和效益、提高园艺产品质量安全、增加农民收入作出了重要贡献。

学术交流：园艺学科注重学术活动，先后派出教师 30 人次赴美国、澳大利亚、英国等国家从事科研合作及攻读博士学位，建立了长期的学术合作关系。以中关村生命科技园和现代农科城为依托，与北京首都农业集团有限公司、北京中关村生命科技园昌平分园、北京雷力公司等企业合作，建立合作科研基地 20 余个，促进了产学研结合，实现了科技成果的转化。

---

* 亩为非法定计量单位。1 亩＝1/15 公顷。

（2）问题及不足。人员结构需进一步优化：目前，园艺学科人员虽具有一定的规模，但是人员结构尚需要优化，亟待补充年轻人员或高层次领军人才。

科研实力需进一步加强：园艺学科尚需高显示度的成果奖项、国家重大项目以及高水平的论文提升学科整体科研实力。

科研平台需进一步健全：园艺学科作为传统学科转型的典型代表，虽然近年来围绕服务北京都市农业的发展，发挥学科特色，进行生物学、生态学、林学以及植物保护学等学科交叉研究，对林果业生态环境功能提升协同创新中心和林木分子设计高精尖中心的协同创新机制进行了探索。但是，面对《北京城市总体规划（2016—2035年）》对农林产业、生态环境和乡村振兴的布局，还需要进一步整合资源，进一步拓展园艺的生态功能，既服务园艺产业经济，又服务乡村和浅山区生态环境建设。

（3）建设目标。以学科建设为主线，以全面提高学术队伍整体水平为中心，以自身培养与引进为抓手，以实践基地为依托，打造一支专业精通、学术研究水平高、实践经验丰富的双师型学术梯队，使园艺学一级学科达到博士点基本条件，学科评估进入全国园艺学科的前10名。

（4）建设内容。优化师资队伍结构：通过引进高层次人才及培养学科后备人才，针对不同学科方向完善人员配置调整学科整体人员队伍结构。

提升科研水平：围绕首都发展需求加强团队建设，以重大项目、重点平台为基础，以高水平论文及重大科技奖励为攻坚，以品牌成果转化基地建设工程为落脚点，带动学科整体科研水平提升，促进高显示度的成果产生。

构建协同创新平台：将人力、平台、团队、基地等资源进行整合和调配，并且与植保、园林、林学、生物等学科交叉融合，通过协同创新机制建设促进学科平台建设，提升学科整体水平。

（5）建设措施。在师资队伍建设方面：围绕学科发展，加强人事聘用制度的支撑，学校的人才引进政策及各层次的人才培养项目向学科倾斜，加大年轻人员的培养，通过增加培训、进修的机会为学科年轻人员提供提升机会，从而稳定队伍、吸引人才，充分调动广大教师特别是学科、学术带头人和教学、科研骨干教师的积极性。建立并完善学术带头人、后备领军人物的选拔机制，培养一批具有创新能力和发展潜力的新一代学科、学术带头人，培养一批懂农业、爱农村、爱农民、为人师表、治学严谨、教学效果好的教学名师和教学能手。

在科研水平方面：学校科研条件、政策、经费和资源向学科倾斜，为引进高精尖人才和高显示度科研成果的产出提供切实的政策保证。引导教师根据自身特点做好职业规划，提高对学科的贡献率。同时加强考核，建立科学、客观、公正的教师考核、评价、激励机制，制定以业绩为核心、强化师德与业绩并重的综合考核机制。用岗位绩效作用机制激励强化团队绩效和产出绩效，发挥考核对师资队伍建设的促进作用。加强导师队伍建设，坚持研究生导师遴选措施和年度考核制度；推进培养方案改革，构建适应北京发展和具有学科特色的一级学科知识体系；强化研究生综合能力训练，突出因材施教和个性化培养；加强对研究生学术规范与学术道德的教育，注重综合素质的提高和创新能力的提升；注重过程管理，明确各个培养环节的考核目标和标准，做到规范化、系统化，可操作性强。

在科研平台建设方面：在现有的林果业生态环境功能提升协同创新中心和林木分子设计高精尖中心的基础上，继续建立及完善长效的协同创新机制，以园艺学科的建设带动植物保护学、林学等相关学科的发展，通过协同创新，推动学科交叉融合和生态功能的拓展，从整体上丰富学科内涵，提高学科创新能力，推动学科建设发展。进一步增强科研平台的服务能力，提高服务水平，促进学科及交叉学科整体水平的提升，提高学科对首都的服务贡献力。

2. 兽医学博士点建设规划

（1）现有基础。北京农学院兽医学学科始建于 1983 年，同年开始招收本科生，2003 年临床兽医学硕士研究生授权点被国务院学位委员会办公室批准，2005 年获得基础兽医学硕士学位授权点，2009 年获批兽医专业学位授予权，2012 年获得兽医学一级学科硕士学位授予权。

人员规模与结构：本学科现有专任教师 38 人。每个学科方向的教师梯队不少于 9 人，其中教授不少于 2 人，每个学科方向都有专职实验技术人员。专任教师中，教授 9 人、副教授 14 人、其他 15 人；45 岁以下 24 人（63.2%）；具有博士学位的教师 23 人（60.5%），分别毕业于中国农业大学、中国农业科学院、西北农林科技大学等高校，其中具有海外留学背景的有 8 人，学缘结构、年龄结构合理。在学科专长结构方面，本科兽医专业毕业的教师比例高于 97%。

人才培养：该学科在人才培养方面不断加大投入，改善教学科研条件，提高培养质量。培养的学生很多已成为大型企业、大专院校和科研院所的中坚力量。近 5 年，培养硕士研究生 291 人。其中，兽医学术学位硕士 95 人、兽医专业学位硕士 88 人、非全日制兽医硕士 108 人。220 人获得硕士学位，就业率达 100%。其中，20 余人分别考取了中国科学院、北京协和医学院、中国农业大学、南京农业大学、华南农业大学等高校的博士研究生，很多成为兽医行业精英，尤其是培养了一批宠物临床和中兽医学学科的领军人才。在校研究生发表学术论文 120 余篇，其中被 SCI 收录 22 篇。此外，与中国农业大学、南京农业大学、吉林大学合作培养博士研究生 9 人，已获得博士学位 8 人。

科学研究：近 5 年，本学位点年均承担国家重点研发计划等科学技术部课题（或子课题）及公益类项目 15 项、国家自然科学基金 17 项、北京市自然科学基金 3 项、市教委课题 22 项、其他市委局课题 19 项、横向纵向课题 50 余项，累计科研进账经费 5 427.2 万元。科研成果获得国家发明专利 39 项，发表学术论文 300 余篇，其中 SCI 收录论文 60 余篇，获得省部级科研成果奖 5 项。

学术交流：近 5 年来，本学科在宠物医学、中兽医学、兽药与疫病防控等教学科研领域与国内和美国俄克拉荷马州立大学、日本麻布大学以及英国皇家农业大学等签署国际合作协议，与上述国家和地区的同行专家保持密切的学术交流与合作，主办或承办重要国际国内学术会议 10 次，接待国外学术讲学、进修、联合考察，学科成员参加国内外重要学术会议 326 人次，在国外进修或合作研究半年以上 8 人次。

（2）问题及不足。学科队伍建设：专任教师数量与博士学位授权点基本条件仍有一定差距，学科队伍中还缺少国家级学科领域中的专家，博士研究生指导教师数量还不足，学科团队的学历、学缘、年龄、专业及职称等结构有待进一步改善。

科学研究水平：科研创新能力不强，科研实力还需进一步提高，特别是缺少国家和省级科研奖励；发表高水平学术论文的数量还有待提高。

教学科研条件：教学和科研平台条件还未达到博士点建设要求，在研究生公共实验平台、国际标准的实验动物中心以及生物安全实验室等条件建设方面尚需加强和完善。

（3）建设目标。通过 2018—2020 年的建设，进一步加强队伍建设，提升兽医学学科的整体水平和学术竞争力，继续培育强化优势特色学科方向的研究特色，以解决中兽医基础理论和中西医结合防治动物疾病的关键技术难题为目标，培养兽医学科健康发展所需要的创新人才，使本学科成为北京市乃至国内中西医结合的兽医学领域高层次人才培养基地，整体水平达到博士学位授权点基本要求。

（4）建设内容。学科队伍建设：立足现有研究基础与学科特色，依托国家级或省部级科技奖励、国家级科研项目，以北京市重点实验室、工程研究中心为平台，围绕"中兽医基础理论和现代科学内涵"和"中兽药防控动物疾病"两个特色优势学科积极引进、培养学科方向领衔专家和青年学术骨干 3~4 人，逐步提高队伍数量和学科队伍中具有博士学位教师和青年教师的比例，增强学术队伍整体实力，实现学历、学位、职称、年龄和学缘结构合理，承担重大科学研究项目，具有较强科研能力和较大发展潜力的梯次型科研创新团队 3～5 个。

教学科研平台建设：按照学科博士点建设规划要求，重点加强研究生实验室以及符合国际标准的生物安全Ⅲ级、Ⅱ级实验室和实验动物中心，整合实验设备资源，补充紧缺的仪器设备，以科研平台系统化为目标，到 2020 年，投入 600 万元对本学科的各个研究方向进行仪器设备配套建设，使本学科的科研平台、研究生培养条件上水平、上层次。

在"北京农学院教学动物医院"的基础上，规划建设"宠物临床诊断研究中心"、宠物病理诊断实验平台、中兽药机制研究及药物研发实验平台和动物病原诊断实验平台。促进中兽医药与宠物诊疗及动物健康养殖中关键技术的研发，实现产学研相结合，推动科学研究成果的产业化。

提高研究生培养质量，提高成才率：努力提高研究生培养质量，加大博士点建设力度，发挥研究生在科研中的生力军作用。依托高水平的科研项目提高研究生培养质量；注重研究生科学素养与创新能力的培养和提高；鼓励研究生参与高水平的学术会议，培养研究生的学术交流能力；发挥研究生在科学研究中的生力军作用。

（5）建设措施。加强学术队伍建设，培养学科领军人物：实施学科带头人负责制的学术梯队建设措施。结合国家和北京市发展的需求，服务地方经济，充分发挥学科带头人的作用，整合本学科的科研力量与资源，凝练学科方向，拓展研究领域的广度和深度。大力扶持原创性科学研究，提高本学科的竞争力和承担重大科研项目的能力以及创新型人才的培养能力。制定有利于人才引进和培养的政策及措施。在学校的支持和帮助下，制定和实施有利于人才脱颖而出的政策及措施，完善适应学科发展的考核评价标准，健全公平竞争、严格考核、跟踪管理的管理机制，为人才提供优良的工作环境和生活条件。同时，对在学术上表现突出的教师在晋级、提职等方面予以优先考虑。

加强教学科研基础设施平台建设：教学科研基础条件建设是学科建设的基础和重要支撑，基础条件的好坏直接影响到学科的发展和水平。因此，学科将利用各种资源和条件进行硬件环境建设，创造一流的工作环境和科研平台。教学科研基础建设主要内容如下：

完善目前学科的教学实验条件：在现有实验设备、仪器基础上，进行整合优化，利用本项目的建设经费，建设研究生教学实验平台，并使这些实验设备条件达到国内同类专业的先进水平，改善科研平台的基础条件，提高科研基地的运行效率，为博士研究生的培养提供优良的实验环境及实验条件，为基础性、前沿性、应用性较强的重大课题研究提供有效的支撑和保障，多出成果、出大成果。

建设研究与开发平台：根据学科建设及宠物诊疗和健康养殖产业的发展需要，建设"中兽医药研发平台"和"分子生物学诊疗技术"教学平台；再建立2～3家校企联合研发中心。完善教学、科研平台的系统建设。建设"宠物临床诊断研究中心"、宠物病理诊断实验平台、中兽药机制研究及药物研发实验平台和动物病原诊断实验平台。开展中兽医药与宠物诊疗及动物健康养殖中关键技术的研发，实现产学研相结合，推进科学研究成果的产业化。

提高人才培养质量：加强兽医学一级硕士学位授权点的建设，大力改善研究条件和软件环境，实施研究生创新计划和质量工程，推进研究生培养机制的改革和体制创新，激发学习和探究的兴趣，培养创新意识。完善以科研为导向的导师负责制，建立国家、学校、导师三位一体的研究生奖助体系。建立灵活的激励机制，积极支持研究生科技创新，努力提高研究生的培养质量。积极与国内一流院校合作，联合培养博士研究生。

积极开展学术交流活动：建立学科高级人才引进和对外学术交流的机制。本学科将积极开展国际合作与交流，加强选派研究人员赴国外合作研究与学术交流的力度。制订邀请国外专家来校讲学和科研合作计划，举办与承办国际学术会议或研讨会。进一步加强与中国农业大学、华南农业大学、华中农业大学、西北农林科技大学和西南大学等国内知名高校以及中国科学院、中国农业科学院、中国兽医药品监察所等科研院所的科研合作关系，开展战略合作研究，共同承担国家重大基础研究和工程技术项目。

3. 农林经济管理博士点建设规划

（1）现有基础。农林经济管理学科其前身是北京农学院农经专业，始建于1962年，1980年恢复重建并开始招收本科生，并于2010年评为国家级特色专业，同年成为国家级卓越农林人才教育培养计划改革试点专业。2006年获批二级学科硕士学位授权点，2008年评为北京市重点建设学科，2010年获批一级学科硕士学位授权点。本学科始终以"立足北京，引领京津冀"为学科发展定位；以强化都市型现代农业发展理论研究与政策咨询，服务都市型现代农业京津冀协同发展的现实需求为目标；以学科方向凝练、研究平台提升为抓手，不断加强高层次农林经管类人才培养，努力实现学科科研力量显著增强，科研经费持续增长，科研成果显示度不断提升，社会服务能力持续增强的发展目标。

人员规模与结构：专任教师22人，每个学科方向的教师梯队不少于5人，每个方向都至少有2名正高级职称。专任教师中，45岁以下的比例达到72.7%，获得农林经济管理及相关学科博士学位的比例为91%，100%拥有硕士学位；分别来自中国农业大学、中国农业科学院、西北农林科技大学、华中农业大学等，学缘结构合理。

人才培养：自2007年招收研究生以来，共授予学术型农林经济管理专业硕士学位53人，另外授予全日制专业学位（农村与区域发展领域）95人、在职75人。拥有完善的硕士研究生培养方案，专业基础和核心课程设置完备，且特色鲜明，每门课都配备2名以上有高级职称的授课教师。已经完成了博士培养方案的制订工作，能够开设高水平博士研究生系列课程。本学科有优良的办学声誉和社会评价。培养毕业的学术型研究生中有9人的学位论文被评为"校级研究生优秀学位论文"；累计第一作者发表学术论文200余篇，其中在北京大学核心期刊发表论文50余篇；近5年研究生就业率在98％以上；农林经济管理专业考博率在10％以上。

科学研究：本学科具备良好的支撑研究生培养的科研条件。近5年，主持国家级项目5项，省部级课题80余项，学科带头人、方向带头和学术骨干教师人均主持2项以上国家与省部级科研项目，年人均科研经费30万元以上，荣获省部级以上科研奖励10多项；有30％的学术型研究生参加了国家自然科学基金或国家社会科学基金项目等高级别项目的研究。本学科取得了良好的科研成果，为首都"三农"经济建设、社会发展和科学技术进步作出了重要贡献。

学术交流：有较为活跃的学术交流活动。每年有较多教师和科研人员主持和参与学术交流与合作项目。近5年，主持召开国际会议1次、国内学术会议6次；每年参加国际和全国学术会议50多人次。每年有80％的学术型硕士研究生参加国内外学术交流，学校有相应资助。

（2）问题及不足。一是对接国家战略和北京发展方向不足，需根据乡村振兴战略的部署和《北京城市总体规划（2016—2035年）》的新要求，进一步丰富学科发展内涵。二是学术队伍结构需要进一步优化，高水平带头人才不足。三是高级别项目和高水平成果不足。

（3）建设目标。围绕服务京津冀现代农业协同发展的现实需求，努力提高学科的综合实力和学术水平，通过建设期建设，学术梯队不断优化，新增3~5名高水平的学科带头人；科研力量显著增强，年均承担国家级项目1~2项、省部级以上项目20项、科研经费保持在600万元以上；涌现一批高质量的科研成果，年均发表高水平论文10篇以上，获省部级以上奖励年均1~2项；社会服务能力继续增强，年均省部级以上建议采纳获领导批示1~2项；学科评估排名争取进入前50％，学科整体达到博士点申报要求。

（4）建设内容。学科基地建设：围绕乡村振兴和都市型现代农业发展关键瓶颈，在已有基础上，继续深化基础性和应用性研究，争取相关政府部门支持，充分发挥北京新农村建设研究基地和北京市国家现代农业示范区技术服务中心的作用，集中力量开展学科的前沿研究，提升学科对政府服务的智库建设。围绕都市农业产业发展需求，选取大型农业企业，新建产学研基地1~2个。

学术队伍建设：争取培育高水平学科带头人1~2个，百千万人才及杰青1~2人。实施"走出去"和"请进来"的发展战略，组织教师开展国际学术交流和学术考察，并积极邀请本领域国家知名专家开展合作研究与学术交流，提升国际化水平。力争实现出境访问5人次，外国专家来华交流5人次。

科学研究：以学科建设方向为导向，加强学科团队建设；加大国家级项目申报力度和高层次科研成果转化；鼓励并培育国家级项目、高层次论文和省部级奖。争取年均新增国家级项目2~3项；年均发表SCI论文2~3篇，CSSCI论文10篇以上；年均科研经费超过1 000万元，其中纵向经费30%以上。

社会服务：依托北京市农业产业技术体系，充分发挥5位岗位专家团队作用，提升行业影响力。依托北京市农村专业技术协会，充分发挥其社会服务职能，积极开展科普惠农教育和技术培训、科技咨询与技术交流，扩大社会影响力。加强北京市新农村建设研究基地建设，加大政策建议的高层次转化，争取省部级领导的批示、采纳力度，提升政府与产业主管部门的对口服务能力。依托北京国家现代农业示范区技术服务中心、北京城市副中心农业农村发展技术服务中心等机构，提升社会服务能力。

工作条件建设：一是建设"三农"经济数据资源库，为学科发展提供数据基础与交流平台，为服务北京乡村振兴提供丰富的参考信息；二是改善科研条件，改善研究生研究和学习条件；三是加强校外人才培养基地建设，及时对接社会需求。

（5）建设措施。凝练学科方向，巩固学科优势：加强优势学科方向的建设，注重学科交叉及新兴学科方向的培育。围绕乡村振兴战略、都市型现代农业发展、美丽乡村建设、环境资源与生态保护等，进一步凝练学科方向，注重基础研究和应用基础研究，形成相对稳定、具有一定优势和特色的学科方向。

培养与引进并举，加强师资队伍建设：一是引进高层人才，通过人才引进，补充现有师资队伍的短板，建设学科急需的优秀人才。二是加大现有师资队伍培养，围绕学科发展方向，改善师资队伍学历结构，建设有影响力的学科团队，并建立和完善学术带头人、后备领军人物的选拔机制，培养一批具有创新能力和发展潜力的新一代学科、学术带头人。

积极筹措资金，确保经费投入：多方筹集资金、采取多种形式进行学科建设工作；借助北京市相关委办局、研究院所和企业力量，加强软硬件条件建设。未来 3 年，该学科将加大经费投入，主要用于高水平人才引进、创新团队建设和学科重点方向科学研究。

整合学科资源，构筑公共研究平台：整合该学科与支撑学科人力、物力和财力，与学科点建设目标相对应，打造学科开放共享研究平台，着力改善研究条件及提升研究层次和水平，为学科建设提供切实保障。

四、博士学位授予单位项目的保障措施

1. 加强基础条件建设　坚持开源与节流相结合，科学合理筹集和调度资金，加大对博士学位授权建设学科资金投入，设立专项经费，每年向园艺学、兽医学、农林经济管理 3 个学科总投入 900 万元，增加对生物工程、植物保护、畜牧学、工商管理等支撑学科的投入，满足学校博士学位授权单位建设公共服务的需求。加强市、校两级专项管理，强化专项经费绩效考核，提高资金使用效益。积极推进网上报销和无现金结算制度，提高财务管理水平和服务效率。同时，运用现代信息技术和高校固定资产管理系统，进一步细化资产管理流程，实现了对学校固定资产的动态化、精细化、科学化管理。教学科研仪器设备总值和生均值持续增长，完善 40 万元以上的教学科研大型仪器共享机制和监督制约机制，提高资源使用效率，服务教学科研功能明显增强。

2. 建设一流的信息与资源环境　加强信息与资源建设，图书馆藏书逐年增加，藏书总量达到 94 万册，馆藏数据库资源不少于 50 个，电子图书达到 48 万种，报刊资源不断优化，生均图书保持在 100 册以上。根据学校学科建设的需要以及学科的分类与融合，整合校内的文献资源。实现纸质文献与电子文献并重、书刊文献与数据库互补、重点文献与一般文献协调发展的馆藏结构。打造虚拟图书馆，实施基于 3 个学科的数字学术中心计划。升级配套设施，采购与研究、学习相关的技术设备，提供灵活、舒适的基础设施。延伸数据管理服务，支撑师生的整个研究周期。完善网络信息安全保障体系，加快推进数字化校园建设，努力推进办公自动化，提高学校信息化水平。

3. 拓展中外合作办学的渠道　探索新条件下中外合作办学新机制和多元化中外联合培养途径，积极落实中外合作办学所依托的教育资源，扎实推进与"一带一路"相关国家的联合培养项目。以项目为载体和切入点，鼓励博士生赴境外进行学习研修、学术研讨、项目合作和交流培训，拓宽博士生国际视野。依托学校科研教学机构，积极承办或参与各类高层次国际学术会议和国际交流活动，扩大学校国际影响。

4. 加强学科平台建设　学校将通过搭建多种形式的学科平台，完善学科

平台建设管理制度，整合全校资源，为博士点授权建设学科和支撑学科配备必需的公用资源，创造良好的学科环境，充分调动科研人员的积极性，挖掘科研创造力。学校继续加大学科平台建设投入，切实加强都市农业研究院、农业应用新技术重点实验室、兽医学（中医药）重点实验室、新农村建设研究基地等省部级研究平台建设，使其成为博士点学科建设的有力支撑。学校还将大力加强学科研究平台建设，力争为每个博士点建设学科建成不少于 3 个市级重点研究基地，为每个支撑学科建成至少 1 个市级重点研究基地。同时，整合现有基地资源，力争建设以乡村振兴战略研究为主体的市级人文社科重点研究基地。在管理方面，建立博士点建设学科、支撑学科和相关学科群的统一管理和协调的体制及运行机制，为学科建设提供综合管理服务。

农村发展专业学位研究生培养模式探索
——以北京农学院为例

马淑芹　佟占军
（北京农学院文法学院）

摘　要：农村发展专业领域在 2018 年农业硕士领域调整后首次招生。创新优化研究生培养模式，成为农村发展专业领域面临的重要问题。本文以北京农学院农村发展专业领域研究生培养的实践探索为例，借鉴其他专业经验，提出了以实践为引领，强化专业学位特色的研究生培养模式。

关键词：实践　专业学位　培养模式

经过近 20 年的建设，农业硕士人才培养和其他专业学位硕士一样得到了空前的发展。从 2001 年设立农业推广硕士开始，到 2009 年招收全日制农业推广硕士，之后 2016 年更名为农业硕士，再到 2018 年农业硕士招生领域的重新调整，农业硕士人才培养目标更为清晰明确，领域划分也更能体现社会需求方向。如何发挥各个培养单位的特色和优势，培养具有各个领域突出特点和能力水平的专业学位人才，是培养单位亟待解决的问题。北京农学院文法学院作为承接农村发展专业领域的硕士学位授权点工作的二级学院，借鉴以往学位授权点建设的经验，以实践为统领，调整改革人才培养体系，对发展农村发展专业之优长、发挥专业领域特色的高层次应用型人才培养模式进行了实践探索。

基金项目：北京农学院学位与研究生教育改革与发展项目"农村发展专业学位研究生培养模式探索——以北京农学院为例"（2018YSH005）资助。

第一作者：马淑芹，助理研究员。主要研究方向：教育管理。

通讯作者：佟占军，教授，北京农学院农村发展专业领域负责人。

一、农村发展专业领域人才培养目标需求分析

根据《农业硕士专业学位农村发展专业领域指导性培养方案》（以下简称《培养方案》）要求："农村发展领域是培养能够熟练掌握社会学、管理学和发展规划等与农村发展相关的学科理论知识，娴熟运用其中的工具和工作方法，并能够对农村发展过程中出现的问题进行分析和应对的实践型、应用型、专业型的职业人才。它是面向各级政府行政机关、事业单位、非政府组织、科研单位等部门培养具有农村发展知识和技能的人才"。由此，文法学院的农村发展领域的培养目标应当更清晰地定位于北京市农村社会发展的现实需要，在专业力量方面，需要整合学科资源包括其他相关专业的高水平师资，借力校外社会资源，发展人文支撑和管理优势，对农村发展专业招生、课程设置、导师队伍、实践教学、学位管理等方面进行一系列的探索和实践，建设高水平、有特色的农村发展专业硕士点。

二、当前农村发展专业领域研究生培养方面存在的问题

尽管专业学位研究生从设立之初就强调人才培养的实践性、应用性特征，但实际上，由于各种原因，尤其是具有文科特点的专业领域，导师大多是文史类专业的情况下，学术思维往往容易渗透于导学之中，实践能力训练往往欠缺。《培养方案》明确规定，该领域是与任职资格相联系的专业学位，培养目标定位是能够解决农村发展中的实际问题的高级应用型人才。对比培养目标的实践性和应用性的层面要求，现实的情况是，农村发展专业无论是研究生基础、师资条件，还是实践训练的保障体系等都存在需要完善和改进的方面。

1. 生源质量不高，研究生对个人专业发展的定位不明确　当前，北京农学院文法学院作为农村发展专业领域的硕士点管理单位，主要依托学科是农村发展专业和法学专业，生源主要来源于农村发展、法学和社会工作专业。从目前生源结构看，本校生源超过 80%，校外生源往往是同等学力或是跨专业考生，专业基础薄弱。通过调查了解，大部分研究生选择报考本专业是因为本校好考、提高学历层次有利于就业等客观因素，至于专业内涵、学习兴趣等方面不是重点关注内容，还有就是对学院专业教师的信任，信任教师的专业水准。由此看来，农村发展专业学位研究生的学习目标不够明确，专业认知清，学习动力不足。

2. 实践教学系统松散，向心力不够　实践性是专业学位硕士区别于学术

硕士的突出特点，虽然《培养方案》明确规定了实践教学方面的要求，但实际工作中，实践教学方面虽然内容有安排，但组织管理方面不够系统化，向心力不足。例如，在专业课程的实践内容安排和执行方面存在各行其政的情况，课程设置虽然注重了专业上的知识体系、理论架构，但课程实践方面缺少有机统一，有的课程有课程实践，有的课程没有，课程教学的实践内容缺少整体的组织协调，导致实践内容方面布局不合理。校外实训方面，虽然有签协议的研究生实践基地，但基地的利用方面有限，或者是离学校太远、交通不便，或者基地实践内容安排不相当。总之，研究生参加的实践基地的活动不足，基地管理和校外实践往往流于形式，专业实习更多的是分散的进行，有的跟导师开展课题调研，有的在校内勤工俭学助研助管，有的到企事业单位进行阶段性实习，实践过程缺少监管，实践指导不够，考核不够科学，不能充分激发研究生高水平开展专业实践的动力和热情。

3. 行业导师的作用有限，双导师制度落实不到位　研究生学位评估标准列明要求要有一定数量比例的行业专家，其用意是发挥其行业专长，融合校内导师学术的优势和行业专家实践方面的优势，让校外导师对实践实习、论文指导等环节给予指导，补充校内导师行业实践方面的弱势。形式上看，目前农村发展专业的研究生都配备了校外导师。但实际上，研究生的指导基本上还是校内导师把关，校外导师的作用发挥不尽如人意。优秀、负责任的校外导师资源匮乏。由于校外导师是聘任的兼职导师，其薪酬福利、业绩考核、晋升评优等方面都与指导研究生的工作没有关联，更多是自觉、自愿的个人行为，所以，对校外导师的监管要求也往往是单方面的要求，至于校外导师作用是否落实，缺少根本性的约束。况且，校内导师和校外导师虽然因指导研究生而产生关联，但并不是所有的校内导师和校外导师都有充分的沟通，甚至有的校外导师都不知道自己所带研究生的名字，更不要说研究生的培养情况，双导师制的作用发挥有待改进。

4. 学位论文考核方面学术化，农村发展的专业领域特色不够突出　《培养方案》中明确规定，"学位论文应反映研究生综合运用知识技能解决实际问题的能力和水平，可将研究论文、设计规划、调研报告、案例分析等作为主要内容，以论文形式表现"。但实际的情况是，绝大多数的专业学位论文仍是沿用学术论文的写作规范和要求，论文的考评制度基本是学术论文的标准。无论是导师指导还是考评的实际操作方面，为了能对应考评规范，在以往的农业硕士论文中，绝大多数以学术论文为申请学位的论文形式。虽然有论证调研数据的要求，但偏重于理论研究，注重理论的创新点仍然是优秀论文的标准。而对调研实证类的论文认定方面缺少鼓励，加之导师的学术性惯性思维，学位论文的学术化特点还是主流，不能更好地契合专业学位研究生的培养目标。事实上，农村发展专业学位研究生就业口径比较宽，如果以论文的学术化考评研究生，就会造成人才需求与培养目标的偏差。

三、以实践为引领，探索有农村发展专业特色的研究生培养模式

针对农村发展专业领域研究生培养工作中的问题，借鉴国内外专业学位研究生培养的经验，结合实际工作，笔者尝试提出探索以实践为引领、有农村发展专业特色的研究生培养模式。

1. 改进招生操作模式，考评考生的实践能力素养 从 2019 年的报考情况来看，报录比发生积极变化，第一志愿报考人数比较充足，选拔生源成为问题。如何从考生中筛选出有培养潜质的生源，需要以开放的实践思维来设置复试选拔环节，改革考试方式。初试考试重点考核专业理论知识，复试重点考核考生的实践能力素养，可以采用案例分析、无领导小组讨论等能够体现考生专业实践和临场应变能力的形式，还可以对考生的职业发展方向予以考量，选拔与专业领域更为匹配的考生。入学后加大专业教育的力度，激励研究生自主学习热情。可以组织专业介绍报告会，邀请经验丰富的优秀导师作专业教育指导，也可以邀请优秀校友介绍行业发展趋势，包括组织主题参观展览等，加强研究生对农村发展专业领域的理解认知，帮助研究生明确个人职业发展方向，清楚个人发展的目标定位，树立正确的职业理想，增强学习动力。

2. 以实践为内核，做好课程教学、专业实训和学位论文的管理监控体系 当前的农村发展专业研究生包括非全日制研究生，或者是应届生，或者是刚毕业没多久的本科生，大多缺少相关工作能力和专业实践经验，实践环节需要格外重视。优化课程内容，加大课程实践比例，在提交授课计划前，组织课程建设研讨，任课教师根据教学大纲要求，交流课程安排思路和方法，包括课程实训计划。这样，不同课程的实训分布更为合理，避免时间冲撞、内容重复的情况。可以组织课程实训与案例教学方面的总结交流，为教师开展实践教学创造条件。加强实践基地建设和管理，对校外实践基地进行动态监管，对于利用率不高的实践基地予以取消，建设受师生肯定、有效用的校外实践基地。加强与实践基地的沟通，鼓励顶岗实习，把课程教学、专业实训和学位论文有机统一，保障实践教学有计划、有组织、有质量的完成。抓好校外实践环节，成立实践教学考核小组，制定定性与定量相结合的考核评价标准，细化过程考核，全过程考评研究生实践情况。

3. 改进导师遴选考评制度，充分发挥"校外导师"的积极作用，落实双导师制 目前，研究生导师一般要求具有高级职称，在专业学位的研究生教育模式下，导师的能力不能只局限于职称的高低，是否具有实践经验是更重要的衡量标准。可以根据实际需要，选聘阶段性的校外导师。例如，可以选聘研究生实习基地或实习单位的业务骨干作为研究生的校外导师，校外导师可以就自己擅长的某一领域或某一方面指导研究生，可以放宽校外导师的职称要求，甚至可以为一个研究生安排两个以上的校外导师，让研究生有选择校外导师的机会，实现校外导师和校内导师一样，双向选择。可以由校内导师推荐校外导师的方式，加强导师之间的交流，提高研究生培养质量。同时，可以设定相应的经费制度，给予校外导师一定的待遇，鼓励校外导师积极履职。各高校应积极宣传和贯彻国家关于研究生教育的宏观政策和实施要求。政策的理解不能停留在研究生院层面，还应贯彻到二级学院、系所乃至每个导师。加强导师的政策及业务培训，提升导师指导能力。积极创造条件，鼓励和资助年轻教师到相关行业企业进行锻炼，使导师能够真正了解行业对于人才培养的需求，将理论知识与实际项目紧密结合。同时，针对校外导师的特殊性，制定有效的遴选、管理、考核政策，使校外导师在专业学位研究生培养中真正发挥作用。

4. 根据农村发展专业领域特点，制定论文标准，保障论文质量 专业学位研究生的人才培养要求，决定了不能按照学术型论文的要求作为质量标准。专业学位论文选题源于实践，理应突出其应用价值。在论文的各个工作环节，包括选题开题、中期检查和论文答辩环节，可以要求农村发展方面的行业专家参与把关，对于论文的应用性价值予以考量。在最后环节的学位论文评审和答辩要求方面，制定不同于学术型论文的评价指标，重点对研究生将理论应用于实践能力方面的情况进行考查。之所以出现专业学位研究生论文和学术型研究生论文雷同的问题，根本上就是论文的外审和评价标准受制于其评价体系。因此，建立不同于学术论文要求标准的优秀专业学位论文标准，成为规制专业学位论文特色的必然要求。同时，做好毕业生的质量跟踪与调查，了解农村发展方面的行业需求，适时调整培养方案。

参 考 文 献

龚玉霞，滕秀仪，塞尔沃，2018. 专业学位研究生培养模式创新 [J]. 黑龙江高教研究
    (12)：103-105.

刘晔，2014. 高校研究生创新能力培养机制改革研究 [J]. 东北师大学报（哲学社会科学
    版）(1)：32-34.

王永哲，2016. 我国全日制专业学位研究生培养的学术化倾向及其改革对策 ［J］. 研究生教育研究（8）：22-25.

魏芳芳，2016. 从研究生院到职场：美国研究生教育的重大变化及启示 ［J］. 当代教育科学（5）：38-43.

魏红梅，2016. "新常态"下我国专业学位研究生教育改革的创新探索 ［J］. 学位与研究生教育（4）：16-20.

都市型高等农业院校农业资源利用专业硕士培养模式发展途径探讨

刘 云 梁 琼

（北京农学院植物科学技术学院）

摘　要：农业资源利用专业硕士是北京农学院近4年新招生的专业，是适应都市型高等农业院校迎合都市型现代农业发展的需求而设置。基于此，本文围绕首都农林高校农业资源利用专业特殊的背景情况，以及专业硕士培养目标中实践性和职业性要求，探讨在课程体系中注重学术交流、加强实践环节建设，以及与科研院所和校企联合培养、注重就业导向等方面来拓展该专业硕士的培养模式。

关键词：培养模式　农业资源利用　专业硕士　都市型高等农业院校

教育部规定农业资源利用专业硕士培养特征：为本领域相关行政部门、行业与企事业单位和农村发展培养农业资源（包括土壤、水分、养分以及气候、生物、农业再生资源和土地资源）优化配置和持续、高效利用、环境安全及进行农业环境保护的应用型、复合型高层次人才。

北京农学院是一所特色鲜明、多科融合的北京市属都市型高等农业院校，都市农业是北京农学院的定位方向。因而，农业资源利用专业硕士作为北京农学院新设立的专业硕士点，要求其培养模式要紧密围绕都市农业的资源与环境问题发展。本文围绕基于首都都市农业功能定位下农业资源利用专业硕士的发展方向、培养目标、培养特征和现状进行分析，进一步阐述农业资源利用专业

基金项目：北京农学院学位与研究生教育改革与发展项目"北京农学院研究生联合培养实践基地——国睿华夏生态环境科学研究院"（2018YSH015）资助。

第一作者：刘云，教授。主要研究方向：生态环境。E-mail：housqly@126.com。

硕士培养模式的发展途径。

一、首都高等农业院校农业资源利用专业硕士的背景分析

1. 专业学位硕士招生的提出　2009 年，为完善专业学位研究生教育制度、增强专业学位研究生的培养能力，我国开始大量招收应届本科毕业生攻读硕士专业学位，实行全日制培养。2013 年，为深化研究生教育改革，我国又提出积极发展硕士专业学位研究生教育（郭锐，2013）。专业学位研究生教育源于科学技术的发展及其在社会生产和生活中应用范围的不断拓展，是高等学校适应社会职业发展对高层次应用型人才的需求而建立起来的一种研究生教育类型。自其产生以来，实践性始终是专业学位研究生教育的基点（刘国瑜，2015）。

2. 首都都市农业功能定位及农业资源利用专业硕士的发展方向　都市农业指位于城市内部及城市周边地区，依托城市发展并为都市提供农产品、观光农业、生态农业等农业产品的现代农业，是城市生态系统的有机组成部分（Peng J, et al. , 2015；齐爱荣等，2013；黄修杰等，2013）都市农业要求农业要进行多功能定位，农业多功能性指农业在保证粮食和其他农产品供给的同时，兼具人口承载、生态环境保护、景观美学、文化传承等多种功能（彭建等，2014）。发挥农业的多功能性是现代都市农业发展与进步的一个必然趋势，对于实现农业可持续发展及建设宜居城市意义重大（彭建等，2016）。

自 2004 年北京进入都市型现代农业快速发展阶段以来，以农业的多功能开发为中心，运用现代高新技术改造传统农业，从根本上改变传统农业生产方式，使都市农业迅速向资本和技术密集的产业发展。但随着工业化和城市化进程的加快，北京土地资源和水资源日渐稀缺（何忠伟、曹暕，2014）。自 1985 年以来，北京市水资源总量有明显下降趋势，其主要构成——地表水资源和地下水资源都在减少，尤其以地表水资源最为严重。北京农业"高投入、高消耗、高产出"的特点明显，耕地用养失调、土地质量下降、裸露农田增多、耕地和水资源废弃物污染严重、土壤重金属超标等问题日益突出（江晶、史亚军，2015）。

面对都市型现代农业带来的这些严重的资源短缺和环境恶化问题，首都高校农业资源利用专业的培养还有许多方面需要提高。这些方面主要表现在：培养目标比较单一，以应用研究为主，不太适合高层次学术型人才的培养；教学模式比较简单，课程体系建设发展缓慢，对学生自主创新性学习及课程的前沿性、交叉性重视程度不够，一定程度上影响了研究生培养质量（刘志远，

2016）。基于这些问题需要凝练专业培养方向为：①水土资源高效利用；②水土环境污染调控及质量提升。

3. 农业资源利用专业硕士的现状　农业资源利用专业硕士的师资来自北京农学院农业资源与环境系的专业教师，研究方向分为土壤环境与营养施肥、生态学和环境科学，教师们均拥有博士学位。可见，师资力量比较雄厚。

该专业硕士招生从 2013 年开始，依托的本科专业招生刚 10 年，硕士生源主要来自本校农业资源与环境专业以及其他农林院校的环境科学、生态学、地理学等专业的学生。这 2 年来已经毕业硕士研究生 11 人，在读学生 29 人，为首都的农林、气象、国土、水利、土肥、环保等相关领域提供了重要的专业和管理人才。但目前招生规模很难满足首都对本专业人才的需求。

研究生的科研资金基本来自导师的课题，而学校配套科研经费相对比较少，科研积累少，科研平台比较薄弱。因而，只能与其他科研院所联合才能为研究生培养增长更大的空间。

二、专业学位硕士的培养模式、目标及内涵特征分析

1. 专业学位硕士的培养模式　研究生培养模式是指培养研究生的形式、结构与途径。它探讨的是研究生培养过程中诸因素的最佳结合与构成。具体来说，是由培养目标、入学形式、培养过程、培养评价等共同组成的一个相互作用的有序系统，是决定研究生培养质量的根本性因素（路萍，2014）。

从我国专业学位研究生教育的发展历程看，自其产生以来，国家一直强调密切结合经济建设和社会发展实际需要，加强高校与实际部门的结合，构建人才培养、科学研究、社会服务等多元一体的合作培养模式，注重理论与实践相结合，着力培养研究生应用专门知识研究、解决实际问题的能力（叶邵梁，1998）。

2. 专业学位硕士的培养目标　2009 年，教育部颁布《关于做好全日制硕士专业学位研究生培养工作的若干意见》，标志着我国硕士研究生教育开始了从以培养学术型人才为主向学术型与应用型人才培养并重的战略性转变。在这场变革中，如何采取有效措施来确保全日制专业学位研究生培养目标，是每个培养单位都需要思考的问题。教育部、人力资源和社会保障部《关于深入推进专业学位研究生培养模式改革的意见》（教研〔2013〕3 号）明确指出："专业学位研究生的培养目标是掌握某一特定职业领域相关理论知识、具有较强解决实际问题的能力、能够承担专业技术或管理工作、具有良好职业素养的高层次应用型专门人才。"这一培养目标规定了专业学位研究生教育应以培养研究生

的专业能力和职业素养为核心，而专业能力和职业素养的形成离不开职业实践（孙友莲，2013）。

3. 专业学位硕士的内涵特征 2010 年，国务院学位委员会颁布的《硕士、博士专业学位研究生教育发展总体方案》中指出，"专业学位是随着现代科技与社会的快速发展，针对社会特定职业领域的需要，培养具有较强的专业能力和职业素养、能够创造性地从事实际工作的高层次应用型专门人才而设置的一种学位类型"。这一界定明确了专业学位研究生培养目标的特有内涵：①必须具有较强的专业能力和职业素养；②必须具有创造性地从事实际工作的能力；③必须是高层次应用型专门人才（王青霞、赵会茹，2009）。

三、农业资源利用专业硕士培养模式的发展途径

1. 课程体系注重学术交流环节 研究生的每门课程的教学模式已经不再局限于课程计划的条条框框，而应该积极开展学术交流，提高创新能力学术交流。这样能充分锻炼研究生的创新能力，可以提高研究生的培养质量（王青霞、赵会茹，2009）。要采取各种措施为研究生创造交流的机会，如开设精品讲堂，邀请国内学术名家开展专题讲座；利用培养单位国际交流的优势，聘请国际知名学者开展专题讲座；针对就业市场和就业形势，邀请社会知名企业家开展专题讲座；为提高研究生的综合素质，适当邀请文化名流开展专题讲座。通过这些措施，开阔学术视野，增进国际交流，了解企业文化，提高人文素养，实现研究生全面发展（刘志远，2016）。

2. 加强实践环节建设 实践基地是专业学位研究生开展专业实践的重要载体和基本保障，对提高专业学位研究生的实践研究与创新能力起着重要的作用。专业实践是专业学位研究生教育的重要教学环节，但专业学位研究生的专业实践不同于一般的教学实践，它是围绕特定的专业化的职业领域，以研究生为主体，以实践基地为载体，将理论应用于解决实际问题并对实际问题进行理论思考的过程。这一过程包含厘清问题情境、从问题情境中建构出可处置的问题、寻找解决问题的可靠方法和衡量解决方案的适切性等环节，即探究和创新是贯穿专业实践活动的一条主线。因此，研究生在专业实践中应善于从专业领域发展的现实需求中发现问题、提炼问题、思考问题，学会设计解决方案，学会通过观察、实验、调研等活动对问题提出解答、解释和预测，提高自身综合运用理论、方法和技术解决实际问题的能力和素养（秦德辉，2015）。同时，研究生不仅应立足于解决特定情景中的问题，更应强化对具体实践行动的反思，学会通过反思实践来获得个性化的实践知识与实践智慧。

3. 培养过程中的联合机制环节 近些年，高校一直在探索提高专业学位研究生培养质量的方式方法，通过聘任企业导师、建立实践基地等方式，以提升专业学位研究生实践能力，也取得了一定成效（潜睿睿，2015）。大多数教师擅长理论研究的事实，高校应整合校外教育资源，聘请校外具有丰富实践经验的专业人员担任兼职教师，以弥补校内教师实践经验相对不足的缺陷。校内教师与校外专家组成师资队伍，实现校内外教师优势互补，共同负责专业学位研究生的培养工作，将使研究生的课程学习、专业实践和学位论文工作等得到有效的指导，促进人才培养与经济社会发展需求的紧密结合。

联合培养研究生模式采取的方式主要是依托高校等具备招生资格的科研教学单位作为研究生培养单位，本校导师为第一导师，科研院所专家或企业的专业人士作为校外第二导师合作培养。这种培养模式解决了科研院所招生严重短缺的难题，有效地缓解了首都高等院校专业硕士研究生实践能力培养的压力。

培养紧密结合需求，学习之余还要参与联合培养单位的科研、生产实践等活动。因此，研究生培养紧密联系科研单位科学研究及生产实际等诸多方面需求，实现了人才培养与科技创新的有机结合，培养这方面的研究人员有利于促进我国农业科技的发展（杜建军，2013）。

4. 依托就业导向的培养环节 众所周知，专业型研究生培养的是应用型人才，其在毕业后可以直接进入实际工作部门。而目前的状况是专业型研究生培养依附于学术型研究生教育，其自身没有完善的教育培养体系，所培养的应用型研究生更是难以适应用人单位的现实需要。"把研究生教育仅仅理解为本科生教育的自然延伸，非常自然地用本科生教育的模式来套用研究生教育的实际，用本科生教育的规范及其价值定位来评定研究生教育"（彭建等，2016）。而应用型研究生以培养高层次、应用型技术人员为目标，侧重于实际工作能力的培养（何忠伟、曹暕，2014）。

研究生教育不仅要为科研机构和高等学校提供学术人才，还要为社会培养各类高层次专门人才。应用型研究生培养主要是为满足社会各行各业对高层次应用型人才的迫切需求。这类研究生不仅要具备系统的专业知识，更重要的是具有应用理论知识解决实际问题的综合素质（刘志远，2016）。为此，需要进一步转变培养目标，树立以就业为导向的基本理念，积极培养具有一定研究能力和较强实践素质的高质量应用型人才。

参 考 文 献

杜建军，2013. 校企联合培养研究生的办学实践对全日制专业学位研究生培养的启迪［J］.

学位与研究生教育（3）：16-19.

郭锐，2013. 新时期我国研究生培养模式改革探究［J］. 高教探索（5）：113-117.

何忠伟，曹暕，2014. 北京休闲农业发展现状、问题及政策建议［J］. 中国乡镇企业（1）：78-81.

黄修杰，李欢欢，熊瑞权，等，2013. 基于SWOT分析都市农业发展模式研究——以广州市为例［J］. 中国农业资源与区划，34（6）：107-112.

江晶，史亚军，2015. 北京都市型现代农业发展的现状、问题及对策［J］. 农业现代化研究，36（2）：168-173.

刘国瑜，2015. 专业学位研究生教育的实践性及其强化策略［J］. 学位与研究生教育（2）：19-22.

刘志远，2016. 农业科研院所研究生培养模式与发展探讨［J］. 农业科技管理，35（4）：88-90.

路萍，2014. 我国研究生培养模式存在的问题及建议［J］. 时代教育，21（11）：104-105.

彭建，刘志聪，刘焱序，2014. 农业多功能性评价研究进展［J］. 中国农业资源与区划，35（6）：1-8.

彭建，赵士权，田璐，等，2016. 北京都市农业多功能性动态［J］. 中国农业资源与区划，37（5）：152-158.

齐爱荣，周忠学，刘欢，2013. 西安城市化与都市农业发展耦合关系研究［J］. 地理研究，32（11）：2133-2142.

潜睿睿，2015. 专业学位研究生科教协同培养模式构建研究——基于产业技术研究院的探索与实践［J］. 学位与研究生教育（6）：22-26.

秦德辉，2015. 农业科研院所研究生管理工作问题的思考［J］. 农业科研经济管理（3）：39-41.

孙友莲，2013. 专业学位研究生的特殊性呼唤培养模式的独特性［J］. 学位与研究生教育（10）：15-18.

王青霞，赵会茹，2009. 应用型研究生培养模式初探［J］. 华北电力大学学报（社会科学版）（5）：136-139.

叶邵梁，1998. 研究生教育必须走理性发展之路［J］. 教育改革与管理（2）：32-34.

于东红，杜希民，周燕来，2009. 从自我迷失到本性回归——我国专业学位研究生教育存在的问题及对策探析［J］. 中国高教研究（12）：49-51.

Peng J，Liu Z C，Liu Y X，et al，2015. Multi-functionality assessment of urban agriculture in Beijing City, China［J］. Science of the Total Environment（537）：343-351.

高级动物免疫学的教学改革思考和案例分析

阮文科

（北京农学院动物科学技术学院）

摘　要：高级动物免疫学是生命科学领域中的前沿学科，也是获得诺贝尔奖最多的学科之一。近年来，随着免疫学的深入发展，从理论知识到应用知识架构以及内容的不断更新，新理论、新技术和新方法不断出现。同时，动物免疫学作为一门基础学科，在应用领域和研究领域均广泛涉猎。由于其具有足够的理论深度，高级动物免疫课程具有教师讲解困难、学生更难理解的特点。为解决这些存在的问题，我们积极地思考对高级动物免疫学教学的改革方法，研究开发能够激发学生学习兴趣的案例，对他们的兴趣加以引导，深入训练，为学生之后的从业和研究生涯打好坚实的基础。

关键词：高级动物免疫学　教学改革　案例分析

免疫学是生命科学领域中的前沿学科，也是获得诺贝尔奖最多的学科之一。近年来，随着免疫学的深入发展，从理论知识到应用知识架构以及内容的不断更新，新理论、新技术和新方法不断出现。高级动物免疫学课程是面向动物医学相关专业研究生开设的一门深入学习动物免疫学知识的课程，是动物医学的一门基础课程，其讲授内容在生命科学应用领域和研究领域均广泛涉猎。高级动物免疫学课程具有理论性强、抽象难懂等特点。高级动物免疫学的理论知识和实践能力很重要，对免疫现象的理解和免疫检测和分析方法的掌握，对学生做研究型和应用型课题以及培养科研能力有很大帮助。对于动物医学的学生，能增强对于动物医学的科学现象和研究上的独特洞察力，为其后从事本专

基金项目：北京农学院学位与研究生教育改革与发展项目"高级免疫学"（2018YSH009）资助。

作者简介：阮文科，博士、副教授。主要研究方向：动物免疫学、动物微生物学。

业的工作或更深入的研究生涯提供帮助。

一、高级动物免疫学目前存在的问题和改革的思路

高级动物免疫学具有理论性强、抽象难懂等特点。在教学过程中经常是教师讲不清楚，学生听不懂。因此，如何将抽象的理论知识转化为实用性的知识传授给学生，是高级动物免疫学教学改革中的一个重要环节。通过高级免疫学教学研究和探讨可有效地提高理论教学质量，充实和完善学生对本学科的知识积累和应用能力，进一步提高学生的综合素质，是高级动物免疫学教学的关键。

高级动物免疫学教学的根本是让学生掌握动物免疫学知识重点内容，理解难点内容。在教学中宜结合研究思路，尤其是本知识点发现的过程，激发学生学习动物免疫学的兴趣，巩固加强学生的基础知识。本课程的案例教学可结合知识点的发现史或者诺贝尔奖获得者的轶事，以及挖掘科学家孜孜不倦和艰苦奋斗的精神，激发学生的学习热情，降低学生的理解难度。尤其是结合近年来免疫学对生命科学研究的巨大的推动作用，让学生认识到学习高级动物免疫学知识的重要性和必要性。例如，2011 年诺贝尔生理学或医学奖中 3 位获奖科学家对免疫识别分子和免疫启动细胞的发现的研究历程，挖掘其跨学科研究的重要性和持之以恒精神的重要性。2018 年诺贝尔生理学或医学奖中获奖科学家利用对免疫的抑制分子反抑制，以启动对癌症的治疗并成功挽救众多的癌症患者，以及 2018 年诺贝尔化学奖中噬菌体展示技术应用与免疫治疗抗体分子的筛选，从而研发出有效的治疗癌症或其他免疫相关疾病的药物治疗疾病，以这些例子挖掘利用免疫学实践方法攻克医学难题，甚至催生"药王"（全球销量最高）的例子，让学生能深入感触到免疫学的实际应用对生命健康的巨大影响。

二、高级动物免疫学案例举例

案例 1

题目：固有免疫中识别分子 Toll 样受体（TLR）的发现与研究进展。本案例从多方资料收集整理获得，包括期刊、讲座课件等，案例为事实叙述型。

摘要：Toll 样受体是识别病原的关键分子，本案例介绍 Toll 样受体的功能和结构，并讲述它的发现过程。

关键词：固有免疫　Toll 样受体

基础知识介绍：免疫应答的类型包括固有免疫应答（innate immune response）：特点是迅速、非特异性、没有免疫记忆；适应性免疫应答（adaptive immune response）：特点是发生较晚、高度特异、免疫记忆。固有免疫应答的作用时相有：瞬时应答阶段（0～4 小时内）、早期应答阶段（4～96 小时）和诱导适应性免疫应答阶段（96 小时后）。固有免疫应答识别分子包括病原体相关分子模式（PAMP）与模式识别受体（PRM），其中病原相关的分子模式（pathogen associated molecular patterns，PAMPs）是存在于微生物的能被天然免疫细胞所识别的主要靶分子。PAMPs 是微生物共有的一种进化上保守的模式分子，广泛存在于病原体细胞表面，如内毒素、肽聚糖、鞭毛蛋白、双链 RNA 以及酵母细胞壁上的甘露糖等。模式识别分子（pattern recognition receptors，PRRs），又称为模式识别受体，是识别 PAMPs 的受体。PRRs 识别 PAMP 后产生免疫应答作用。

固有免疫识别分子可分 4 类，包括急性反应蛋白或补体，主要存在于血液中，能调理病菌及其衍生物，使其能被受体识别；内噬体受体，如清道夫受体、凝集素等，存在宿主细胞表面，能与细菌表面结合；调理素吞噬受体，如 Fc 受体、补体受体，能识别抗体或补体结合的颗粒；模式识别分子，如 TLR、NLR、RLR，能识别特定的病原分子，并能将信号向下游传递。模式识别分子的家族受体是功能最强大的一类病原识别分子，目前发现的包括 TLRs（Toll-like receptors）：识别细菌、病毒、真菌和原虫；NLRs（NOD-like receptors）：识别细菌；RLRs（RIG-I-like receptors）：识别病毒；TLRs 最复杂，可识别不同病原，在结构上与果蝇 Toll 受体存在同源性，为 I 型跨膜蛋白。胞外区有富含亮氨酸重复区（LRR），胞内区存在一段序列保守区。该序列与 IL－1 受体的胞内区的保守序列有高度同源性，被称为 Toll/IL－1R（TIL，TIR）区域，与信号传导密切相关。

目前发现 TLRs 家族有 23 个成员（TLRs1～23）。但在不同动物中，TLRs 成员的数量不相同：人类 TLRs 家族有 10 个成员，分别为 TLRs1～10；小鼠 TLRs 家族有 12 个成员，包括 TLRs1～9、TLRs11～13，目前没有发现 TLRs10；禽类 TLRs 家族目前发现有 10 个成员，分别为 TLR1A、TLR1B、TLR2A、TLR2B、TLR3、TLR4、TLR5、TLR7、TLR15 和 TLR21；猪 TLRs 家族目前发现有 7 个成员，TLRs1～6 和 TLR9。随着研究的深入，TLRs 家族可能会有更多的成员。

TLR 受体的发现过程和诺贝尔奖：2011 年，诺贝尔生理学或医学奖由发现免疫系统激活关键原理的 3 位免疫学领域的科学家——Ralph Steinman（加拿大）、Jules Hoffmann（法国）和 Bruce Beutler（美国）分享。Ralph Steinman 发现了树突状细胞，它能激活免疫系统（1973 年）。Jules Hoffmann 发现了一个"Toll"基因，该基因负责果蝇先天系统的激活（1996 年）。Bruce Beutler 在小鼠身上发现了一个等效的基因——Toll 样受体（Toll‑like receptor）（1998 年）。

Hoffmann 在马尔堡大学获得了自然科学博士学位（1963 年）。他在斯特拉斯堡大学开始研究蝗虫血液细胞的起源和作用。博士后期间，他开始了昆虫激素的生化研究。后来作为实验室主任，他的研究小组的兴趣逐渐转向昆虫免疫。从那以后，Hoffmann 及其众多同事的研究主要集中在果蝇先天免疫反应的分子和细胞方面。Hoffmann 和他的同事们提供了第一个证据证明 Toll 样受体介导免疫防御（1996 年）。Christiane Nüsslein‑Volhard 在筛选控制果蝇早期胚胎发育的基因时，鉴定了 Toll 分子——一种控制转录因子 Dorsal 表达和活性的基因，而 Dorsal 又是胚胎背腹极性的必要条件。Christiane Nüsslein‑Volhard、Eric Wieschaus 和 Edward B. Lewis 也因在胚胎发育的基因控制方面的研究而获得诺贝尔生理学或医学奖。

如图 1 所示，一个成年果蝇的扫描电子显微照片，该果蝇被烟曲霉感染并覆盖有正在发芽的菌丝（放大 200 倍）。

Bruce Beutler 是得克萨斯州达拉斯市得克萨斯大学西南医学中心宿主防御遗传学中心的主任，也是美国加利福尼亚州拉荷亚市斯克里普斯研究所的遗传学教授和系主任。之前，Hoffmann 及其同事的研究显

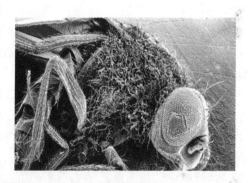

图 1

示，Drosomycin（一种保护果蝇免受烟曲霉感染所需的抗真菌肽）的合成也被 Toll 信号激活并依赖于它。基因定位克隆给出了答案。研究将 2 093 个减数分裂位点定位到 2.6MB 的临界区。Poltorak A 等人以 Toll‑4 受体绘制出作为关键区域候选基因的 *lps* 基因座的遗传和物理定位，对昆虫和哺乳动物都显示出同样的定位结果。

对病原识别研究的历史时间点：Toll 在 1985 年被鉴定为一种发育蛋白。1990 年，CD14 被鉴定为脂多糖受体的一部分。1988 年克隆了 IL‑1 受体，1991 年发现其与 Toll 具有域同源性。1994 年，首次确定了哺乳动物的 TLR，但根据当时果蝇所知的情况，错误地假定 TLR 具有发育功能。1996 年，人们认识到果蝇的双重免疫/发育特征。哺乳动物 TLR 的免疫功能于 1998 年首次被证实。

案例思考问题：在哺乳动物中有 Toll 吗？Toll 样受体的功能是什么？为什么 Toll 分子很保守？

案例 2

题目：抗原递呈细胞树突状细胞的功能、发现与研究进展。本案例从多方资料收集整理获得，包括期刊、讲座课件等，案例为事实叙述型。

摘要：树突状细胞是启动免疫的关键细胞，本案例介绍树突状细胞的功能，并讲述它的发现过程。

关键词：抗原递呈　树突状细胞

基础知识介绍：抗原递呈细胞（APC）是表达 MHC Ⅱ类分子，具有摄取、加工抗原、向 TH 细胞递呈抗原功能的细胞。专业的抗原递呈细胞包括树突状细胞，最有效的抗原递呈细胞，持续地表达高水平的 MHC Ⅱ类分子和共刺激分子 B7，可活化幼稚型 TH 细胞；巨噬细胞，静止的巨噬细胞细胞膜上仅能表达很少的 MHC Ⅱ类分子或 B7 分子，因此静止的巨噬细胞不能活化幼稚型的 TH 细胞，对记忆细胞和效应细胞的活化能力也很弱。IFN-γ 可使其发挥专职 APC 功能；B 细胞，静止的 B 细胞表达 MHC Ⅱ类分子，不表达共刺激 B7 分子，不能活化幼稚型的 T 细胞，能活化记忆细胞和效应细胞；活化的 B 细胞上调表达 MHC Ⅱ类分子，表达共刺激 B7 分子。可活化幼稚型 T 细胞和记忆细胞及效应细胞。

树突状细胞的发现过程与诺贝尔奖：发现者为 Ralph Marvin Steinman（1943.1.14 至 2011.9.30），洛克菲勒大学的加拿大免疫学家和细胞生物学家。于麦吉尔大学获得理学学士学位，1968 年哈佛医学院获得医学博士学位。之前的研究表明，来自脾脏的细胞悬浮液可以诱导对绵羊红细胞的抗体反应。但是，从脾脏中纯化的淋巴细胞不能产生这些反应，除非它们与所谓的附属细胞混合，这些附属细胞的一部分是巨噬细胞。为了了解抗原如何促进免疫反应，Steinman 在洛克菲勒大学的 Zanvil Cohn 实验室开始了博士后工作。Cohn 是研究巨噬细胞及其在吸收和分解蛋白质与感染因子中的作用的先驱。在这个实验室里，Steinman 开始研究巨噬细胞是如何捕获并呈现可溶性抗原来启动免疫反应的。除巨噬细胞外，Steinman 转向研究小鼠脾脏的混合细胞。Steinman 做了一个非常简单的实验。他观察了培养皿中的这些附属细胞，发现它们与巨噬细胞混合在一起，有一种星形细胞，这与以前所见的任何免疫细胞都不同（图 2）。

在由小鼠外周淋巴器官（脾脏、淋巴结、Peyer 结）制备的黏附细胞群中发现了一种新的细胞类型。虽然细胞数量很少（占有核细胞总数的 0.1%～1.6%），但它们具有明显的形态特征。细胞核大，可伸缩，形状扭曲，含有小核仁（通常是 2 个）。丰富的细胞质呈长宽不等的排列过程，含有许多大的球形线

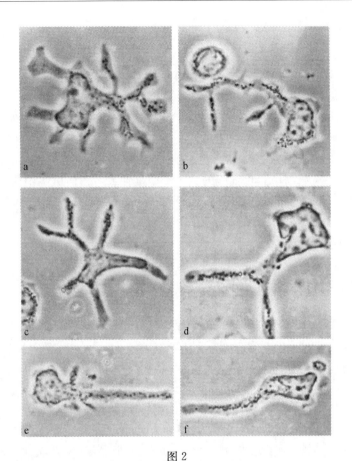

图 2

注：a～d 来自脾脏，e 来自颈部淋巴结，f 来自 Peyer 结。细胞核大
且形状不规则，图 2b 中的一个中等大小的淋巴细胞可以作为大小比较。
a. ×4500；b. ×3500；c. ×3200；d. ×4600；e. ×3200；f. ×3200。

粒体。在活的状态下，细胞经历特征性的运动，与巨噬细胞不同，细胞似乎不参与活性的内吞作用。树突状细胞这个术语是为这种新型的细胞类型而提出的。

　　为了研究这种细胞，Steinman 设计了一个从小鼠脾脏组分中纯化树突状细胞的方案，Michel Nussenzweig 是 Steinman 的第一批研究生的其中之一，Nussenzweig 称之为是一项烦琐、繁重的任务，做了很多工作，但只分离了极少数的树突状细胞。几年后，Nussenzweig 开发了一种 DC 特异性抗体，使富集过程更加容易。Steinman 的另一名研究生——Wesley Van Voorhis 后来使用同样的方法从人的血液中分离出树突状细胞。大鼠体内注射树突状细胞可诱导移植肾的排斥反应。在家兔和大鼠的淋巴管中发现树突状细胞，表明这些细胞是一个流动的免疫监测网络。Steinman 的研究生涯，从发现一个新的细胞开始，导致了整个研究领域的建立。他早年的同事们讲述了他面临的艰巨任务。"Steinman 是沙漠中唯一的声音。" Van Voorhis 说，"人们花了近十年时间才接受树突状细胞及其免疫效力是真的。但历史证明，他是对的。" 2011 年 10 月 3 日，诺贝尔生理学或医学委员会宣布，他因"发现树突细胞及其在适应性免疫中的作用"而获得了诺贝尔生理学或医学奖（与他人共同获奖）。然而，诺贝尔生理学或医学奖委员会不知道他 3 天前（9 月 30 日）死于胰腺癌。2011 年 10 月 3 日，在纽约洛克菲勒大学，Steinman 博士的家人站在他的遗像前向他致敬。

案例思考问题：树突状细胞的主要作用是什么？为何机体中树突状细胞数量很少？树突状细胞的发现过程体现了一种什么科学精神？

三、结语

高级动物免疫学作为生命科学的前沿学科，其理论和技术进展之快，使得完全按照教科书为学生上课会使学生获得陈旧和无趣的知识。这就要求对高级动物免疫学教学进行不断的改革和创新，以提高教学的质量。我们积极开展了高级动物免疫学教学方法的改革，让学生有兴趣学、有方法学，学到有用的知识，为培养都市型优秀人才而努力。

参 考 文 献

陈广洁，等，2013. 剑桥大学免疫学教学带给我们的启示 [J]. 中国高等医学教育 (7)：54 – 56.

丁剑冰，等，2009. 医学免疫学教学中存在的问题及对策 [J]. 医学教育探索，8（8）：937 – 939.

徐胜，等，2013. 医学免疫学教学中提高学员兴趣的体会 [J]. 基础医学教育，15（5）：458 – 460.

张瑞华，等，2011.《动物免疫学》教学改革的探索与实践 [J]. 畜牧与饲料科学，32（3）：19 – 20.

Bruce A Beutler, 2009. TLRs and innate immunity [J]. Blood, 113 (7)：1399 – 1407.

Hema Bashyam, 2007. Ralph Steinman：Dendritic cells bring home the Lasker [J]. J Exp Med., 204 (10)：2245 – 2248.

Mishell R I, R W Dutton, 1967. Immunization of dissociated spleen cell cultures from normal mice [J]. J. Exp. Med. (126)：423 – 442.

Ralph M Steinman, Zanvil A Cohn, 1973. Identification of a novel cell type in peripheral lymphoid organs of mice i. Morphology, quantitation, tissue distribution [J]. J Exp Med. 137 (5)：1142 – 1162.

基于高等院校全日制硕士研究生日常教学管理的研究
——以北京农学院为例

李贺娟　戴智勇

（北京农学院园林学院）

摘　要： 目前，我国研究生招生规模不断扩大，研究生教育逐步成为各大高校教育的主要组成部分，研究生教学作为贯穿于研究生教育的一个重要环节，研究生的课程设置是研究生教学工作的基础，只有确保质量，才能培养出适合经济社会需要的优秀人才。本文通过研究当前研究生日常教学管理中存在的问题，提出相应建议来更好地提高研究生的培养质量。

关键词： 高校　全日制研究生　教学管理

研究生教育在国家教育体系中和人才培养战略中占有重要地位，研究生的课程设置是研究生教学工作的基础，课程教学是保证研究生培养质量的基石。随着我国研究生招生规模急剧扩大，加强研究生课程建设，确保研究生扩招后的培养质量是高校研究生日常教学管理中需要考虑的问题。

一、教学管理

1. 目前现状　研究生的课程设置是研究生教学工作的基础，是根据研究生的专业发展以及高素质人才培养需要，为了适应学科的需要，根据培养目标的要求，突出实用性和综合性，从而制定出的具有科学化、合理化、操作性强

基金项目：北京农学院学位与研究生教育改革与发展项目"关于高等院校全日制硕士研究生日常教学管理的思考——以北京农学院为例"（2018YSH088）资助。

第一作者：李贺娟，北京农学院园林学院科研秘书。

的研究生课程结构。

北京农学院的研究生培养方案 2~3 年修订一次，在培养方案的修订过程中，各专业方向的调整和设置，既结合了各学科、专业的实际情况，又考虑到社会的实际需要，在课程设置上根据培养目标的要求，突出专业技能与技术集成能力的培养，课程设置符合学位基本要求，核心课程设置符合指导性培养方案要求，有足够的专业选修课程可供选修。学校的全日制学术型研究生规定课程总学分不少于 28 学分，其中学位公共课 9 学分，学位专业课 7 学分，选修课不少于 12 学分；全日制专业型研究生规定课程学分总学分应不少于 25.5 学分，其中学位公共课 6 学分，领域主干课 13.5 学分，选修课 6 学分。

北京农学院的研究生课程设置中，除了理论课外，还注重实验课和专题研讨课，注重培养研究生分析和解决问题的能力以及追踪世界科技前沿的能力，每门核心课程任课教师在 2~4 名。为了强化学生实践能力，部分课程由校内和校外有实践经验的教师共同授课，经常邀请校外专家前来进行课程教学，讲授本学科最新发展动态。学校每年定期开展师生学术道德及学术规范培训与教育，每学期定期举办 6~8 次研究生素质课堂，其内容涉及时事、心理、学术道德、就业、实践技能等。

2. 存在问题

（1）在研究生课程的选择上，除了专业必选课程外，研究生在选修课程时，大多数都是选修本专业或本学科以内的课程，课程学分达到培养方案中的规定学分后，就不愿意再多学其他课程，跨学科、跨专业选课的更少。

（2）培养方案要求在入学的第一年内研究生就要完成所有的研究生课程学习。但是，第一年完成全部研究生课程会占用研究生的大量精力，而接下来的 1~2 年时间内又因为要完成论文和找工作而没有太多时间参与科研。

（3）个别教师对课程教学的重要性认识不足，其直接表现在：研究生的教学学时安排有较大的随意性，调课、停课、集中上课现象多，课程结业考试要求不够严格等。

二、论文管理

1. 目前现状 北京农学院有完备的学术道德及学术规范相关制度，制定了《北京农学院研究生学位论文格式与书写规范》《关于使用〈学位论文不端行为检测系统〉进行学位论文检测的管理办法》《北京农学院硕士优秀学位论文评选办法》等相关规定，要求研究生进行论文开题时，论文选题来源于现实问题，应有明确的职业背景和行业应用价值，论文应反映研究生综合运用知识技能解决实际问题的能力和水平。

北京农学院学位论文基本要求：①论文工作在导师指导下独立完成，以研究生自己获得的第一手实验数据或调查数据为基础。②完成论文工作时间应不少于1年。③研究生学位论文对所研究的课题应当有新的见解，能够表明研究生掌握了本门学科坚实的基础理论和系统的专门知识，具有从事科学研究工作或独立担负专门技术工作的能力。④论文表述应通顺、简洁、准确，图表清晰、数据可靠，遵循学术道德，实事求是地得出结论或加以讨论，引用他人资料或结论需加以说明。⑤论文撰写格式按照《北京农学院研究生学位论文格式与书写规范》进行。

学校要求学位论文在导师及导师组指导下完成，对于学位论文从选题、开题报告、中期检查、评审、预答辩、答辩等环节都有严格要求，管理规范。

研究生必须完成培养方案中规定的所有环节，成绩合格，方可申请参加学位论文答辩。学位论文送审前进行论文检测，对于第一次论文检测不符合要求的学生，研究生处对学生进行一对一面谈整改，第二次论文检测不合格者取消当年答辩资格。学位论文全部送外审，对于学位论文的评审采取双盲外审制度，学位论文应有2名以上具有副高及以上职称的专家评阅。研究生进行毕业答辩时，答辩委员会应由3位或5位具有副高及以上专业技术职务的专家组成，其中应有1~2名从事实际工作的校外专家参加。对答辩后最终提交的论文进行论文检测，检测不合格，按照论文不通过处理，论文检测通过后方可提交正式论文。

2. 存在问题

（1）导师所带研究生数量过多，有的研究生论文准备时间不足或者导师指点不够，在开题时选题比较仓促，在开题后发现选题方向有误或者实验时间不够，数据无法采集而不能完成论文。只好在开题后重选研究内容，更换论文选题。

（2）研究生科研能力不足，分析问题和解决问题的水平有限，创新性和价值性不高，与导师以往研究内容重合。

（3）论文写作不规范，参考文献数量不足，文献综述撰写水平较低。

三、建议

1. 目前在学期中经常组织督导进行教学检查，检查研究生是否有缺课现象，任课教师是否有任意调课、停课，集中上课的现象。建议把对导师和研究生的教学检查结果，纳入导师的年度考核和研究生奖学金评定制度中。

2. 为了使研究生掌握扎实的基础理论知识，研究生在完成课程学习时，除了按任课教师的要求，在规定时间内提交课程论文以外，还要参加课程基础理论部分的闭卷考试，基础理论部分的考试成绩应占课程总成绩的一定比例。

3. 要加强各导师或研究小组的 Seminar 执行情况检查，加强实验或调研工作的原始记录检查，加强研究生实践技能考核。

4. 建议加强导师负责制，对论文的选题、开题、答辩环节严格要求，对达不到要求的研究生，导师可以要求研究生办理延期毕业，提高学位论文质量。

5. 为了增强研究生的实践能力，需要进一步增加校外实践基地的数量，加大与校外实践基地的联系与合作。

参 考 文 献

程光旭，汪宏，陈花玲，2009. 基于研究生教育问题的改革实践与政策建议 [J]. 中国高等教育（24）：24-27.

黄建民，罗庆生，赵小川，等，2010. 强化研究生教学管理，提升研究生培养水平的研究与实践 [J]. 武汉科技学院学报（9）：71-75.

谢安邦，2003. 构建合理的研究生教育课程体系 [J]. 高等教育研究，24（5）：70-71.

杨卫，2005. 营造研究生教育的创新环境 [J]. 学位与研究生教育（1）.

赵湘雯，2015. 浅谈高校教学管理改革与创新的必然性 [J]. 品牌（4）：246.

都市型农林院校硕士研究生分类培养探索与实践

王琳琳　何忠伟　董利民

（北京农学院研究生处）

摘　要：本文探讨与总结了北京农学院在研究生分类培养过程中，为保障和提升研究生培养质量开展的一系列措施，包括分类修订研究生培养方案，优化培养管理；分类开展课程体系建设，强化课程质量管理；分类搭建实践平台，提升实践创新能力；分类进行导师遴选，强化导师队伍建设；分类设置项目支持，提升研究生培养质量。这一系列措施的实施，为进一步推进研究生分类培养模式改革，开创研究生教育改革发展的新局面奠定了坚实的基础。

关键词：研究生分类培养　培养方案修订　课程体系建设　实践平台搭建　导师队伍建设　都市型农林院校

为适应知识经济时代对高层次人才的需求，2009 年 3 月，教育部发布《关于做好全日制硕士专业学位研究生培养工作的若干意见》，决定从当年起面向应届本科毕业生招收全日制专业学位硕士，标志着我国硕士研究生教育进入了历史转折期（涂俊才、曹玉琼，2014）；2013 年，教育部、国家发改委、财政部联合下发的《关于深化研究生教育改革的意见》明确指出，完善以提高创新能力为目标的学术学位研究生培养模式，建立以提升职业能力为导向的专业学位研究生培养模式（赵同谦等，2016）。以上两个文件的提出，表明我国已经开始全面进行研究生教育综合改革，并开始着手构建适宜的研究生分类培养体系。在系统学习和研讨国家相关文件精神的基础上，北京农学院在研究生培

　　基金项目：2019 年北京农学院学位与研究生教育改革与发展项目"全日制专业学位研究生实践能力培养探析"（2019YSH086）资助。

　　第一作者：王琳琳，助理研究员、博士。主要研究方向：研究生教育研究。

　　通讯作者：何忠伟，教授、博士。主要研究方向：高等农业教育、都市型现代农业。

养工作中，深入推进研究生教育综合改革，结合研究生教育规律、硕士学位标准和学校办学定位，建立和完善了适应都市型农林高校的研究生分类培养机制。

一、分类修订培养方案，优化培养管理

研究生培养方案是在人才培养过程中，研究生指导教师、研究生和管理部门必须共同遵循的基本依据。自 2003 年北京农学院获得硕士学位授予权后，先后形成 2004 版、2007 版、2010 版、2016 版和 2018 版硕士研究生培养方案。按照分类培养的要求，对学术学位研究生、全日制专业学位研究生、非全日制专业学位研究生 3 类研究生的学制、培养年限、培养方式、培养环节、课程设置等予以不同规定。

2017 年 4 月以来，组织开展了北京农学院第四次研究生培养方案修订工作，按照国务院学位委员会办公室《学位授予和人才培养一级学科简介》《一级学科博士、硕士学位基本要求》，推进一级学科学术学位硕士研究生培养方案的修订；按照《专业学位类别（领域）博士、硕士学位基本要求》、相关专业学位教学指导委员会制订的指导性培养方案和学校相关规定，制（修）订专业学位硕士研究生培养方案。共涉及 7 个一级学科、3 个专业学位类别、7 个农业硕士领域的培养方案修订，形成 2018 版硕士研究生培养方案。新培养方案充分体现了分类培养原则，培养目标定位科学，研究方向突出学科特色，课程体系进行了整体优化，必修环节设置更加合理，体现了"科学、规范、拓宽、求新"的原则，有利于提高研究生分类培养教育质量和办学效益，更好地适应国家对高层次人才培养的需要。

二、分类开展课程体系建设，强化课程质量管理

研究生课程体系是研究生培养模式的重要组成部分。本着体现"分类培养、厚重基础，着力培养研究生创新意识和提高创新思维能力"的原则，根据 2018 版硕士研究生培养方案课程设置，重新制订了研究生课程教学大纲，共开设研究生课程 204 门，其中学位公共课 5 门，学位专业课 37 门，学位领域主干课 53 门，选修课 109 门。学校积极开展课程分类建设工作，对于学术学位研究生，着力开展"双语课程"建设；对于专业学位硕士研究生，着力课程案例库建设。课程体系建设工作成为提高研究生培养质量的重要保障。

三、分类搭建实践平台，提升实践创新能力

实践能力培养是研究生教育的重要组成部分。本着分类培养原则，对学术学位和全日制专业学位研究生提出不同的要求。学术学位研究生必须完成科研实训，其内容包括实验室安全与基本操作、科研项目申报、科技成果表达、学术活动参与等，要求完成规定环节并考核通过。全日制专业学位研究生必须完成校外实践研究，其内容包括应用推广、市场调研、生产管理、产品研发、技术创新等，要求完成规定内容并考核通过。目前，可用于研究生实践能力培养的有 18 个校外研究生工作站、23 个研究生校外实践基地。其中，10 个校外实践基地或工作站可以覆盖 2 个硕士点的研究生进行实践学习，其余 31 个均为覆盖 1 个硕士点的专业型校外实践基地或工作站。

四、分类进行导师遴选，强化导师队伍建设

为进一步推进导师分类指导，适应新形势对导师队伍的管理需求，2015年新修订的《北京农学院硕士生导师遴选管理办法》对新增导师资格申请、招生管理等进行了重要修改。在导师遴选工作中遵循自愿申请、分层审议原则，要求学术学位硕士生导师遴选原则上按一级学科硕士点申请，没有一级学科硕士点的，按二级学科硕士点申请；专业学位硕士生导师遴选按专业学位类别及领域申请。申请人正在从事的教学科研必须与所申请遴选的学科、领域硕士点方向一致，不能跨学科或专业学位类别及领域申请。

根据学科专业特点、师资队伍情况、研究生培养质量和年度招生需要，实行新增硕士生导师遴选和硕士生导师招生资格审核制度，强化与招生培养紧密衔接的岗位意识，明确责任，增强硕士生导师队伍的活力，强化导师分类指导原则。

五、分类设置项目支持，提升研究生培养质量

为提高研究生人才培养质量，实现分类培养目标，探索和形成学校研究生教育的特色，北京农学院从 2014 年起，开始设立"学位与研究生教育改革与发展项目"，通过项目支持的方式，促进研究生分类培养。分为针对学术学位研究生的学位授权点建设与人才培养模式创新、研究生精品课程建设、研究生党建项目、研究生创新科研项目；针对专业学位研究生的研究生社会实践项

目、校外研究生联合培养实践基地建设、研究生管理队伍建设、研究生综合素质提升等多个子项予以资助。通过立项和管理，极大地推动了研究生教育教学改革和管理创新，促进了学校学位与研究生教育事业健康、协调、可持续发展。

研究生培养质量的保障与提升任重而道远，不可能一蹴而就。深入推进研究生分类培养模式改革，需要在下一步工作中继续完善研究生教育质量保障体系，提高研究生的创新能力和实践能力，凝练研究生教育教学成果，开创研究生教育改革发展的新局面，努力实现全面建设特色鲜明、高水平都市型现代农林大学的办学目标。

参 考 文 献

涂俊才，曹玉琼，2014. 我国农科硕士研究生分类培养研究［J］. 华中农业大学学报（社会科学版）（2）：129-133.
赵同谦，丁亚红，李雅莉，2016. 研究生分类培养体系的探索与实践——以河南理工大学为例［J］. 教改探索（2）：74-75.

地方农林高校专业学位硕士研究生培养方式探讨
——以农业工程与信息技术专业领域为例

李　靖

（北京农学院计算机与信息工程学院）

　　摘　要：本文以北京农学院农业工程与信息技术专业领域为例，探讨了地方农林高校专业学位硕士研究生的培养方式。此问题的提出有其背景，尤其对于身处北京这样都市化高度发达的大都市的农林院校，其办学定位更是关系到前途命运的大事。而研究生教育的发展是高校提升自身水平、体现自身价值的着力点。对于北京农学院来说，发展应用型高水平人才的培养是更切实可行的思路。另外，本文还重点关注了在信息化和互联网发展的大背景下，研究生培养应作出哪些调整和变化，尤其在理论联系实际，和面向社会、面向就业方面，高校应对社会发展作出怎样的有效反馈。

　　关键词：地方农林高校　专业学位　农业信息化　培养方式

一、背景分析

　　在我国高等教育体系中，地方高校越来越成为我国高等教育体系的主体部分。地方高校指隶属于各省、自治区、直辖市，大多数靠地方财政供养，由地方行政部门划拨经费的普通高等学校，根据统计我国地方高校数量有 2 500 多所。地方农林高校作为地方高校中的重要分支，在培养及输送高质量农林人才

　　基金项目：北京农学院学位与研究生教育改革与发展项目"地方农林高校专业学位硕士研究生培养方式探讨"（2018YSH094）资助。
　　作者简介：李靖，北京农学院计算机信息与工程学院研究生秘书。

方面起到至关重要的作用，其主要作用是以服务区域经济社会发展为目标，着力为地方培养高素质农林产业和科研人才。

不论哪个行业领域或者哪个学科，硕士研究生和博士研究生的培养都是行业和学科不断创新发展的动力。所以，研究生培养早已纳入各地方高校战略发展的组成要素，学校研究生培养围绕"立足首都、服务'三农'、辐射全国"的理念，在近些年的发展中取得了可喜的成就。而在新时代环境背景下以及新的社会经济发展大背景下，在北京这样一个高度现代化、都市化的城市，作为一个专注于农业领域的高校将何去何从？应如何确定学校的办学定位？如何服务于首都的发展规划？这些问题都是学校既重要也紧迫的议题。经过多年的探索，以及教师、专家的研讨、摸索，找到了一些可行又有效的发展方向：多培养倾向于应用方向的专业型硕士研究生，并将研究生的培养与地方发展接轨；另外，在全社会信息化、联网化的大趋势下，发展计算机、互联网专业研究生的培养，并将这些技术应用于都市农业。

我国的专业学位教育制度是从 1991 年开始实行的，经过十几年的努力和建设，专业学位教育发展迅速，取得了显著的成绩。专业型硕士研究生是以专业实践为导向的，重视实践和应用，以培养高素质的应用型人才为目的。北京农学院作为北京市属农林院校，培养的硕士研究生也大多选择于北京地区就业，在地方经济建设中起到了至关重要的作用。因此，主要担任着为京津冀地区培养优秀农林人才的重要作用，而北京农学院的研究生培养主要以专业型硕士为主。

以学校计算机与信息工程学院为例，农业工程与信息技术领域作为农业硕士中的一个重要分支，是计算机在农业领域应用相联系的专业学位，主要为农业管理、农业教育、农业科研、农业推广、涉农企业等部门中与农业工程与信息技术相关的各种岗位输送和培养应用型、复合型高层次人才而产生的。从学生培养的角度看，学生应掌握农业工程与信息技术领域坚实的基础理论和系统的专业知识，并能独立从事农业工程与信息技术领域的相关工作。

二、农业工程与信息技术领域发展契机

根据"十三五"报告中《"十三五"全国农业农村信息化发展规划》子规划的出台，明确指出大力发展农业农村信息化，是加快推进农业现代化、全面建成小康社会的迫切需要，推进农业工程与信息技术建设，加强农业与信息技术融合，发展智慧农业是未来农业的发展方向。与此同时，《国家信息化发展战略纲要》中也明确提出培育互联网农业，建立健全智能化、网络化农业生产

经营体系，提高农业生产全过程信息管理服务能力的必要性。

根据规划，到 2020 年，全国"互联网＋"现代农业建设将取得明显成效，农业农村信息化水平明显提高，信息技术与农业生产、经营、管理、服务全面深度融合，信息化成为创新驱动农业现代化发展的先导力量。在此过程中，需要一大批农业信息化领域的人才予以支持，农业作为发展滞后的产业，其对于国家的战略地位不可或缺，实现农业现代化与农业信息化技术，可以大幅度提高生产率，成为保障民族对粮食基本需求的强大支柱。而农业信息化领域人才的培养重任，就主要来源于各地方院校中相关领域研究生的培养。北京农学院作为市属农林院校，主要承担了为京郊输送高质量农林信息化人才的作用。

根据"十三五"规划中的重点方向和中共十九大报告提出的乡村振兴战略的指引，依靠农业信息化技术实现解决"三农"问题成为必然趋势，在农业信息化领域的研究生培养中，应将培养方向与实际需求方向相结合，以实践为主、以理论为辅的理念，实现应用型人才培养，其主要针对以下 5 个方向作为目标导向：

1. 加强信息技术与农业生产融合应用　将传统的农耕以及畜牧产业引入互联网，实现"互联网＋"促进更加智能和快捷的信息化管理，如加快物联网、大数据、空间信息、智能装备等现代信息技术与种植业、畜牧业、渔业、农产品加工业生产过程的全面深度融合和应用，构建信息技术装备配置标准化体系，提升农业生产精准化、智能化水平。

2. 促进农业农村电子商务加快发展　实现农村经济的互联网化，加快发展农业农村电子商务，创新流通方式，打造新业态，培育新经济，重构农业农村经济产业链、供应链、价值链，促进农村产业融合发展。

3. 推动农业政务信息化提档升级　地方政府对于当地农村的发展所汇集的信息不完善，缺乏作出决策的合理化数据，因而缺乏对当前农业发展的指导性参考方案。因此，政务信息化是提升政府治理能力、建设服务型政府的重要抓手。加强农业政务信息化建设，深化农业农村大数据创新应用，全面提高科学决策、市场监管、政务服务水平。

4. 推进农业农村信息服务便捷普及　当前，城市发展中信息化连接城市生活的方方面面已经基本实现。但对于相对落后的农村，加快建立新型农业信息综合服务体系，集聚各类信息服务资源，创新服务机制和方式，大力发展生产性和生活性信息服务，提升农村社会管理信息化水平，加快推进农业农村信息服务普及成为村民希望发展的重点工程之一。实现信息化生活全覆盖，对于农村地区日常生活需求的满足起到决定性作用。

5. 夯实农业农村信息化发展支撑基础　实现信息化的前提是首先实现网

络化，通过加强农业农村信息化发展基础设施建设，加大科技创新与应用基地建设力度，大力培育农业信息化企业，支撑农业农村信息化跨越发展。

三、实现农业工程与信息技术应用型人才培养思路

1. 理论与实践相结合的培养模式　随着我国经济社会的发展，对高层次、应用型专门人才的需求，无论是规模还是质量，都有更大的需求与更迫切的愿望。传统的学术型研究生以理论为导向的培养模式对于专硕来说是不符合其定位与需求的。

农业工程与信息技术专硕是以应用为导向的人才培养目的，应在实践教学中理论联系实际，把课堂教学、理论教学与实践教学放在同等重要的地位。应采取校内课程学习和校外实践研究相结合的学习方式。课程学习实行学分制，实行多学科综合、宽口径的培养方式，建立适合农业工程与信息技术领域特征的校外农业推广实践基地，鼓励采用轮岗校外实践的方式进行实践研究。

2. 就业导向型培养模式　通过校企合作的方式，实现学校与用人企业紧密合作，使研究生能够在学习期间熟悉市场所需要的人才以及所从事工作的提前熟悉，实现学校与市场相结合的人才培养途径，做到毕业无缝衔接就业。

学校通过企业反馈与需要，有针对性培养人才，结合市场导向，注重学生实践技能，更能培养出社会需要的人才。校企合作，是就业导向型培养模式的实现途径中切实可行的方案，借助企业的平台，一方面为学生实习提供了场所，另一方面对企业引入人才提供了途径，做到了学校与企业信息、资源共享，学校利用企业提供设备，也不必为培养人才担心场地问题，实现了让学生在校所学与企业实践有机结合，让学校和企业的设备、技术实现优势互补，节约了教育与企业成本，实现学校、企业、研究生的三方受益。

3. 强化区域差异化培养的目标模式　目前，我国专业学位教育正处于发展的大好时机。由于我国经济社会的快速发展，经济结构正处于调整和转型时期，因此农业硕士应立足于其地方所在区域，进行符合其区域定位的目标培养模式。伴随农业领域职业分化越来越细、职业种类越来越多，技术含量越来越高，对高级农业复合型人才的需求越来越强烈。

以北京农学院为例，其研究生培养的主要辐射和服务范围是京津冀地区，此区域相对于全国来说农村及城镇化发展走在前列，因此培养过程中应针对地区发展进度实现相关的教学与实践。北京周边地区受到北京强大消费能力所带动，对于高端蔬菜和智慧农业园建设的人才需求必然大于以农耕畜牧为主的未实现农业基础设施全面建设地区的人才供给，专业学位集合区域定位的教育所

具有的职业性、复合性、应用性的特征也在逐渐地为社会各界所认识，能够提供强大区域人才供给能力的地方农林院校，其对于研究生的吸引力定会不断增加。因此，专业学位研究生培养的目的必须与地方经济和区域定位相结合。

4. 国际交流提升研究生视野的培养模式　国际化合作或国际联合培养交流给学生提供了一个展现自己、认识世界的精彩平台。它开拓了学生的视野，见识了世界的开放性和多元化。国际性的交流使学生切实感受到东西方社会、文化思维模式的碰撞，认清自身的不足和发展方向。与此同时，还能够将外国先进的农业科技和发展模式带回国内，促进我国农业工程与信息技术和现代化。

研究生会在研究生管理培养体系中作用的探讨

刘续航　俞　涛

（北京农学院生物科学与工程学院）

摘　要：随着入校研究生的数量不断上升，研究生培养和管理的过程出现了新的问题。研究生会作为研究生"自我教育、自我管理、自我服务"的群众性自治组织在研究生培养和管理中将起到重要作用。本文仅以北京农学院生物科学与工程学院研究生会的管理经历为例，论证研究生会在研究生管理培养体系中作用。

关键词：研究生会　培养管理体系

随着科技的发展、社会的进步，越来越多的人表现出对知识的渴求。更多的青年在本科毕业后甚至在参加工作后，选择考研，选择继续回到校园里读书，以增长知识、丰富自我。据统计，2010 年普通高校在校研究生人数为 153 万人，2014 年已高达 185 万人。随着互联社交方面技术的更迭以及入校研究生的数量不断上升，在研究生培养和管理的过程中也出现了新的问题。

高校研究生会作为研究生"自我教育、自我管理、自我服务"的群众性自治组织在研究生培养和管理中将起到重要作用。它代表了高校研究生的权益与意见，也是高校党委开展研究生教育管理工作的重要抓手，是高校研究生管理工作中重要的一环，肩负着协助研究生管理者对研究生进行日常管理的职责。

基金项目：北京农学院学位与研究生教育改革与发展项目"党建活动新形式的探讨"（2018YSH082）资助。

第一作者：刘续航，北京农学院生物科学与工程学院研究生党支部书记、研究生秘书、辅导员。主要研究方向：研究生思想政治教育。

一、研究生学习及生活现状

1. 科研压力　众所周知，研究生阶段学生的特点就是科研任务重、学业压力大。相较于本科阶段，这个阶段的学生们面临着更大的学习及科研压力。学生们自然而然地，也就更加关注自己知识的积累和专业技能的培养。以学校生物科学与工程学院为例，生物工程学科的研究内容与农业及工业生产实践结合紧密、实用性强。生物工程类研究生就需要面对专业理论知识学习和实践技能锻炼两方面的压力。目前，学院在校研究生的学制为 2 年，第一学年课程学习，第二学年上半年进实验室，下半年则着手发表科研论文、撰写毕业论文以及找工作、筹备考博等事宜。学生们真正做研究的时间仅仅不到一年的时间，要想发表好的科研论文难度比较大。

2. 思想建设　在如此高强度的科研压力与就业压力下，对于学生的个人修养和全面素质的提升与培养往往也是被忽略了的。尤其是在数字化和互联网飞速发展的当下，各种各样的虚拟信息与实际交往关系密切交织在当代青年学生的生活中。而学生们的人生观、世界观、价值观普遍处于形成之初的阶段，很多观点观念均处于萌芽状态，对于某些事物的判断仍然是不成熟的。这个阶段的青年学生很容易受到外界不良信息的干扰。这些不良信息的误导可能会导致学生萌生与社会主义道德教育的理念背道而驰的想法，走向背离社会和时代发展趋势与主流思想的道路。抑或是完全陷入虚拟世界，在一定程度上断绝了与现实生活接触的渠道，在道德观上完全附庸于虚拟世界中的某人或某组织，缺少批判性思维。耸人听闻的"蓝鲸游戏"，便是利用了这一年龄段的青年人的这一特点，蛊惑青年人自残、自伤甚至自杀，藐视生命，以此取乐。

在如此现状下，高校研究生会这一群众性自治组织在研究生成长成才方面、在搭建研究生理解世情、国情、校情方面就发挥出了不可替代的作用。

二、探索生物工程学科研究生会运行模式

1. 桥梁纽带作用　高校研究生会是在党领导下的学生群众组织，是当前研究生教育管理工作中的关键力量。高校研究生会倾听学生们的呼声，维护学生的群体利益，切实了解学生们的真实想法，并开展有效的服务工作。

生物工程学科强调理论结合实践，以理论服务于农业及工业生产实践。研究生会通过组织各种科技、实践、文化活动，为研究生科研创新提供平台。通过老生帮新生、老生带新生的形式，促进了研究生在基础理论方面的进步。通

过这种"连"与"带"的方式，行使着高校研究生会的桥梁纽带作用，也为研究生提供锻炼自身、展示自身、发展自身的平台和机会，充分将研究生在校学习的理论知识和在实验室的试验基础相结合。以学院研究生会为例，研究生会定期开展以提高研究生科研能力和创新技能为主题的活动。为研究生的学术交流、经验传递和科研活动搭建平台提供便利，加强了研究生间不同年级之间的交流，提高研究生的科技创新能力。

2. 引领思想作用 高校研究生会作为高校学生管理工作的重要组织，是传播社会主义核心价值观、引领校园文化建设的重要平台。高校研究生会担负着宣传学校和党委的政策，以及协助相关部门做好研究生教育管理政策落实的工作。在高校研究生思想政治工作开展过程中，它既能够引导广大学生勤学、修德、明辨、笃实，旗帜鲜明地弘扬主旋律、传递正能量；又能使教育双方联动，彼此相适，采取研究生喜闻乐见、易于接受的言语，传递教育信息，切实提高思想政治引领工作的针对性和实效性。

研究生会学生是研究生群体的一分子，生活在不同学科、专业的研究生中间，对大部分研究生的情况有较深入的了解。这些学生作为学生干部可以帮助学校、学院及时了解学生们的思想动态和实际需求，并及时引导、引领、开解在生活、思想、学业上有困难的学生。研究生会学生干部们的存在有利于让学校学院管理部门有的放矢地去帮助研究生学生解决校园生活中出现的大部分问题。研究生会学生干部们的存在让学生真正感受到学校的关怀，有效缓解研究生学习、生活的压力以及现实与心理预期之间的落差。

我们在强调高校研究生会的功能作用及其重要性的同时，也要强调学生干部要"有所为，有所不为"。作为学生干部，第一，要做到不能无作为。学生干部是教师与学生之间的联结，是学生与教师之间的桥梁。如果学生干部无作为，就是阻断师生之间的沟通，则教师与学生之间的联结就断了，学生与教师之间的桥梁就断了。学生党员、学生干部要时刻铭记"为人民服务，为群众服务"的宗旨。第二，要做到不能胡作非为。近日，网络上报道了不少学生会干部逞"官威"的事件，引发群众热议。这也为我们敲响了警钟。研究生会学生是学生干部，不是学生官。作为学生干部，决不可以胡作非为。要坚决抵制官本位思想，抵制不良习气。很多高校联合发起《学生会、研究生会干部自律公约》，学院研究生会也积极响应该倡议，开展一系列学习活动，建设充满朝气、干净、纯粹的组织文化。

三、总结

随着入校研究生的数量不断上升，研究生培养和管理的过程出现了新的问题。研究生会作为学生培养与管理工作的重要抓手起到不可替代的作用。北京农学院生物科学与工程学院研究生会通过开展不同形式的具有生物工程本学科专业特色、有针对性的学生活动，对学生进行培养与管理，体现农业院校在研究生管理培养体系中的关键作用。

参 考 文 献

冯放，2016. 高校研究生会工作中的问题与发展对策研究 [J]. 老区建设 (18)：53 - 54.

归毅，张湘江，张杨，2017. 高校研究生干部队伍建设探究 [J]. 齐齐哈尔工程学院学报，11 (1)：33 - 35.

扈龚喆，张泽，2017. 自媒体时代研究生会示范社会主义核心价值观建设路径研究 [J]. 高教学刊 (5)：131 - 132.

李允超，2017. 新形势下地方高校研究生会在研究生教育管理中的能效发挥——以苏州科技大学研究生会为例 [J]. 科教导刊 (上旬刊) (3)：173 - 175.

梁宏亮，2017. 优秀研究生会创建评比激励体系建构 [J]. 思想政治课研究 (4)：62 - 64.

刘诚，2016. 学习型、服务型、创新型研究生会的构建 [J]. 广西教育 (23)：101 - 102.

刘国娜，2018. 新形势下关于高校研究生会建设的思考 [J]. 开封教育学院报，38 (2)：122 - 123.

刘海燕，2017. 研究生会在研究生教育管理中的作用发挥研究 [J]. 山西农经 (10)：114.

刘衡，2018. 高校研究生会桥梁纽带功能在研究生教育管理中的作用分析 [J]. 科教导刊 (下旬) (5)：175 - 176.

刘佳艳，2018. 高校研究生会现状与建设的探讨 [J]. 法制与社会 (6)：194 - 195.

汤燕，2016. 信息化背景下高校研究生会问题及对策浅析 [J]. 电子测试 (21)：102 - 103.

王楚，侯华伟，马熙，2018. 高校团学组织在研究生学风建设中发挥的作用——以西北农林科技大学林学院研究生会"林苑论坛"为例 [J]. 湖北函授大学学报，31 (6)：44 - 46.

王阳修，2017. 研究生会如何做到全心服务于研究生群体成长成才 [J]. 知识文库 (13)：67.

邢滨，夏可阳，2016. 研究生会推动校园文化活动建设途径的探讨 [J]. 课程教育研究 (31)：13 - 14.

许戈，彭静，张聪，2018. 研究生会指导教师视角下的高校研究生会建设策略 [J]. 吉林广播电视大学学报 (2)：110 - 111.

许矛，曹宁，都兴林，2016. 研究生会在农学学科研究生培养和管理中的作用发挥 [J]. 亚太教育 (23)：228.

加强专业硕士学位论文质量控制的思考

马淑芹

（北京农学院文法学院）

摘　要：针对专业学位研究生论文要求标准，以北京农学院为例，分析了专业学位研究生论文工作中的问题。结合工作实际，提出了加强专业硕士学位论文工作管理、提高论文质量的建议。

关键词：专业硕士学位　论文　质量

当前，专业学位研究生的教育规模已经超过学术型研究生，专业学位研究生教育越发受到关注。现实中，由于种种原因，专业学位研究生教育仍存在一些雷同于学术型研究生的问题，尤其是在体现研究生学术能力素质水平的学位论文方面，很多专业学位论文依然套用学术型论文的管理模式，只是降低专业学位论文标准，没有与专业学位研究生培养方案相对应的标准和要求。这样专业学位研究生论文不仅没有达到专业学位论文应有的标准，而是降低了专业学位论文质量要求，脱离了专业学位研究生教育的目标。因此，加强专业学位研究生论文工作管理，提高专业学位研究生论文质量，成为提升专业学位教育水平的重要内容。

一、当前专业硕士学位论文工作中存在的问题

学位论文是研究生在校期间学习过程的总结性成果，论文水平一定程度上反映研究生培养的质量。根据笔者了解的情况，当前专业硕士学位论文工作中

基金项目：北京农学院学位与研究生教育改革与发展项目"农业硕士专业学位论文管理模式探析——以北京农学院为例"（2018YSH092）资助。

作者简介：马淑芹，助理研究员。主要研究方向：教育管理。

存在一些需要重视解决的问题。

1. 论文选题方面　专业学位研究生培养方案一般要求论文选题应来源于生产、管理等应用课题或现实问题，要有明确的应用价值，能体现作者解决问题的能力。当前的实际情况是，有些研究生在选题方面往往存在选题不当，有的是与自己所在的专业领域不贴合，有的找不到合适的选题，仍然延续学术型研究思维，论文往往是实践特点的标题，实证材料、实践过程不足，造成论文内核空洞无物。

2. 论文开题质量不高　研究生论文的选题是学位论文的开始，好的选题是做好论文的前提。实践中，有些非全日制研究生，开题甚至延期一年，不仅时间上紧张，而且造成论文进度受到影响。有的研究生，在开题报告之前没做充分的准备，没有充分衡量完成课题的各方面条件，造成开题后的论证环节难以应对而不能完成论文。

3. 导师的指导水平不均衡　有的导师认真负责，但知识结构老化，缺少专业实践的经验。有的导师自己的科研任务重，精力所限，疏于指导学生。导师的责任心和能力水平不均衡，对论文培养环节要求把控不严，加之有的导师学生过多，精力不济，指导不够。虽然配有双导师制度，校外导师的指导基本是自觉自愿的状态，缺少对校外导师的监管考核。有些研究生甚至难得与校外导师有交流，校外导师的作用发挥有待加强。

4. 论文进度把控不合理，前松后紧情况居多　专业学位研究生一般培养周期为 2 年，第一年课程安排时间紧张，研究生往往缺少精力了解研习文献，加之各项实践任务以及研究生学习主动性的差异，有些研究生论文进度不合理，仓促开题，之后清闲舒适，答辩之前又疯狂忙碌，有的甚至东拼西凑，草草应付。这类论文虽然侥幸通过答辩，但论文质量堪忧。

5. 研究生素质良莠不齐　有些研究生专业基础扎实，自主学习能力好，论文质量较高。有些研究生，由于换专业报考等因素，知识结构欠缺，加之缺少专业发展规划，自主能力不足。在撰写论文的时候，导师特别费心费力指导，但论文质量还是难有突破。

二、加强论文工作管理，提升专业学位论文质量的建议

专业学位硕士论文的质量受制于多种因素，其中包括研究生生源素质、培养方案要求、导师指导、论文选题、科研条件等。但加强论文过程管理、强化质量保障体系仍然是把控论文质量的主导因素。针对论文工作中的问题，结合农业硕士论文管理方面的实践，笔者提出以下建议：

1. 重视论文工作计划，做好论文选题工作　论文选题某种程度上决定着学位论文写作的成败。北京农学院研究生论文教学管理方面的文件要求在入学2周内，研究生在导师指导下制订个人论文工作计划。制订工作计划是论文工作的开始环节，也是确定选题方向的时间段。研究生刚入学确定选题方向，对于有些专业基础较好、本科阶段就有计划继续深入所学专业研究的学生来说，比较好；而对于专业基础不是特别扎实的研究生来说，计划一时难定。这个时候，需要加强论文工作计划方面的督促和指导，可以由上届优秀的导师和研究生介绍经验，包括选题应注意的事项，介绍分析优秀论文选题的经验做法，甚至可以把近几年相关领域的学位论文选题案例介绍给刚入学的研究生。这样，有利于其尽快明确选题方向，选出符合自己兴趣和专业基础的选题。

2. 考评文献综述，确保论文开题质量　研究生论文的创新水准很大一部分源于对文献资料的了解情况，专业学位研究生虽然以实践为导向，但毕竟与本科阶段不同，阅读学习文献仍然是做好开题报告的基础工作。专业学位论文普遍存在文献阅读量不足的情况，这方面可以把文献综述内容列入考核评定环节，结合论文选题予以评价，对于文献综述不合格的研究生，引导其改进并力劝延期开题，以确保开题报告的质量。另外，严格考评开题报告的质量，考评组要严格审查论文的研究内容以及拟解决的关键问题是否合理，可以邀请校外行业专家对论文实践方面的内容予以考核。对于研究方法和经费条件等不能保证论文完成的开题报告，要及时制止，责令修改，避免懈怠开题，之后论文无法进行的情况。

3. 创新完善导师管理，充分发挥导师作用　严格执行导师遴选规定，对导师的科研能力、学术水平等综合考评，实行师德考评一票否决制度，确保优选业务能力强、综合素质高的导师队伍。实行导师组制度，建设导师梯队，让优秀导师发挥带动作用。导师组成员应当包括校外导师，要求校外导师对研究生的论文选题和开题报告进行指导，参与研究生培养的全过程。建立完善的导师考核制度，把研究生学位论文的学术不端检测结果纳入对导师的考评参考因素之中。例如，对于首次论文重复率检测超过一定比例的导师进行约谈警告，对于所带研究生论文延期超过一定比例的导师，限定招生资格等。完善导师激励制度，创造条件，让导师参加国内外进修学习和业务培训，了解专业领域前沿动态，发挥导师的主导作用。

4. 充分重视进度监控，严守论文工作环节的时间节点　专业学位研究生培养方案一般规定学位论文工作时间不少于一年。而实际上，论文工作是贯穿研究生培养始终的，从研究生入学开始，随即进入论文培养计划阶段直至学位论文考核答辩。因此，提高研究生对学位论文进程的正确认识，是做好论文的思想保证。在研究生入学之初的专业教育过程中，强调学位论文的进度要求，让研究生入学就对研究生期间的科研进程有清楚的逻辑认识。同时，严格执行论文环节考核，严格遵守论文时间节点，保证学位论文合适的进度，提高论文水平。

5. 严格招生入口选拔，吸引优秀生源，提高生源质量　研究生学位论文的完成主体是研究生，论文质量好坏根本上还是研究生决定的。研究生对待论文的态度以及学业基础是影响学位论文质量的重要因素。目前，在专业学位研究生规模不断扩招的情况下，生源质量难以保证，有些专业的研究生报考人数少，复试竞争淘汰机制无法形成。这样，优质生源难以保证。应加强招生宣传，广泛吸纳优秀生源，坚持"全面衡量、客观评价、择优录取、宁缺毋滥"原则，提高人才选拔质量，把好招生入口。同时，加强研究生思想政治教育，严格执行论文工作制度，细化补充制度要求，让研究生充分重视学位论文的要求，严格控制论文管理环节，确保论文质量。

参 考 文 献

包海芹，孙晓园，2017. 共词分析视角下的研究生教育研究热点和主体分析 [J]. 学位与研究生教育 (8)：54-60.

龚玉霞，滕秀仪，塞尔沃，2018. 专业学位研究生培养模式创新 [J]. 黑龙江高教研究 (12)：103-105.

黄宝印，徐维清，张艳，等，2014. 加快建立健全我国学位与研究生教育质量保证和监督体系 [J]. 学位与研究生教育 (3)：1-9.

李博，陈艳慧，张瑾，等，2015. 构建地方院校研究生教育质量保障体系研究：基于优秀研究生学位论文的实证分析 [J]. 高等农业教育 (2)：116-120.

园林学院女研究生就业现状研究

满晓晶

（北京农学院党委组织部）

　　摘　要： 课题组对园林学院5年来女研究生的就业数据进行统计分析，通过对在读女研究生就业心态、就业意向、职业生涯规划、就业指导需求等方面的情况展开调查，了解园林学院女研究生的就业现状，并提出促进女研究生就业的对策和建议。

　　关键词： 女研究生　就业现状　对策和建议

　　当前，硕士研究生的就业形势因性别不同而存在显著差异，女生比男生就业难已是有目共睹。近几年，园林学院女研究生人数占比高达75％以上，其就业形势明显比同类专业的男研究生的就业形势严峻。课题组以园林学院女研究生为调查对象，对学院5年来女研究生的就业数据进行统计分析，并通过问卷调查和召开座谈会的形式，了解学院女研究生的就业意向、就业态度等就业现状及其影响因素，从学生和学校两个层面在促进女研究生就业的途径上提出相应对策和建议。

一、园林学院女研究生就业现状

　　1. 园林学院女研究生近5年的就业情况　　5年来，园林学院女研究生就业率达100％，签约率保持在97％以上。虽然就业结果令人满意，但相比男生，其就业过程更加艰难，遭遇了性别歧视、户口受限等一系列现实问题。具体情

　　基金项目：北京农学院学位与研究生教育改革与发展项目"园林类专业女硕士研究生就业现状与影响因素研究——基于园林学院五年来就业数据的统计分析"（2018YSH089）资助。

　　作者简介：满晓晶，讲师，北京农学院党委组织部。研究方向：思想政治教育。

况分析如下：

（1）就业基本情况。从表1和表2可以看出，近5年园林学院女研究生人数远远高于男生，就业情况比男生却显逊色，在行业内就业率上远低于男生，毕业时没有女生选择创业。选择大学生"村官"和升学的女生比男生多，从某种意义上可以解释为这是女生解决就业困境、减缓就业压力的一种途径。

表1　2014—2018年园林学院女研究生就业基本情况

年份	总人数（人）	女生（人）	北京生源（人）	签约数（人）		劳动合同	升学	灵活就业（人）		签约率（%）	就业率（%）	行业内就业人数（人）
				签订协议								
				普通单位	大学生"村官"			工作证明	创业			
2014	17	14	4	8	2	3	0	1	0	92.9	100	10
2015	29	22	12	18	1	0	0	0	0	100	100	22
2016	25	19	7	9	3	6	0	0	0	100	100	12
2017	36	28	1	9	2	14	3	0	0	100	100	21
2018	43	31	5	9	1	19	1	1	0	96.8	100	26

表2　2014—2018年园林学院男研究生就业基本情况

年份	总人数（人）	男生（人）	北京生源（人）	签约数（人）		劳动合同	升学	灵活就业（人）		签约率（%）	就业率（%）	行业内就业人数（人）
				签订协议								
				普通单位	大学生"村官"			工作证明	创业			
2014	17	3	1	1	1	0	0	0	1	66.7	100	2
2015	29	7	2	4	0	3	0	0	0	100	100	7
2016	25	6	0	3	0	3	0	0	0	100	100	5
2017	36	8	1	3	0	4	1	0	0	100	100	8
2018	43	12	3	7	0	4	0	0	0	100	100	12

（2）就业过程中遭遇性别歧视。遭遇性别歧视是园林类专业女研究生求职过程中的最普遍问题。同等条件下，女生被企业录用率明显低于男生。很多用人单位带有明显的性别歧视，以各种理由明确规定了一些岗位仅招聘男生，在劳动合同中对女性的生育、婚姻等问题作出了苛刻的限制。此外，较多用人单位用一些语言暗示不招聘女生，或以隐蔽的手段欺骗女性应聘者。

女研究生培养周期为2～3年，毕业后即将结婚生子，再加上国家出台的二孩政策，在一定程度上会对工作有所影响，因而用人单位大多愿招聘男生。

在对毕业生回访和对用人单位调查时，发现女研究生求职受拒情况屡见不鲜，这种与生俱来的性别标签严重影响了其就业。

总体来看，园林学院女研究生在就业中处于不利地位，其就业实际薪资、就业满意度普遍低于男生，成为研究生群体中的就业弱势群体。

（3）就业领域及地域受限。农林类研究生就业领域相对而言比较狭小，园林学院女研究生更是如此。园林类专业大部分授予的是农学学位，使学生与农业、农村有着密切联系。社会对研究生类园林高端人才的年需求量有限。较多女研究生本身并不具备从事园林研究与实践的身体素质或能力，因而其就业领域受限。这也是园林类专业女研究生行业内就业率偏低的原因之一。

与男生相比，多数女研究生具有较强的乡土情结，而较多父母也反对女儿远走他乡。园林学院研究生中京外生源的学生较多，大部分女研究生就业意向是留京工作或回家庭所在地就业，而京外生源毕业生留京工作又受到进京指标的制约，严重限制了自身的就业。以2017年园林学院女研究生毕业生为例，共有27名京外生源女生，12人留京就业，2人考博，13人回生源地就业。此外，女性具有较强的家庭观念，缺少开创性，多喜欢选择较稳定、风险较小的工作，缺乏竞争意识。

2. 对园林学院在读女研究生的调查情况　在对园林学院在读女研究生就业心态、就业意向、职业生涯规划及就业指导需求等方面的调查中，我们了解到大家对自己所学的专业都表示热爱，有着较高的专业认同感。但对所学专业当前的就业前景均不看好，85.62%的女生认为所学专业的社会需求程度是一般或很少。

85%的女生表示毕业后直接就业，并会先报考公务员；7%的学生表示考博继续深造，从而进入高校或科研单位工作；有近80%的女生希望毕业后能够进入国家机关或事业单位、国有企业工作。这说明大家的就业期望值比较高，就业观念相对传统，普遍存在"稳定才能带来安全感"的就业心理。

在就业地域的选择上，71%的学生选择北上广一线城市就业；22%的学生选择省会城市就业；7%的学生选择适合发展自己的地域。在影响择业因素中，排在首位的是个人发展机会，其次是专业对口，再次是经济收入与福利。这说明学生希望能够在一线城市获得更多个人发展的机会。这种选择容易导致就业压力大、就业区域失衡现象的出现。究其原因，农业院校生源大部分来自经济欠发达地区，普遍家庭背景不是很好，学生毕业后希望能够找到收入较高的单位，缓解家庭压力，或者迫于家庭的期望等压力而不愿选择基层或西部急需农业人才的区域就业。

在对学校就业指导的需求方面，64%的学生希望学校提供专业化和个性化的就业指导，帮助其科学规划；26％的学生希望学校提供就业心理辅导；76％的学生希望学校提供准确有效的就业信息和组织校园招聘会。

通过调查，我们了解到学生在面临就业问题时能够较为清醒地认识自己的需求，希望学校提供个性化就业指导，做好生涯规划，说明重视个人就业能力的提升。同时，虽然当前互联网发展迅速，具有信息量大、便捷等特点，但学生仍选择学校作为获得就业信息和就业指导的主要途径，也从侧面反映出学生认为从学校获得信息和指导更准确、更实用。

二、园林学院女研究生就业困境的原因

1. 学生自身问题 近几年，国家对于生态环境建设的重视，加速城镇化建设等相关政策的颁布促进了对园林专业人才的需求，园林规划类专业供不应求。但受到行业性质的影响，园林方面的专业就业方向主要集中在园林公司，工程类行业工作环境比较艰苦、工作强度高、体力消耗大，不太适合女生。女生较高考博率的直接原因之一就是园林类行业对女生的需求量低，迫使女生继续深造，希望能够选择一些非一线的工作岗位。

园林学院女研究生较多出身于农村，家庭条件一般，甚至不好，在求学及就业期间家庭投入的资金数量有限，不利于培养其专业以外课程及职业技能。由于从小生长于农村，视野相对不够开阔，综合素质普遍不高，不利于其自身人力资本的发展。此外，社会关系不广，其社会资本也处于劣势。

2. 学校培养问题 研究生教育重学术性培养、轻实践能力锻炼，除了风景园林学专业外，园林学院其他专业的研究生求学中的大部分精力都投入在课堂教学和科研实验中，毕业论文投入的时间也比较长。这就影响了实践能力的提高，难以达到用人单位要求的"全能型人才"的标准，而学术型岗位需求量偏小，两者无法匹配，从而导致女研究生就业困难。

就业指导是学生就业过程中的关键环节。当前，高校就业指导主要针对本科生，认为研究生已相对成熟，且研究生就业率相对较高，对研究生的就业指导相对不够深入和细致。研究生培养实施导师负责制，而导师难以提供就业指导。目前，学校辅导员是学生就业工作的主力，承担着就业指导等就业服务工作，且研究生辅导员多为本科生辅导员兼任，就业工作队伍力量配备不足，师生比严重失调，园林学院尤为突出，这也不利于就业工作更有效开展。而较多女研究生择业观较狭隘，偏向于选择稳定的非基层工作，专业就业指导人员可发挥作用，在一定程度上加以引导，改变这种就业观。

3. 企业追求经济利益最大化和社会政策问题 当前，园林学院研究生就

业的主要流向是企业。从经济学角度来看，企业追求的是利益最大化，是用最小的支出来获取最大的利益。性别歧视在某种程度上是用人单位基于经济学角度追逐利益最大化的选择。女性在生理方面的劣势促使企业从经济利益角度出发，倾向雇用男性。女研究生在毕业求职时，一般已临近其生育高峰期；生育后，家务劳动、养育子女耗费了其大量精力，因而难以全身心投入到工作中去。此外，用人单位可能还需要寻找、培训其生育期间的岗位替代者，从而导致人力资源成本的提高。这种家庭和社会的双重角色降低了女生在劳动力市场的竞争力。

我国《宪法》《劳动法》《妇女权益保障法》等都对保障女性就业、反对性别歧视有着详细规定，但其在法律实践中可操作性较低，难以直接约束用人单位。如对于投诉渠道、处置机构和相应的法律责任等，这些法律法规尚需进一步细化。法律法规的不完善、执行难导致毕业生的法律维权意识不强，这就使用人单位漠视这些法律法规的存在。此外，这些法规与政策主要关注就业后的男女平等问题，而对就业过程中的性别歧视关注较少。

三、促进园林学院女研究生就业的思考与建议

1. 学生层面：端正就业观，提高女研究生的综合素质　真正能解决女研究生就业困境的只能是女研究生自身。社会和高校都属于外部影响女研究生就业的因子，而其必须要通过内因才能起作用，而关键内因就是女研究生自身。不论是选择一线城市，还是选择较为稳定的国家机关、事业单位和国企就业，均反映出学生的就业观念错位。一线城市人才济济，很容易造成人才闲置和资源浪费，无形之中增加了就业难的压力。因此，无论出于什么样的动机考取农业院校研究生，女研究生在入学之初就要做好自身规划，读研期间应努力学好专业课程，拓展各方面的科学知识及实践技能，努力提高自身人力资本的发展。同时，广泛参加社团并参与社会实践活动，提高自身的综合素质，了解社会需求的人才模式。

面对日益严峻的就业形势，还要及时更新就业观念，形成正确的择业观，密切关注社会对农业人才的需求，并根据社会需求调整自己的努力方向和就业期望值，切合实际，抓住国家对于"现代农业"发展的时代机遇，找到适合自己发展的就业岗位。

另外，在就业求职过程中，学生应由被动变主动，积极利用互联网等资源获取就业信息，提早利用人脉关系，发动身边的亲朋好友帮助自己搜集有效的信息，以助自己顺利就业。

2. 学校层面：创新人才培养模式，深化就业指导和服务

（1）以市场为导向，培养应用型复合式人才。研究生人才培养模式应由原来的重科研能力培养转向重视市场需求，培养面向"三农"的应用型复合式人才。要把知识传授、科研能力训练与实践并重，根据学生特点适时调整课程设置，拓宽"产学研"的校企合作领域，提高研究生的培养质量，增强学生适应社会需求的就业能力。通过深化校企合作，引导和鼓励有能力和创业想法的学生进行创业实践，并为其提供孵化平台，提高学生的创业能力。

（2）增设指导课程，做好生涯规划。学校虽然设有职业生涯规划的选修课，但只针对本科生开设。调查结果显示，大部分研究生在本科阶段并未重视就业指导课的学习，缺乏清晰的职业生涯规划。因此，在研究生课程中适当增设生涯规划与就业指导课程，帮助其了解就业政策、择业技巧和就业信息等内容，做好研究生职业生涯规划，树立正确的就业观和择业观。

（3）拓宽就业渠道，加强基层就业引导。除了做好就业信息采集和发布的常规工作外，我们还应积极拓宽学生的就业渠道，加强与用人单位的合作，建立实习实践基地，为学生创造对口的实习单位和实践的机会。同时，发挥导师的作用，将校内的科研扩展到校外的用人单位，为学生提供与社会接轨的机会。

另外，还应加强对研究生到基层就业的引导。虽然大部分学生对国家肯定和支持国家大学生到基层就业政策，并愿意到基层就业，但多数是出于功利心，希望通过考取大学生"村官"解决北京市户口，而不是选择真正适合个人发展的基层单位就业。因此，学校应该鼓励学生将个人的追求与国家、社会需求相结合，增强学生服务"三农"的使命感，到适合发展的基层单位就业。

参 考 文 献

何婧，韩同吉，等，2012. 农业院校女大学生就业现状与对策——基于山东农业大学的调查 [J]. 高等农业教育（6）.

刘桂娥，喻莎，2013. 农业院校大学生就业现状与对策 [J]. 吉林省教育学院学报（7）.

唐利华，方热军，2011. 高等农业院校研究生就业与创业现状分析与思考——以湖南农业大学为例 [J]. 中国农业教育（2）.

田慧，2010. 女研究生就业指导与服务研究 [D]. 南京：南京师范大学.

杨洪一，李丽丽，2017. 农林类高校女研究生就业困境及对策 [J]. 安徽农业科学，45（29）.

食品科学与工程专业硕士研究生培养方案的构建与思考

杨校敏　张　巍　马挺军

（北京农学院食品科学与工程学院）

摘　要： 以食品科学与工程专业硕士研究生培养方案构建为例，分析了构建背景以及原有培养方案中存在的问题。并针对存在问题，提出新方案的构建原则、措施，提出一些对食品科学与工程专业硕士研究生培养方案的构建的思考。

关键词： 食品科学与工程　硕士研究生　培养方案　构建

研究生培养方案是进行研究生教育和培养的指导性、纲领性文件，是研究生制订个人培养计划的主要依据，也是培养单位研究生培养过程管理和质量监控的重要依据，更是研究生教育政策落实和培养模式方式的综合体现，作为研究生培养的基本规范和框架，在研究生培养过程中具有核心作用和地位；没有研究生培养方案，研究生培养就没有方向、目标和质量标准，更没有内容和质量。因此，构建好研究生培养方案具有重要理论和现实指导意义。

食品科学与工程专业培养方案的构建是一个系统性工程，核心就是要围绕着"培养什么样的研究生"和"怎样培养研究生"开展。食品科学与工程学院在研究生培养实践中不断积累，既是对原有二级学科硕士点的继承，又是在一级学科指导下得到不断发展和创新。

本文结合食品科学与工程学院的实际情况，参考高校同类专业研究生培养方案，在遵循构建原则的情况下，结合学科特点，按照国家相关培养标准，从

基金项目：北京农学院学位与研究生教育改革与发展项目"食品科学与工程硕士研究生培养方案的构建与思考"（2018YSH090）资助。

第一作者：杨校敏，硕士、助理研究员。主要研究方向：科技管理。E-mail：44401008@qq.com。

培养目标、研究方向、学位要求、课程教学、实践教学、考核要求等方面进行构建和思考，以期对新的培养方案的制订有所参考，助推学院研究生培养工作。

一、食品科学与工程专业硕士研究生培养方案的构建背景

目前，北京农学院食品科学与工程学院拥农产品加工及贮藏工程和食品科学两个二级学科硕士点。其中，农产品加工及贮藏工程专业 2007 年开始招生，2011 年获批食品科学与工程一级学科硕士点。经过 10 多年的研究生教育培养，研究生数量已具规模，从最初的 9 名研究生发展到今天的 61 名，研究生已成为学院科研一支重要的生力军，研究生工作也是学院一项重要工作。如何将农产品加工及贮藏工程专业和食品科学专业两个二级学科研究生培养方案进行整合，构建一级学科食品科学与工程专业的研究生方案，是目前学院面临的紧迫问题。

1. 研究生培养内涵发展需要　根据学校整体学科发展布局要求以及研究生教育的基本规律，学院为进一步深化研究生教育改革，推动内涵发展，提升办学水平，决定从 2018 年开始按照食品科学与工程一级学科硕士点进行招生。这不可避免对两个原有研究生培养方案进行整合，重新构建食品科学与工程专业的研究生培养方案。

2. 研究生培养规范化需要　在《一级学科博士、硕士学位基本要求》制定前，研究生培养方案内容涉及培养目标、培养方向、课程教学（知识传授）、实训教学（技能训练）、论文工作以及考核要求。在《一级学科博士、硕士学位基本要求》制定后，增加了研究方向、获得本学科硕士学位的基本要求等内容，对研究生培养工作提供更为科学的质量标准和要求，为研究生培养规范化提供了政策指导。

3. 硕士点自评估后改进计划需要　2017 年，学院对食品科学与工程硕士点开展自评估工作，经过资料收集、评估报告撰写、专家论证、学生座谈等一系列活动，通过对各级评估指标的梳理，对本授权点存在的问题有了较全面的认识，也指出了指导性改进意见，需要对最新培养方案进行构建，进一步改进和提高研究生培养工作。

二、原有二级学科硕士点研究生培养方案存在问题

北京农学院食品科学与工程学科始建于 1985 年。2006 年获得农产品加工及贮藏二级学科硕士授予权，2013 年获得食品科学二级学科硕士点授予权，

2011 年获得食品科学与工程一级学科硕士点授予权。虽然学院拥有一级学科食品科学与工程硕士点授予权，但未制订一级学科食品科学与工程的研究生培养方案，而是一直按照两个二级学科硕士点培养。经过 10 多年的研究生培养，既积累了丰富培养经验，也暴露出一些问题和不足。

1. 目标不够明确　农产品加工及贮藏工程专业和食品科学专业研究生培养目标虽都提出高级人才或高层人才目标，但是创新意识不够突出，未实现学术型人才培养目标。从 2007 年开始招生至 2017 年尚未出现在校研究生继续深造读博士的情况。这一点更能说明原有培养方案目标偏离学术型人才培养的要旨。

2. 培养方向不够凝练　经过多年发展，两个专业在发展过程中形成了自己的主要研究方向。其中，农产品加工及贮藏工程专业主要方向涉及农产品加工技术与工程、食品安全与控制、农产品资源利用；食品科学专业主要研究方向涉及食品营养与功能、食品安全检测与控制、食品生物技术。两者内容重叠，界限不明确，凝练不足，特色不够突出，进而影响研究生培养方向，特色不突出，不利于整体学科建设发展。

3. 课程体系不够优化　目前，两个专业开设 16 门专业必修课和专业选修课，课程设置存在很多问题：①"僵尸课程"仍然存在，有些课程多年未开，仍出现在课程规划之中，影响学生选课的有效性和可信性；②不以研究生培养为导向地设置课程，以工作量为导向地因人设课的现象仍然存在；③课程结构上理论课时过多，实验实践课程过少；④有些课程内容老化，缺乏前沿性和创新性；⑤一些课程缺乏深度和广度，虽然有些课程冠以"高级"之名，却无高级之实；⑥以二级学科为基础设置的课程，某些课程名称不同，但授课内容冗余重复；某些课程重复设置，名称和内容差异不大，资源浪费，教学资源优化配置不够。

4. 实践教学落实不够　科研实训是研究生实践教学的重要体现，是研究生培养工作的重要组成部分，是培养研究生从事科学研究工作能力的基本环节，内容包括实验实习、专业实践活动、学术活动，一般在第 3～4 学期完成，总体安排共计 400～600 学时。这些活动完成后，最终提交硕士研究生科研实训记录本。但目前实践教学以科研实训记录本为主要表现形式，重实验室实习，轻专业实践，甚至有些专业实践流于形式，倾于应付，缺乏实质内容；在实践教学管理上缺乏相应管理组织机构，管理责任缺失，也缺乏相应的监督和检查。整体来看，实践教学过程形式大于内容。

5. 考核要求不高　原培养方案中关于毕业要求缺乏相应的明确要求，只有针对课程、实训、论文提出要求，结果只有通过和不通过两类。对于学术型硕士研究生毕业要求，仅在《北京农学院硕士学位授予工作实施细则（修订）》中提出"学术型研究生原则上要求以第一作者（北京农学院为署名单位）全文公开发表至少一篇与本人学位论文内容相关的学术论文（不包括综述、摘要）。各相关学院可根据本学院所属学科、专业、领域特点自行制定不低于此标准的论文发表要求，并报研究生部备案。"至于文章发表期刊的级别或检索类型没有提出明确要求，各个学院和专业在培养方案中也没有明确提出自己的毕业要求和标准。在日常研究生论文教学工作中，导师也反映，如果没有论文发表的要求，在研究生能力培养和管理上，研究生也缺乏必要的动力和压力，自身科研项目进度也受到影响，将来也不利于研究生深造与就业。

三、构建目标与原则

食品科学与工程硕士研究生培养方案的构建是适应学院发展和研究生培养需要而进行的，其构建目标就是培养学习和掌握习近平新时代中国特色社会主义思想，掌握食品科学与工程学科坚实宽广的基础理论和系统深入的专门知识，具备良好的发现科学问题和解决实际问题的能力，能设计试验方案、开展可重复的实验研究，能对实验数据进行科学处理并对结果进行分析比较，能够在研究与开发过程中对所需解决的问题进行分析，能提出解决方案，并解决本领域中的实际问题，具有独立从事科研工作的能力，能够在本领域的科学研究或专门技术上作出成果，能够熟练运用一门外语阅读本专业的外文文献，撰写专业学术论文，具有高尚的科学道德、良好的合作精神和创新创业能力，能够在高等院校、科研院所、企事业单位承担科研、教学、技术开发和技术管理工作的德、智、体、美全面发展的高层次创新人才，最终目标就是要提高研究生教育质量，以满足国家的需求，培养出适应未来社会竞争的创新人才。

按照食品科学与工程一级学科要求构建新的培养方案，应遵循以下 3 个原则：

1. 科学性原则　科学的培养方案应遵循两个科学规律原则：一是按照研究生教育的基本规律进行培养。从培养目标、研究方向、基本素质、学术能力、课程教学、实践教学等内容上，结合研究生自身特征、专业特点、研究生培养环节过程、科学研究规律和导师的作用构建，促进实现研究生教育内涵式发展，推动学术研究生高质量发展；二是按照食品科学与工程学科本身的规律进行培养。食品科学与工程学科是一门多学科交叉的工学类学科，在研究生培养过程中要遵循自然科学研究的规律，以食品原材料和食品作为研究对象，以工学、理学、农学和医学作为主要科学基础，研究食品原料材料和食品的物理、化学和生物学特性、营养、品质、安全、工程化技术。食品科学与工程专业研究生的培养，是研究生培养工作和科研工作的有机结合，既要符合人才培养规律，又要符合学科特点，将人才培养贯穿于科学研究中，又把科研的内容、手段和目的融入人才培养过程中，两者相辅相成、相互融合，这样才能保证培养方案的科学性。

2. 特色性原则 特色是学科风格和实力的体现，学科要在竞争中保持自己的优势，必须拥有自己鲜明的培养模式和培养内容。因此，研究生的培养要凸显自己的人才培养特色。经过10多年农产品加工及贮藏工程和食品科学专业研究生培养，在其过程中已经积累和沉淀了自己的理念、方法，甚至成果，形成了自己的优势和特色，同时也体现学校和学科特色。因此，构建食品科学与工程专业研究生培养方案中一定要结合学校确立的"育人为本、突破创新、丰富内涵、彰显特色、提高质量、服务社会"的人才培养总体指导思想，紧密围绕学校特色优势鲜明的市属高校定位，应用研究和理论研究并重，突出成果转化、服务于企业和社会，形成了培养以都市农业食品领域为主，综合素质高、知识结构合理、实践能力强、满足区域经济社会发展和都市现代农林发展需要、具备应用研究能力和创新创业精神的复合应用型卓越农林高级人才培养特色。既要继承原有特色基础，又要在新时代下首都高等教育改革中保持和发扬自己的特色。

3. 创新性原则 创新是知识经济的灵魂，是知识经济发展的内在驱动力。研究生培养质量的标志和灵魂是创新，离开了创新，就谈不上高质量的研究生教育。研究生教育是培养人才的主要渠道，培养方案又是培养创新性人才的核心体现。因此，要围绕培养提高研究生创新能力为核心，创新指导和激发研究生创新意识、创新思维，提升创新素质，在产学研协同创新的背景下，运用制度创新、管理创新、方法创新，进一步创新人才培养模式，积极有效构建新的培养方案，把创新渗透到研究生培养方案中。

四、新培养方案构建具体内容和措施

针对原有培养方案存在的问题，结合构建原则，提出食品科学与工程专业硕士研究生培养方案构建内容和措施。

1. 明确培养目标 新时代发展、首都人才培养需要以及高校自身定位的变化，对食品科学与工程人才的培养目标提出新的要求。为此，在总结经验的基础上，结合新时代的形势与变化，提出食品科学与工程学科的人才培养目标是学习和掌握习近平新时代中国特色社会主义思想，掌握本学科坚实宽广的基础理论和系统深入的专门知识，具备良好的发现科学问题和解决实际问题的能力，能设计试验方案、开展可重复的实验研究，能对实验数据进行科学处理并对结果进行分析比较，能够在研究与开发过程中对所需解决的问题进行分析，能提出解决方案，并解决本领域中的实际问题，具有独立从事科研工作的能力，能够在本领域的科学研究或专门技术上作出成果，能够熟练运用一门外语阅读本专业的外文文献，撰写专业学术论文，具有高尚的科学道德、良好的合作精神和创新创业能力，能够在高等院校、科研院所、企事业单位承担科研、教学、技术开发和技术管理工作的德、智、体、美全面发展的高层次创新人才。新的培养方案中人才培养目标突出时代特色，注重专业知识和能力的培养，按照培养又专又红、德才兼备、全面发展的中国特色社会主义合格建设者和可靠接班人的要求全方位育人，比原有培养目标更丰富、更清晰、更明确，更加符合食品科学与工程一级学科硕士学位的基本要求和学校研究生教育内涵发展的实际需要。学术型硕士研究生以培养高素质的学术研究人才为目标，其培养过程中，注重学生的专业理论知识和创新意识的培养以及学术潜力的发掘，毕业进入科研机构从事科研工作或继续深造读博。

2. 进一步凝练研究方向   学院对食品科学与工程学科研究方向进行梳理，按照一级学科研究方向进一步凝练，由原来的农产品加工技术与工程、食品安全与控制、农产品资源利用、食品营养与功能、食品安全检测与控制、食品生物技术 6 个研究方向调整为食品科学、农产品加工与贮藏工程、粮食油脂及植物蛋白工程和食品安全 4 个研究方向。重新调整后的研究方向克服原来研究方向分散、研究特色不突出、研究内容不够明确的弊端，进一步突出研究优势，明确了学科特色研究方向，为研究生的培养发展提供了可持续的发展目标和长远规划。

3. 突出能力要求   对新的培养方案进行构建过程中，严格按照《一级学科博士、硕士学位基本要求》，结合自身特点，对研究生的培养提出应掌握的基本知识、基本素质、基本学术能力，尤其学术能力明确列出获取知识能力、科学研究能力、实践能力、学术交流能力和创新创业能力等内容，使研究生的培养能力更加具体化，更加体现创新人才培养的要求和标准。

4. 完善课程教学体系   课程学习是研究生培养的核心，也是保障研究生质量的必备环节，在研究生成长成才中具有全面、综合和基础作用。因此，课程的设计既要科学又要符合实际需要。针对原有培养方案弊端，提出课程设计新思路：①打破原来二级学科专业分割的界限，在食品科学与工程一级学科大背景下，融会贯通原有学科课程内容，打通原有的壁垒和界限，整合以二级学科开设的相近或重复的专业课程，共享优质课程，删除不必要课程，实现课程资源的整体优化配置，提高研究生选课的有效性；②根据首都经济社会发展需要以及学生自身对知识能力的追求，开设面向全体研究生具有普遍性的课程，如新增科技应用文写作与检索、试验设计与数据处理、食品功能因子研究技术与进展等课程，改变过去因人、因工作量设课现象；③优化课程结构和设置，缩短理论课时，增加实验和实践课时；④课程内容上，根据科学研究的前沿性、交叉性，追踪热点，及时更新调整课程内容，进一步拓展其深度和广度，使研究生课程真正成为高级课程，提升课程层次感。

5. 认真落实实践教学　实践教学是研究生培养过程中不可缺少的环节，培养方案构建过程中，首先，思想上要高度重视研究生实践教学工作，把实践教学提高到思想认识的新高度。只有思想上先重视，工作中才能重视。其次，完善实践教学管理机制，组建研究生实践教学培养委员会或由研究生培养委员会执行，对研究生实践教学进行考核，进一步加强实践教学，锻炼学生能力，改变过去实践教学流于形式，重课程、轻实践的现象；定期对研究生实验和实践地点进行检查。再次，加强实验技能，增强学生基本操作能力。增加专门实验课，如色谱与质谱课，让研究生掌握色谱分析技术、质谱分析技术及色谱质谱联用分析技术的基本原理和方法，弥补研究生实验基本操作知识和技能不足，提升实践能力。最后，为进一步拓展研究生的视野，扩大对外交流，了解最前沿的专业知识和技术，学院组织了"食品科学与工程学院研究生论坛"，作为实践教学中的一个重要环节，培育研究生的创新意识和创新思维，提高研究生的科研能力。

6. 提高考核要求　进一步明确论文质量要求，提出"以第一作者或并列第一作者（须在论文中标注）、北京农学院为第一署名单位全文公开发表1篇SCI收录论文，或1篇EI收录论文，或2篇CSCD收录论文"的具体要求，同时也相应地在考核要求中得以体现。

以上6个方面是研究生培养方案的重要组成部分，也是研究生培养体系的重要内容。食品科学与工程专业研究生培养方案的构建，就是力图打造一个符合科学性原则、特色性原则、创新性原则，内容新颖，要求严格，体系完善的新方案，进一步完善研究生培养模式，确保研究生培养质量。

五、关于食品科学与工程专业研究生培养方案构建的思考

构建新的培养方案，不是各个因素的简单相加，而是一个完整的体系。对此，对于新的培养方案的构建提出5点自己的思考。

1. 明确指导思想，贯彻新时代党和国家的教育方针　这次新的培养方案

的构建，明确指出学习和掌握习近平新时代中国特色社会主义思想，这是以往培养方案中所没有的。高举习近平新时代中国特色社会主义思想是时代的要求，也是我们各项事业的指导思想，"以社会主义建设者和接班人的使命担当，为全面建成小康社会、全面建设社会主义现代化强国而努力奋斗，让中华民族伟大复兴在我们的奋斗中梦想成真"。指导思想的确立，就是要弄清楚培养什么样的人才、为谁服务的思想，树立科学人才观、教学观、培养观。新的培养方案的构建就是进一步推动习近平新时代中国特色社会主义思想进培养方案、进课堂、进头脑。

2. 构建过程中出现的矛盾点和冲突点　由原来两个二级学科培养方案，整合形成一级学科方案的过程，难免产生这样或那样的冲突和矛盾点。其中，课程设置中就涉及很多问题，如课程负责人的确立、原有课程之间的整合、理论课时与实践课时的设置等。以提高学生学习能力、科研能力、创新能力为目标，充分利用校内外资源，优化课程体系，消除学科和课程间的壁垒，理顺学科内在联系，注重学科的交叉性、多元性，因需设课，加强和明确课程之间的联系，建立一个完整的课程体系，对以往课程学习过程中学生能力缺失部分进行强优势、补短板；同时，也对任课教师提出新的要求，要改变过去为完成工作量而教学的观念，树立以"生"为本的新观念，鼓励教师们组建研究生教学团队。还有建立和健全课程评估机制，完善课程评价体系，保障新的培养方案的实施和顺利开展。

3. 一定要突出特色　特色是一个高校的立校之本，也是一个高校在首都大学林立中立于不败之地的本色和亮点。北京市发布《关于统筹推进北京高等教育改革发展的若干意见》中提出加强宏观引导，推动高等学校分类发展。北京农学院在落实方案中明确提出"建设特色鲜明的高水平应用型大学"。特色是一座大学的品牌，也是知名度。要想突出重点，彰显特色，学院就要在"办学特色"上下功夫。这不仅是研究生培养，同时与此相关的导师队伍、科研成果、学科建设等方面都要与之配套，实现研究生培养内涵式发展，适应首都经济社会和都市型现代农业发展、更好满足京津冀社会主义新农村建设的需求。

4. 要突出创新能力　新的培养方案明确指出"食品科学与工程学科的应用性，要求培育研究生具有创业意识、创新精神，具备一定的自主创业能力"。把创新能力单独明确列出，足以看出此次培养方案对创新能力的重视，突出体现以创新为核心培养研究生科研能力。

5. 构建后的培养方案实施过程中可能出现的问题预判及保障　研究生培养方案的构建是一个系统性工程，不仅仅是简简单单地把研究生培养方案停留在文件中，而是要有效实施。所以，在未来的实施过程中，难免出现这样或那样的问题，有必要对其进行研判和预防。

（1）研究生的培养，导师是关键。导师作为研究生第一责任人，研究生培养方案制订得再好，也需要导师落实和执行。针对将来实施培养方案过程中导师职责问题，学校和学院也制定相关政策。研究生处制定了《北京农学院硕士生导师工作职责规定（试行）》，从招生、培养、德育育人、考核、奖惩等方面，明确导师在研究生培养中应履行的工作职责，确保研究生培养方案的落实；在导师队伍建设上，学院以学科方向为导向，按照 4 个学科方向，梳理导师队伍和科研团队，进一步调整学科师资队伍力量，组建 5 个科研团队，发挥科研团队在人才培养中的协同创新作用，使导师队伍的年龄结构、学缘结构、梯队建设更加合理；学院重视遴选校外其他高校、科研院所导师（如中国农业大学、北京市农林科学院）不断充实和壮大导师队伍，满足新的培养方案的实施；利用各种学术论坛、导师培训等使导师熟悉国家和学校有关研究生教育和培养的法规、制度和方案，不断提高导师的业务能力、学术水平和指导质量。

（2）健全课程教学的保障机制。与研究生课程配套的研究生课程大纲、内容和任课教师教学手段等，在实施过程中可能出现以往存在的问题，也会出现新的情况。对此，一方面，学院要健全研究生课程监督与评估机制，建立一支强有力的督导队伍，加强对研究生课程的管理、监督、检查，及时发现和了解课程教学过程中出现的问题，不断完善课程体系。另一方面，为保证实施，选拔优秀的任课教师，组建精干的研究生教学团队，保障课程高水平、高质量。

（3）加强研究生培养过程的管理，注重提高研究生培养质量。有效的管理工作是保障研究生培养方案落实的前提，以一级学科构建的培养方案在实施中，除了师资队伍、课程体系外，还有重要的研究生培养过程管理问题。新构建的研究生培养方案，起点高、要求高，在研究生培养过程中，面临许多的挑战和困难。因此，要保障研究生培养方案的具体实施和确保研究生培养质量，就要加强研究生培养过程的检查、监督、评估，实现研究生招生、培养计划制订、课程学习、中期考核、学术活动、发表论文、论文答辩、学位授予等全过程管理，完善研究生教育的质量体系建设。同时，在各个环节进一步发挥导师、督导、学院的作用，在新的培养方案实施过程中，不断提出解决问题的对策，确保研究生培养质量水平的提高。

参 考 文 献

陈吉忠，王益，张俊，等，2004. 食品科学与工程学科研究生教育创新人才培养之探索[J]. 华中农业大学学报（社会科学版）(1)：100 - 102.

国务院学位委员会第六届学科评议组，2013. 学位授予和人才培养简介［M］. 北京：高等教育出版社.

季明，徐宁，韩萍芳，2008. 按一级学科设置研究生课程培养方案的探索——以南京工业大学为例［J］. 南京工业大学学报（社会科学版）（1）：94-96.

李阿利，卢向阳，贺建华，等，2005. 试论优化研究生培养方案的原则与内容［J］. 湖南农业大学学报（社会科学版）（2）：67-69.

李远颂，霍冬雪，陈文学，2016. 食品科学与工程一级学科硕士研究生课程体系改革研究［J］. 食品工程（2）：4-6、18.

钱增瑾，2014. 科学理论为指导的研究生培养方案探讨［J］. 中国电力教育（35）：52-54.

任丹丹，赵前程，汪秋宽，等，2017. 食品科学与工程研究生培养模式的改革与实践［J］. 教育教学论坛（45）：131-132.

汪勋清，王春霞，田松杰，等，2008. 优化研究生培养方案　构建培养质量管理体系［J］. 高等农业教育（12）：70-72.

周瑜慧，2013. 研究生自主创新能力教育论［M］. 北京：清华大学出版社.

学生党支部、团支部和班委会协同工作机制研究

王 燕 刘续航 谷 薇

（北京农学院生物科学与工程学院、农业农村部都市农业北方重点实验室）

摘 要：现今高校中的学生党支部、团支部和班委会协同工作的构建是学生工作的一大重点。对学生的整体素质和思想建设有着重要的作用。3 个组织的协同工作首先要注重合理制度的建立，制度应对 3 个组织的工作职责和途径进行明确划分。其次要从建立学生党支部在学生管理工作中的核心地位、突出团支部在学生工作中的桥梁作用和划分班委会职责范围 3 个方面进行重点努力。建立完善的学生党支部、团支部和班委会协同工作机制，进而使得对学生工作的进行更具针对性和实效性。

关键词：学生党支部 团支部 班委会 协同工作机制

大学是向社会输送人才的中间站，是学生由学校转向社会的关键跳台，更是培养高素质人才的摇篮。一直以来，大学是教育的主要关注点。著名的科学家爱因斯坦曾这样说："所谓教育，就是忘记了在学校所学的一切，最终剩下的东西。"因此，大学已不同于中学一样重在教授理论知识。大学所培养的是素质人才，而这类能力的培养并不是通过简单的课程教授所能完成的，更在于环境的深入影响。学生党支部、团支部和班委会构成了大学生的生存环境，同样也是影响大学生行为的 3 个基层组织。对于学生党支部、团支部和班委会的深入协同建设是发展和完善大学生思想政治体系和道德修养的主要手段（刘文龙、白鹏飞，2018）。只有将三者协同构建与发展，才能更好地实现服务学生、培养学生和管理学生的培养标准，这也是学校对学生思想政治教育的一项重要举措。三者的协同工作应以贴近学生生活为导向，改善政治思想为措施，培养

第一作者：王燕，北京农学院生物科学与工程学院办公室主任。主要研究方向：高校教育管理。

优秀学生和社会主义接班人为目标，为培养现代素质型人才而努力（江志斌，2011）。

一、3个组织的内在关系与协同工作的意义

1. 3个组织的内在关系 班委会是由大学生组成的基层组织，也是更贴近大学生生活的一级组织，是培养和实现学生自我管理、自我学习和自我服务的重要载体。班委会不仅仅存在于大学，自学生时代开始，班级组织就开始在为学生们服务。因此，班委会是学生们心中最基础的组织。团支部是团的最基层组织，是共青团工作和活动开展与实施的基本单位，是由广大优秀青年组成的，也是与广大青年团员有着最直接、最广泛和最深入联系的一级组织。党支部是党组织开展工作和活动的基本单元，是党的全部战斗力构成和工作开展的基础，党支部在学校基层建设中是团结学生的核心、培养学生优秀思想的学校，也同样是带领学生攻坚克难的堡垒，在学校乃至于社会的建设中具有极其关键的领导作用（卢玲，2011）。3个组织从自身职能上看有着很大的差别，但却有着充分的内在联系。党支部是学生培养组织中的核心，团支部是组织中的主导力量，而班委会是组织中的执行机构，三者相互关联，紧密联系，以服务学生为前提，共同为学生的发展努力（关明等，2015）。

2. 协同工作的意义 三者有着单独存在的意义，也同样有着协同工作的价值。3个组织职能不同，工作重点也就不同，进而所发挥的作用就不同。自下而上地讲，班委会是3个组织中最基础和最广泛的组织，它与学生接触最近，是学生初入校园就接触到的环境，班委会在学生中的认同度高，是学生提出问题和反馈意见的第一层组织。所以自下而上讲，班委会是学生建议与意见的第一聆听者。团支部会根据班委会所反馈的意见进行初步解决，最大限度地为学生解决困难、改善做法，同时团支部也具备联结党支部，进而传递信息的职能。所以说，团支部是联结领导核心和学生的桥梁，是传递信息的中间站。党支部是学生意见与建议的汇总点，扮演着解决问题和实施改善方案的重要角色，党支部是学生组织的领导核心，是学生组织中解决问题和实施方案的核心力量。自上而下地看也是如此，党支部是领导核心，提出实施方案与实施办法；团支部是信息的中转者，是组织中的中坚力量；班委会是最有力的执行组织，接党支部的计划执行，最终达到更好地培养学生的目的。三者的身份并不独立，环环相扣才能完成从党组织到学生的更好沟通。党支部是大脑，团支部是神经，而班委会是躯体，只有三者完整无缺，才能有条不紊地进行一切活动和计划。三者的共同发展、共同工作，对学校这个大家庭来说都是至关重要

的，缺一不可，哪一环出了问题，都会给学生工作造成严重的阻碍。三者共同发展、协同工作才是学校培养素质型人才的上上策（杨艳波等，2016；李磊、吉宏伟，2014）。

二、现今高校学生党支部、团支部和班委会协同工作的问题

1. 学生党支部与学生之间的联系不够　全面从严治党是党中央作出的重大战略部署，学生党支部积极响应号召，时刻严于律己，学生党员的素质和思想觉悟也得到了很好的提升，每年对于积极分子和预备党员的考核更加严格，这就使得每年党员的发展名额减少。发展党员的减少也就意味着平均到班组织的党员人数也随之递减，使得最初的每班一个党支部，到现在的几个班一个党支部甚至一个专业一个党支部。而党支部的建立又多为年级立体化建设，也就是从高年级到低年级，这样就使得党支部内成员无法做到与学生的实时对接，从而失去了与团支部和班委会的联系。这种现象的局限性使得学生们心中对于党支部的认知度不高，党支部被学生们认为是班级之外的组织，在生活中和学习中并未经常参加班级具体事务。学生缺乏了对于党支部的认知度，顺理成章也就使得由党支部到班委会的联结发生了断裂，无法让学生们做到有事情及时向党组织汇报和建议，党支部收取不到学生们的意见和建议也就无法及时提出有效决策和治理方法。这种情况对学生的管理和党支部与班委会的联结发生了障碍（刘斌，2016）。

2. 团支部在学生工作和活动中的影响不够　班级团支部虽然早在学生的初中时代就已建立，但学校的团支部和班委会一般是共同建设的，所举行的活动也多是由班委会和团支部共同组织。虽然初中已经有很多优秀学生被发展为共青团员，但是在班级中依然是占少数。这就造成了一种班委会活跃而团支部功能不明显的现象。而且，学校组织的活动也多数以班级为单位，很少是以团支部为单位进行的。这就造成了团支部与班委会功能混淆，分工不明确，多数情况下班委会管理了团组织的事情。也正因为团支部与班委会并行存在，多数是由班委进行团支部的管理，这就更加让学生们无法完全意识到活动的组织单位，从而忽略了团支部的重要功能，使得团支部在学生工作与学习中的功能建设不够突出，使得学生们与团支部之间的联系断裂，有很多关于团组织的事情转给班委会进行处理。久而久之，团支部和班委会在学生心中混为一谈，使得班委会和团支部的协同配合力下降，失去了团支部的桥梁作用。

3. 班委会对学生管理工作的占比过大　班委会从小学开始就作为一个组织对学生工作进行管理，所以与大学所建立的学生党支部和中学所建的团支部

相比，班委会在学生认知度上具有很大的优势。因此，也就造成了班委会在班级管理上占比过多的现象，使得班委会和团支部对学生工作的分工不明确，多数是由班委进行全权管理的，把团支部放在一个从属的协助位置上。在班级文化和学生政治思想建设工作上，往往是班委会取代了团组织的功能。在学生心目中，班委会是班级的主要管理组织，班长是班内学生事务管理的一把手，对于党组织和团组织的接触较晚，有时会对二者的认知欠缺，概念和意识模糊不清。长此以往，班委会会偶尔出现越职行事的现象，在班级管理上占据越来越多、越来越重的位置。

三、对高校学生党支部、团支部和班委会协同工作问题的解决方案

1. 建立合理制度，对学生党支部、团支部和班委会职务进行明确分工
在现今高校中，很少有制定出详细规则对学生党支部、团支部以及班委会的职责进行明确分工的，学生党支部、团支部和班委会的职责不同，就应该在学生管理工作中发挥不同的作用，从而使得学生管理工作有条不紊的进行。所建立的规则应明确对 3 个组织的工作进行明确划分，清理三者的权责，使得党支部、团支部以及班委会明确自己的工作范畴，不应出现管理不到和管理越界的现象。同时，还要使得 3 个组织的职责有章可循、有据可依。只有这样，才能让 3 个组织真正地在本质上进行职责的划分，在学生工作中发挥最大的作用。

2. 建立学生党支部在学生管理工作中的核心地位 学生党支部是党组织与学生群众进行联系和思想动态考察的桥梁，它联结了党中央与学生之间的情感，有了学生党支部的存在，更有利于将中央的重要思想传达到基层的学生群中。可以说，学生党支部是党中央在学生工作和思想考察上的前沿阵地，学生党支部对于学生生活问题的了解，汇总共同的问题传达给上级党组织，党组织会对学生的问题和困难进行及时的解决，这无疑是最及时、最有效的方法。但现在学生党支部与学生群众的联系不足，学生对于学生党支部的认知度不够，这就给这座桥梁造成了堵塞。想要提高学生党支部在学生中的认可度，首先要让学生时时能接触到党支部，做到与学生时时联系，对学生时时观察，对学生时时接纳意见。长此以往，学生会提升对学生党支部的充分了解，会逐渐明晰党支部在学生中的地位和作用，更能充分发挥党支部在学生工作中的领导作用，完成党中央和学生之间的联系。只有在党中央的正确领导下，才能真正地影响和带动现今的大学生成为合格的社会主义接班人。

3. 突出团支部在学生工作中的桥梁作用 青年团是我国优秀青年人的组

织，是中国共产党的后备军。团组织下设的团支部也是班级建设中一个重要的组织。它是上级团委领导和上级党组织在学生中开展工作和活动的得力助手，也同样是联结党和学生群众的重要纽带。团支部作为一个班级组织，以维护青年利益为主要责任。完成上级下达给学生群众的重要任务，还需要团支部时时掌握学生群众思想动向，了解学生群众的困难，并及时向上级组织汇报。团支部应该作党的好帮手，在班级中不应出现团组织职责模糊的现象，明确学生工作职务，开展团支部活动，履行团支部的义务，为维护青年利益而努力，只有让学生群众体会到团组织的存在，才能真正发挥团支部的桥梁作用，才能真正地发展越来越多的优秀团员进入党组织中，才能更好地协助党组织完成学生工作。

4. 班委会应明确划分职责范围　班委会在班中由民主选举产生，对班内学生的日常生活、奖助评定、学生学习和生活进行负责，同时还要担任班内文化以及班风、学风建设的职责。一个班的好坏要靠一个班委会的带领，班委会在班内起着模范带头作用，是最基层的组织，是服务学生、维护学生权益的直接责任组织。班委会与团支部有所不同，班委会对班内日常生活和学习事务负责，团支部对团组织和班内学生的思想动态负责，二者相辅相成，对班内的不同方面进行管理和服务。班委会努力构建具有优良学风和班风的班级，团组织努力建设具有先进思想的学生集体，在二者的共同努力下才能做好班内的日常学生管理工作，充分提升班内凝聚力，培养出学生群众的先进思想。

参 考 文 献

关明，郭素萦，施贤超，2015. 高校学生党支部与团支部、班委会协同工作机制研究［J］. 法制博览（30）：55 - 56.

江志斌，2011. 新时期高校学生干部队伍建设研究［D］. 重庆：西南大学.

李磊，吉宏伟，2014. 学生党支部与团支部班委会协同工作机制研究［J］. 北京教育（高教）（11）：61 - 63.

刘娥，2016. 学生党支部与团支部、班委会协同工作机制研究［J］. 山西青年（23）：244.

刘文龙，白鹏飞，2018. 高校学生党支部与团支部、班委会协同工作机制研究［J］. 山东农业工程学院学报（1）：132 - 134.

卢玲，2011. 论高校学生工作方法发展的新趋势［J］. 北京师范大学学报（社会科学版）（2）：104 - 108.

杨艳波，刘伟光，王晶晶，2016. 学生党支部、团支部、班委会"三位一体"协同工作机制探索［J］. 教育教学论坛（24）：7 - 8.

基于"三全育人"格局下研究生育人模式的探究

武　丽　廉　洁　史雅然　杨　刚　李国政
（北京农学院园林学院）

摘　要：研究生教育作为最高阶段的教育形式，是高层次创新型人才培养的主要途径。优化研究生教育管理、提升研究生培养质量是高校研究生教育亟待解决的问题。因此，在研究生教育管理中，应充分发挥全员育人、全过程育人、全方位育人的"三全育人"管理理念，以"三全育人"为导向，培育建设一批以课程育人、科研育人、实践育人、文化育人、心理育人、网络育人、管理育人、服务育人、资助育人、组织育人"十大育人"体系为基础、实施多维度多层次有机结合的育人模式。

关键词："三全育人"　研究生　育人模式

一、引言

在全国教育大会上，习近平总书记指出："培养德智体美劳全面发展的社会主义建设者和接班人，加快推进教育现代化、建设教育强国、办好人民满意的教育。""三全育人"即全员育人、全程育人、全方位育人，是中共中央、国务院《关于加强和改进新形势下高校思想政治工作的意见》提出的坚持全员全过程全方位育人（简称"三全育人"）的要求。"三全育人"综合改革既是对当下育人项目、载体、资源的整合，更是对长远育人格局、体系、标准的重新建构。

研究生教育是我国高等教育人才培养的最高层次，同时也是我国社会主义

基金项目：2019 年北京农学院学位与研究生教育改革与发展项目资助。
第一作者：武丽，助教，硕士。
通讯作者：李国政，副教授。主要从事高校思政教育管理工作。

现代化建设中高层次人才培养的重要组成部分。伴随着研究生招生规模的不断扩大，有关研究生培养上的许多问题日益凸显出来。例如，因学业、就业压力而导致心理问题；因缺乏明确的升学目标，入校后陷入迷茫，缺乏自身规划；理想信念日益缺失，出现学术不端及造假的情况。凡此种种增加了提高研究生培养质量的难度。长期以来，高校思想政治工作的主要研究对象为本科生，对于研究生的育人研究和实践工作还处在不断摸索的阶段。因此，在"三全育人"格局下坚持把立德树人作为中心环节，加强研究生群体的育人管理工作迫在眉睫。

二、研究生教育管理现状

1. 研究生培养目标重复，缺乏培养与管理特色　许多高校培养目标不明确，仅仅将培养研究生作为目标，为了培养而培养，对于如何通过研究生培养，提高高校人才培养质量、科技研发能力以及发挥高校的社会服务功能缺乏有效的战略思考。

2. 研究生培养模式陈旧，不能适应新时代培养需求　当前，关于研究生培养的研究多从师资体系、培养方案落实情况等入手，从宏观战略层面提出研究生培养方面的建议。然而，伴随 90 后研究生个性化时代的到来，传统管理方法已经无法有效满足研究生培养要求。我国部分高校没有意识到信息技术的重要作用，仍然使用传统管理方式，导致研究生教育管理成效下降，无法为研究生提供高质量服务。有些高校建立了教育管理信息化平台，仅能实现信息管理、成绩管理等基础功能，难以了解研究生教育管理过程，使平台失去实际应用意义。一些高校不了解研究生实际需求，没有及时更新平台功能，使得信息化平台使用率下降，浪费大量教育资源。教学模式落后是高校研究生教育管理中存在的普遍性问题，严重影响了研究生的学习和发展。一方面，教学内容陈旧。课程内容只包含专业知识，无法反映行业新技术、新成果，难以提高研究生知识水平和技术水平。部分高校忽视就业指导，在教学内容中没有渗透就业方面的知识，使得研究生对行业发展状况不了解，降低研究生就业率。另一方面，教学方式单调。高校导师注重知识传授，与研究生互动过少，不能及时解决研究生问题（唐晔楠，2019；高华、苗汝昌，2018）。

3. 忽视研究生与本科生群体特征的差别，管理成效较低　研究生与本科生群体特征存在很大差别，不宜以本科生管理模式开展研究生教育管理工作。研究生相对于本科生有着较为成熟的世界观和价值观，心理和生理相对成熟，但也容易产生偏激心理，不能采取惯性模式管理。研究生在管理过程中，有时过于关注、考评研究生在科研、学术等方面所取得的成绩，其思想修养和综合素质往往被弱化或忽视。要求研究生群体具备扎实的专业基础及良好的科研能力是必需的，同时提升其思想修养和综合素质也是非常重要的（钟宇红等，2017；王顺先，2016）。

4. 研究生导师队伍建设不足　导师是研究生教育管理的第一责任人。高校导师受传统观念影响，将自身看成教育管理主体，无法发挥研究生主观能动性，难以满足研究生需求。有些导师缺乏正确教育管理理念，无法快速完成教育管理工作，致使研究生学习水平和学习质量始终无法提升。部分高校忽视导师培训，没有提高导师思想素养和工作能力，使得导师教育水平停滞不前。部分导师不了解网络技术，无法将网络技术与教学相融合，难以摆脱时空限制。虽然有些高校开展了培训活动，但培训缺乏针对性，无法发挥实际作用（马骁、张华，2016）。

三、基于"三全育人"格局下的研究生育人模式路径探究

自招收研究生以来，高等学校在实践中不断完善与改进研究生思想政治教育工作，积攒了许多成功的经验，从"全员""全方位""全过程"角度构建研究生思想政治教育的"三全育人"模式，对实现研究生综合素质教育具有一定的借鉴作用。

1. 构建全员育人模式　加强和改进教师队伍的建设，不仅要提升教师自身的素质，还要组建校、院、系、专业、班级、个人等多层次的育人队伍，形成全员育人的合力，引导研究生更好地完成学业，提升综合素质。

（1）针对"导师育人"可进行相关的调研，创新导师考评制度。增加"导师育人"的激励机制，加大对优秀导师的宣传力度，利用榜样的力量影响感染导师和学生，为形成导师育人。

（2）组建一支高效、精干的育人队伍。高校研究生专职辅导员人数较少，多为本科生辅导员兼任，学校可选聘高年级的研究生党员为研究生兼职辅导员，是研究生"三助一辅"中工作的实践创新。"专兼结合"的方式不仅解决了在研究生育人工作中人手短缺的问题，对于学生助理自身的成长也有很大的帮助，有助于提升研究生综合素质和能力。同时，学生兼职辅导员从学生中来，再到学生中去，能够切实了解学生所需，在专职教师的帮助与指导下，能及时有效地解决研究生中出现的各种问题。

2. 构建全方位育人模式

（1）以党建促团建。研究生党团支部建在班级，党建带团建，团支部紧密

围绕党支部开展各项工作。充分利用党建的示范作用影响团组织的建设与发展，能带动研究生形成积极向上、朝气蓬勃的精神风貌。

（2）培养科研能力。学术载体是研究生思想政治教育的重要途径，通过学术创新与交流，将思想政治教育融入研究生的学习生活中，培养研究生科研探索能力，是全方位育人模式的重要着力点。

（3）情感呵护人心。在研究生心理健康教育方面，配合学校心理咨询中心开展心理健康宣传、专题讲座、心理素质拓展等活动。专职辅导员考取心理咨询师资格证书，建立心理健康危机预警机制，设立班级心理委员。加强研究生对心理健康重要性的认识，打造"敞开心扉，和谐沟通"的思想政治教育阵地，做到防微杜渐。

（4）拓展实践平台。高等学校不仅要把社会实践作为研究生的必修科目，而且要为研究生提供实践平台，充分调动研究生参与社会实践的热情，认真规划、精心组织研究生的社会实践活动。

（5）网络助力发展。在网络行为中坚持正确的价值导向，以社会主义核心价值观为核心，传播正能量。建立微信公众号，实时掌握研究生思想动态、加强微信舆论导向监管，在微信公众号上宣传优秀研究生、先进模范事迹等。

3. 构建全过程育人模式　从研究生入学到毕业就业，研究生思想政治教育贯穿始终。秉承全过程育人的原则，调整不同阶段思想政治教育的内容和方式，有层次地对研究生进行思想政治教育。

（1）研究生入学的第一年侧重始业教育，主要对研究生进行学业、思想、作风、情感等多方面的深入引导，为研究生3年的学习生活指引明确的道路，形成良好的教育氛围，为研究生的成长成才"引路"。高校应明确党员发展要求，量化考核标准，引导积极分子及广大团员明确努力的方向；大力加强学生安全教育，规范研究生行为准则，严肃处理违规违纪行为；全面开展研究生职业生涯规划教育，通过调查问卷、主题讲座、性格心理测试等形式，让研究生认真思考考研动因，合理安排3年时间，明确未来发展方向。要重点帮助研一的学生认识学科、了解专业，并开始认识相关的企业、职业发展方向等，从而培养学生对专业的兴趣和信任，帮助学生确立目标。对不同目标的学生进行分类指导，帮助学生们为实现目标打下扎实基础，针对就业的学生进行正确就业观念的引导，加强专业技能的培训和社会工作能力的培养，创造社会实践的机会。

（2）研究生学习阶段的第二年主要侧重于奠定学习科研上的坚实基础。通过创新发展教育方式，将思想政治教育融入科研实践当中，培养研究生坚忍不拔、一丝不苟的科研精神，提升综合素质，培养全面应用能力，让研究生在学习上学会自主"探路"。组织研究生交叉走访学校的科研基地，通过观察，激发科研的灵感，在学术之间进行交流与碰撞，拓展学术思维；建立奖励机制，鼓励广大研究生踊跃参与学术超市，分享科研的心得体会；对于研究生学术科研的创新方案，提供资金及技术上的支持，鼓励研究生开展学术立项；开展行政管理知识的专题讲座，使管理类专业研究生以及希望从事管理工作的研究生更加深入了解工作内涵，提升自我综合素质和能力以满足工作所需。

（3）毕业教育侧重在事业上为研究生提供"出路"。研究生学习生活第三年，思想政治教育工作主要侧重在毕业就业的指导与服务方面。对于大多数研究生来说，通过 3 年的学习，不断完善自我，目的就是毕业后有一个好的"出路"。

学生实现目标的攻坚阶段，主要提供个体指导和服务，帮助他们调适就业心理问题，挖掘就业市场，为学生提供更多的就业信息，及时跟踪和反馈学生求职中出现的问题，帮助学生进行毕业前的自我完善。

四、小结

研究生教育是高等教育的最高阶段，其培养目标已逐步由过去单一的研究型精英培养目标转变为研究型、应用型、复合型等多元化人才培养目标共存的局面。目标的变化决定了当前研究生教育管理方式也应与时俱进地进行调整和优化，以期提高研究生的整体培养质量，满足我国当前经济社会发展需求。因此，基于"三全育人"的研究生教育管理理念，建立健全研究生管理体系，明确权责，形成合力。同时，建立一支稳定且素质高的研究生管理队伍，发挥好导师对研究生的全面教育管理作用，充分调动研究生自我管理、自我教育、自我发展的积极性，将有效发挥全员育人、全过程育人、全方位育人的作用，全面提高研究生的培养质量，有力促进当前研究生培养目标的实现。

参 考 文 献

高华，苗汝昌，2018. 基于"三全育人"的研究生教育管理模式探讨［J］. 山东理工大学学报（4）：89-92.

马骁，张华，2016. 新时期高校研究生教育管理工作面临的挑战与对策［J］. 大学教育（1）.

唐晔楠，2019. 高校研究生教育管理现状及改进措施［J］. 科学教育（4）：134.

王顺先，韩国防，王建华，等，2016. 研究生教育管理工作过程中存在的问题及对策分析［J］. 高教学刊（4）.

钟宇红，邱立民，田地，2017. 高校研究生教育管理现状及改进对策［J］. 高教学刊（3）.

基于 SWOT 分析法的研究生党员发展和管理模式探索

——以北京农学院经济管理学院为例

邬　津[1]　王　成[2]

（1　北京农学院经济管理学院；2　北京农学院学生工作部）

摘　要： 高校党员发展工作是高校党建的基础工作之一，也是重点工作之一。研究生党员发展和管理作为高校学生党建工作的一个分支，在高校党建中起到了至关重要的作用。本文基于管理学模型 SWOT 分析法，剖析研究生党员发展和管理状况，进而探索适合学院特色的党员发展和管理模式。

关键词： SWOT 分析法　研究生党员　发展和管理

中共十八大以来，随着全面从严治党的要求逐级夯实，党组织对党员发展和管理提出了高标准、严要求。为了能够贯彻落实各级党组织对学生党员发展和管理的新要求、新使命，学院以《中国共产党发展党员工作细则》为工作纲要，结合学院研究生党员发展和管理工作实际情况，认真分析工作中的机会和威胁，仔细审视工作中存在的优劣势，有效提出有利于研究生发展和管理的工作模式。

一、SWOT 分析法的管理学意义

SWOT 分析法是管理学中常用的一种方法，其被广泛应用的原因主要集

基金项目：2019 年北京农学院学位与研究生教育改革与发展项目"定量考评机制在研究生党员发展和管理中的应运研究"（2019YJS078）资助。

第一作者：邬津，北京农学院经济管理学院，硕士。主要研究方向：思政教育、党建管理。

通讯作者：王成，北京农学院学生工作部，硕士，学生思想政治教育科科长。

中在该方法能够有效地对外部环境的威胁（Threats）、机会（Opportunities）进行分析辨别，还可以清晰地估量组织内部的劣势（Weaknesses）与优势（Strengths），综合考量管理群体面对的四要素制订有效战略计划。SWOT 方法的借鉴意义就在于其用系统的思想将一些看似独立的因素相互排列组合起来进行综合分析，使管理战略制定得更加科学全面。

二、研究生党员发展和管理工作 SWOT 分析

1. 研究生党员发展和管理工作的机遇及优势　研究生党员发展和管理工作要符合新时代的要求，其影响因素是多方面的。一方面，中共十八大以来党建的大环境为工作指明了方向，提供了机遇；另一方面，学院研究生学科发展的累积为研究生党建工作提供了平台和阵地。

（1）把握新时代党建机遇，贯彻落实全面从严治党要求。针对党员发展，中共十八大以来，中共中央高度重视党员队伍建设，作出一系列新的重大部署。2013 年 1 月，习近平总书记主持召开中央政治局会议，对加强新形势下发展党员和党员管理工作进行专题研究部署。2013 年 2 月，中共中央办公厅印发相关文件，对严格发展党员程序、提高发展党员质量等提出明确要求。2014 年 5 月 28 日，由中共中央办公厅印发新的《中国共产党发展党员工作细则》，新《细则》规定下的发展党员工作程序更加严格、科学、规范。针对党员管理。中共十九大报告指出，增强党员教育管理针对性和有效性，稳妥有序开展不合格党员组织处置工作。经济管理学院作为基层二级党组织，研究生党支部作为基层党支部要逐级落实各级党组织的相关要求，将党员发展和管理工作落到实处、体现成效。

（2）把握专业扩增优势，优化研究生党建工作布局。经济管理学院研究生专业设置经历了从单一的农业经济管理一级学科硕士学位授予点，到农村与区域发展专业学位硕士点并存，再到现在的农业经济管理、工商管理 2 个一级学科硕士学位授予点，农业硕士（农业管理）、国际商务硕士 2 个专业学位硕士点的硕士教育优势。根据现有专业硕士，学院研究生党支部的构建将依托学科优势，以学术硕士和专业硕士为支部组建依据，将农业经济管理和工商管理专业合并组建学术硕士研究生党支部，将农业管理和国际商务硕士合并分别组建专业硕士研究生第一党支部和专业硕士研究生第二党支部。

2. 研究生党员发展和管理工作存在的问题及面临的挑战　研究生党员发展和管理工作在学院学生党建工作中起到了积极的作用，但是距离新时代的要求还是有一定的差距。全面从严治党永远在路上，在新的要求下，学院研究生

党员发展和管理工作面临诸多问题以及挑战。

（1）以问题为导向，着力破解工作难题。一是研究生学制影响研究生的入党积极性，学术硕士学制为 3 年，专业硕士学制为 2 年，在大学期间未提交入党申请及接受系统培养考察的研究生，如若递交入党申请书开始则会出现时间瓶颈；二是针对研究生培养要求日趋提高，研究生的学业和科研压力较大，导致研究生参加党支部活动及考察培养的热情不高；三是部分研究生对党员发展和管理的全过程缺乏深刻认识，片面地认为无法加入党组织，其他过程意义不大；四是研究生党支部布局存在滞后的现象，现在学院的研究生支部依旧是参照农业经济管理和农村与区域发展时期的专业情况设置的。

（2）以方法为引领，积极应对工作挑战。北京高校系统每年发展新党员数量约占到北京市每年新发展党员总量的一半，高校是培养社会主义建设者和接班人的重要基地，高校学生党员发展教育管理工作对于确保党的事业薪火相传、后继有人有重大意义。同时，北京市各级党组织对学生党员发展和管理工作的重视程度极高，一是加大党员发展工作信息化建设力度，率先实现了党员发展工作线上实时纪实，从入党申请、团支部推优、积极分子培养、发展对象的确立、党员发展和转正全覆盖、全过程纪实；二是不定期开展党员发展工作专项督查，按照上级要求，每年针对高校党员发展和管理工作进行专项督查。由此给基层党支部党员发展和管理工作带来了挑战，基层党支部要顺势而为，不断创新和优化工作方法，积极应对各类挑战，极力夯实基层工作成效。

三、基于 SWOT 分析法的研究生党员发展和管理模式探索

学院现有研究生 216 人，学生党员 138 人，其中研究生党员 45 人，占到了研究生总数的 20.83％，占到党员总数的 32.61％。截至 2019 年 4 月，研究生中有积极分子 31 人，入党申请人 10 人。据调查，绝大多数研究生受到学制和科研任务的影响，认为在研究生期间难以加入党组织就不同程度地放弃了向组织靠拢。

经过 SWOT 分析，要依据学院研究生党员发展和管理工作实际，认清优势、把握机遇，整合资源、破解难题，加快改革步伐、沉着应对挑战，突破惯性思维、创新发展理念，切实加强研究生党员的发展和管理工作，在学院范围内探索推行研究生入党全过程管理，即使在求学期间无法完成从团员到党员的身份转变，也要靠前教育、靠前培养，努力提升研究生的思想素质修养，积极提高高学历学生的政治素养和站位。紧跟时代步伐，以党团班协同发展为契机，营造全员向组织靠拢的氛围，提升研究生团员入党的积极性。探索实施研究生党员发展和管理工作全过程量化考评机制，通过量化进行排序，将定性分

析和定量分析相互融合，以定量考评方式推荐优秀团员、吸收入党积极分子，以量化测评确定发展对象，以积分管理教育管理党员。

参 考 文 献

王维东，柳楠，2016.SWOT 分析法在高校党员发展工作中的运用——以宁夏师范学院为例 [J]. 学理论（9）：168 - 169.

吴剑珊，2015. 基于 SWOT 分析法的高校党建工作路径初探 [J]. 轻工科技，31（4）：133 - 134.

研究生导师培养存在的问题及对策
——以北京农学院为例

吴春霞　尚巧霞

（北京农学院植物科学技术学院）

摘　要： 导师培养是实现导师发展的有效途径，是导师队伍建设中促进导师完善发展的必需阶段。目前学校的研究生导师培养还存在培养目标模糊、培养形式单一、培养内容陈旧、培养体制不健全等问题。通过创新培养模式、制订整体培养方案、营造良好的培养环境等方式可优化导师培养，保证导师队伍的质量和水平。

关键词： 研究生导师　培养　问题　对策

研究生教育作为国民教育体系的顶端，是培养高层次专门人才的主要途径，是国家人才竞争的重要支柱，是建设创新型国家的核心要素。研究生导师是我国研究生培养的关键力量，肩负着培养国家高层次创新人才的使命与重任。为保证研究生培养质量，造就一支有理想信念、道德情操、扎实学识、仁爱之心的导师队伍，明确导师在研究生培养中应履行的工作职责，是当前工作的重中之重。

2018年1月，教育部发布了《关于全面落实研究生导师立德树人职责的意见》（教研〔2018〕1号），学校为了加强导师的规范管理，明确导师的工作职责，于2017年12月制定了《北京农学院硕士生导师工作职责规定（试行）》。一系列重要文件的出台足以说明，关注研究生导师及其指导能力的提升，关注研究生培养质量的提升，成为研究生教育和高校教师职业发展过程中

基金项目：2018年北京农学院学位与研究生教育改革与发展项目"科学设计培训模式，提升导师指导能力"（2018YJS085）资助。

第一作者：吴春霞，助理研究员、硕士。主要研究方向：研究生与科研管理。

的关键问题。而导师培养正是提升导师指导能力的有效途径，是导师队伍建设中促进导师完善发展的必需阶段。

一、学校研究生导师培养的现状

1. 培养对象　目前，学校培养的研究生导师主要有 3 类：一是新遴选的导师，即新导师岗前培训；二是在某些学科领域知识更新速度快的导师；三是所有导师，即整体性的交流和学习。

2. 培养形式　目前，学校对导师的培养基本上都是以教学科研实践及学术交流的方式进行的，旨在增加导师学术敏感度，提高导师教学科研水平。如导师培训班，定期对导师进行各方面培训，另外，有的导师根据自己的研究方向和科研课题，或主动寻找，或由学校派遣以国内访问学者的身份参加各种培训和专业高级研修班；也有很大一部分导师通过参加国内外学术会议、国内外交流会等方式学习（张悦，2013）。

3. 培养内容　根据不同的培养对象，所选的培养内容也有所不同。例如，针对新遴选的导师，进行师德培训、研究生指导方法培训、导师职责和任务等方面的培训；对于前沿学科的导师，及时举办交流、讲座帮助他们尽早掌握实时成果。总体来讲，目前学校研究生导师培养的主要内容集中在导师思想品德、师风师德建设；导师职责与导师权利；研究生培养规律和方法；对研究生论文指导工作及科研能力培养；现代高校教育理念；学术成果交流和方法研讨等（张悦，2013）。

二、学校研究生导师培养存在的问题

1. 培养目标模糊，培养形式单一　长久以来，学校对导师的培训还存在未能从人才队伍建设和学科发展的角度考虑导师培训问题，以致培训工作成为导师的个人行为。这种模糊的目标导向导致了对导师培训的忽视。

目前，学校研究生导师培养的形式随意且单一，主要采取以理论为主的交流会教育。这种纯粹经验交流的方式都是"铁打的主题，流水的导师"，不但话题沉闷无法吸引导师，而且培养内容对导师起不到转变性作用。导师培养工作往往变成了交流会、培训班的附属品，这样的培训很难达到给导师带来提升的效果。所以，应当结合学校学科建设状况和导师自身的需求提供多种形式进行培养，从而真正达到影响、提升、转变的优良培训效果（张悦，2013）。

2. 培养内容不能与时俱进　目前，学校对导师培养的理解还仅限于对青年导师和新进导师的岗前理论教育，缺乏基本培养能力的训练，使得新导师在对学生的实际指导中缺乏足够的认识和理解，制约了他们解决实际问题的能力。即使有培养全体导师的意识，也无法脱离纯理论内容培训的范围，使导师们获得的知识有限，不能达到更新知识结构的效果。

在导师培训过程中，学校往往专注于专业知识的灌输，而忽视导师职业道德和教学技能，特别是培养技能的能力，致使导师在个人研究和学术成果上成绩卓越，却无法培养出优秀的研究生。如此现象都反映出现有的导师培养内容未能与时俱进。

3. 培养体制不健全　学校现阶段还未形成完善的培养制度，缺乏整体培养方案。世界上许多一流大学高度重视教师特别是研究生导师的职业发展，并早已形成相对成熟完善培养制度。

培养过程没有严格的跟踪考核和评估，即使个别培训有考核环节，也演变成应付性的结业考试，对导师今后的教学科研没有参考价值和意义，更不能形成奖罚激励效果。由此可见，学校目前的培养体系还不能对导师的职业发展起到应有的作用，培养工作还存在一定的盲目性和随意性。

三、学校研究生导师培养的对策

1. 创新培养形式　除了传统的在职进修、脱产学习等培养方式，还可以采取与国际知名大学联合培养导师，采取走出去、引进来的方式争取外方资源和支持培养导师，建立导师的国际化视野。对于专业前沿和相关领域的新成果、新理论可以举办专题讲座、参加专题研讨班深入学习。对于教学方法、培养效果等实务的学习，可以采取观摩、以老带新的方式，使在教学科研中德高望重的老教授言传身教，提升中青年导师的培养能力和教学水平。举办论坛、交流会、座谈会等，在思想碰撞中相互学习、取长补短，达到共同进步。

2018 年，学校为贯彻落实教育部《关于全面落实研究生导师立德树人职责的意见》文件精神，明确导师在研究生培养中的职责，不断创新导师培养模式，开展了"导师培训活动月"系列活动。组织了"导师在线考试"活动。利用网络技术，建立导师在线考试题库，让导师们了解学校导师管理和研究生管理相关文件及政策。同时，由主管研究生工作的副院长为全体导师做培训，系统介绍学校导师和研究生管理的相关文件，以研究生的学籍管理和培养管理为重点，介绍学校研究生管理的过程和要求。评选"年度优秀研究生指导教师"，为优秀导师颁发荣誉证书，邀请优秀导师代表介绍经验。通过"导师培训活动月"系列活动，提高了导师管理工作的规范性，对研究生管理工作具有积极的推动作用。

以学院为单位成立导师考核工作组，落实导师考核制度，从导师指导研究生基本情况、研究生学习情况、科研情况及就业情况、研究生课程教学情况及下一年度工作设想等方面进行全面考核，未参加考核或考核未通过的导师下一年度将不能招生。

加强青年教师"立德树人"的意识，邀请院士、国内名师作报告，学习名师"立德树人育英才"的心得，感受老教师"老骥千里犹奋蹄"的激情，提高师生对科研工作中学术道德问题的重视，为青年教师如何在科研上取得更大的成就以及成为"立德树人"好教师提供了指引。

2. 制订整体培养方案　学校应当根据导师的学科、阶段、层次，用发展的眼光制订整体的培养方案，既保证导师队伍整体的进步，又照顾不同类别导师的持续发展。学校可以成立专门的小组来研究高层次人才的全面培养与发展计划，针对高层次人才的思想、个性、背景等，结合人才成长规律、学科建设需要、学生培养需求，对他们进行职业和岗位的培养。通过科学的计划统筹，为导师发展提供明确的目标导向，建立灵活、系统、个性的培养（王英杰等，2008）。

3. 营造良好的培养环境　学校应当为导师提供各种机会，营造良好的学习氛围，让导师充分感受到学校尊重知识、尊重人才的人文环境，激发导师学习深造的热情，从而提高工作效率和培养质量。可以从服务和支持的角度出发，为导师提供条件，帮助导师不断进行"自我更新"。在培养过程中，以导师为主体，使他们对自己的发展负责。帮助导师分析他们在专业发展中的关键事件，让导师清晰客观地看到自我成长的轨迹，进而能够更好地为自我调控和学习目标奠定基础。积极提供导师与他人合作交流的机会，让导师主动地、热情地追求进步，以开放接纳的心态接受正面的、新的观念和知识，开阔导师思路，拓宽发展途径。

参 考 文 献

王英杰，等，2008. 世界一流大学的形成与发展 [M]. 太原：山西教育出版社.

张悦，2013. 硕士生导师培养存在的问题及思考 [J]. 广东青年职业学院学报（27）：79 - 81、92.

非全日制研究生管理现状、存在问题及对策研究

武广平

（北京农学院经济管理学院）

摘　要： 非全日制研究生在我国研究生培养体系中占据重要的部分，其利用工作之余攻读学位的性质决定了非全日制研究生在管理过程中会出现很多问题，根据对非全日制研究生培养过程的思考与总结，发现了培养的一系列规律。本文旨在当前非全日制研究生培养现状的基础上发现问题，并探索优化非全日制研究生培养过程的方案及方法，以便在经济管理学院研究生培养过程中起到积极的引导作用，进而提高非全日制研究生的培养质量。

关键词： 非全日制　研究生管理　培养质量

非全日制研究生在长期的发展中经过了一系列的变化。非全日制研究生曾经通俗地被称为在职研究生，其指的是国家计划内，以在职人员的身份半脱产、部分时间在职工作、部分时间在校学习的研究生学历教育的一种类型。在职研究生在报名、考试要求及录取办法方面与全日制研究生有所不同。2014年6月18日公布的《关于2014年招收在职人员攻读硕士专业学位工作的通知》对在职研究生作出改革，国家相关部门对在职研究生专业硕士学位的报考形式并入到了研究生联考。

随着2016年9月研究生招生制度的改革，教育部办公厅印发了《关于统筹全日制和非全日制研究生管理工作的通知》，从此标志着"在职研究生"改称为"非全日制研究生"。《通知》中明确指出了全日制研究生和非全日制研究

基金项目：2018年北京农学院学位与研究生教育改革与发展项目"非全日制研究生管理现状、存在问题及对策研究"（2018YJS083）资助。

作者简介：武广平，北京农学院经济管理学院研究生秘书。

生实行相同的考试政策和培养标准，并在非全日制研究生培养的方式上给出了明确的指导意见。《通知》规定了全日制研究生和非全日制研究生主要的区别是在学习形式上，全日制研究生时间比较集中，采取全脱产的学习形式；而非全日制研究生受到工作时间的限定，采取比较分散的时间或周末进行集中学习。

非全日制研究生的改革，从入学考试入口上增加了难度，整体上提高了非全日制研究生的质量。但也将一部分希望就读研究生但能力尚未达到要求的在职人员拒之门外，对整体生源产生了一定影响。从另一个角度来看，伴随入学考试难度的提升，"双证"的发放与待遇的统一政策提升了非全日制研究生的"含金量"，以此吸引了部分能力强的在职人员付出更多努力去获得读研究生的机会，从主观层面减少了"混学历"的现象发生。在改革发生的当前，存在改革前的"在职研究生"与改革后的"非全日制研究生"并存的现象，对研究生管理人员产生了新的挑战。改革前后双重入学标准研究生的共存也给研究生管理人员提出了疑问，如何实现非全日制研究生的高效管理是一个重要的问题，对此笔者进行了一些思考。

一、非全日制研究生管理现状及存在问题

1. 工作与学习冲突，培养过程不连贯　在学校经济管理学院的非全日制研究生管理过程中，存在研究生学习与工作相冲突的现象。受限于研究生平时工作比较繁杂，学习时间并不能保证，缺少固定的时间进行课余学习。在第一年课程比较集中的培养过程中，随着课程数量的逐渐增加，对非全日制研究生的课余学习时间是一种考验。除了在周末集中短期进行授课的日常学习下，如果不利用其他时间进行补充学习，就不能达到一些课程的基本要求。从长期培养过程来看，非全日制研究生的培养过程不连贯，对培养质量会产生一定影响。

2. 实践经验丰富，但理论基础较差　当前，经济管理学院非全日制研究生从职业构成上看大部分在社会中从事管理类或涉农相关工作。因此，在教师授课过程中能够将课程内容与自身工作经验相结合，对于课程的理解能够更加透彻。但从另一个方面考虑，非全日制研究生往往存在理论基础差的情况，很多非全日制研究生在学习过程中被现实的经验所左右，对于理论知识不够重视。但理论知识在研究生撰写论文时会凸显其重要性，缺乏理论的指导将会对研究的过程产生阻碍作用，最终使得研究的方向和结论与实际相偏离。

3. 人员松散，不利于管理　从非全日制研究生培养的实际情况来看，当前部分非全日制研究生在3年培养周期的中后期、在课程任务减少的情况下容易出现松懈的现象，只有一部分非全日制研究生能够在正常的培养周期获得学

位，而另一部分非全日制研究生往往因为工作繁忙或个人原因疏忽了科研工作，甚至延误了学位论文的撰写，导致延期现象频发。更有甚者，在长期缺乏督促与管理的松懈状态下，超出了最长 5 年的培养年限而放弃了获得学位的机会，使得曾经付出的努力付诸东流。发生此现象的直接原因是在课程逐渐减少的情况下非全日制研究生长期不在学校，逐渐脱离学校制订的研究生培养计划，与正常的研究生培养节奏相背离，导致了人员松散的情况发生，不利于管理工作的落实到位。

4. 缺乏导师约束，定期反馈不足　导师在研究生培养过程中起到了不可忽视的作用，在非全日制研究生培养过程中更是如此。导师在把控非全日制研究生的学习动态方面应有主要责任，对于非全日制研究生的管理应严格按照其学习的情况进行调节。但现实的管理中往往忽视了这点，使得导师和非全日制研究生之间缺乏沟通，缺乏导师的指导导致非全日制研究生在培养周期中容易迷失方向，最终影响其正常毕业。在研究生导师的管理机制中，导师和研究生之间的互动反馈机制尚不健全，其定期的互动反馈的管理并没有落实形成固定的管理模式，在约束机制上也存在欠缺。

二、提升非全日制研究生培养质量的对策建议

1. 增加网络学习学时，提升时间利用率　非全日制研究生的特点是学习时间比较零散，无法像全日制研究生一样有完整的时间进行集中培养。因此，对于周末的集中授课容易造成知识体系不连贯、学习效率不高的现象，大部分知识在平时无法巩固。如果在当前现有课程的基础上增加网络学时，充分利用慕课等优质网络学习资源，不仅开拓了非全日制研究生的视野，同样可以利用其工作之余零散的学习时间进行知识拓展，弥补了课程体系的不足。

网络学时的增加不仅可以利用研究生学习时间零散的特点提高效率，同样可以使非全日制研究生根据自身职业需求或个人发展需要选择更加适合自己的课程内容，既满足了个人发展需要又迎合了互联网时代教育发展的方向。

2. 实现精细化管理，加强导师引导　非全日制研究生年龄不同、社会阅历不同、职业不同的生源结构复杂特点造成入学水平参差不齐，在培养环节会区别于全日制研究生，并且众口难调的特性会增加管理难度。即使当前入学考试实现了并轨，对非全日制研究生的能力起到了一定的筛选作用，但从整体上考虑，非全日制研究生依然存在多元化和差异化的情况。

因此，对非全日制研究生的培养工作应更加细化，实现非全日制研究生的分流管理与精细化管理。将非全日制研究生按照学习目标的不同匹配合适的导

师，以导师的指导方式实现不同学生学习目标满足与资源的合理化分配，从而落实以学生为根本的出发点，进而提升非全日制研究生的整体质量。

3. 建立健全非全日制研究生质量保证体系　对于非全日制研究生管理，应构建研究生质量保障体系。将研究生质量保障体系的各个环节进行梳理优化，以更加符合本学院研究生培养的需要。质量保障体系是将研究生培养各个环节中的核心部分进行指标化，使得学院能够根据不同学生的实际表现作出客观评价，以达到优化和管理统筹的目的。质量保障体系可以从入学成绩、培养方式、培养计划、课程学习、课程考勤、学位论文、学籍管理、实践等一些方面进行明确划分，通过数据化和指标体系帮助管理人员和导师了解非全日制研究生的客观情况，以充分实现培养质量的保证。

4. 注重实践教学，理论联系实际　非全日制研究生的特点是工作经验丰富，但缺乏理论知识，通过课程体系的学习，能够弥补研究生在知识体系方面的不足。非全日制研究生的职业属性决定了其更希望学习到理论之外的延伸与应用部分，因此实践型教学应作为非全日研究生培养的重要部分，通过实践型教学可以满足非全日制研究生在工作经验之外的提升，帮助其从理论知识转化为实际的工作经验。

随着国家的进步、社会的发展，专业型硕士研究生的培养更需要有实际工作经验的非全日制研究生引领，利用其实践经验丰富的优势，在实践与应用领域为社会提供高素质的复合型人才与高层次的应用型人才。实践型教学的实施，既要提升课程案例库的完善，又要挖掘资源优势，加大校外实践基地的建设投入。将学校教学资源进行整合，构建完善的实践教学制度，提高实践学分，从而形成正面引导。

参 考 文 献

白丽新，江莹，赵仁铃，2016. 深入领悟顶层设计切实做好基层实践——基于全日制与非全日制研究生招生并轨的思考 [J]. 学位与研究生教育 (12)：10-14.

高明国，2016. 我国硕士研究生分类招生考试方式的探索 [J]. 高教学刊 (18)：20-23.

聂铁志，太佳良，2007. 导师在研究生培养工作中的地位与作用 [J]. 辽宁工学院学报，9 (1)：106-107.

王顶明，杨力苈，2017. 统一标准与规范管理：非全日制研究生教育的新阶段 [J]. 中国研究生 (1)：4-8.

杨彦海，张旭，杨野，2017. 非全日制研究生教育现存问题与对策分析 [J]. 沈阳建筑大学学报（社会科学版）(10).

张建林，廖文武，2008. 关于提升研究生培养质量的再思考 [J]. 现代教育科学 (1)：151-155.

首都农业高校硕士研究生阅读现状调查与对策研究
——以北京农学院为例

杨　毅　董利民　田　鹤　高　源　张芝理

（北京农学院研究生处）

摘　要： 随着网络和移动互联网技术的普及，学生在获取信息时更加便利，同时也因网络阅读和移动阅读方式越来越普遍，改变了传统获取信息的方式，使学生很难静下心深入阅读经典书籍。研究生是祖国科研的未来，如何培养形成良好的阅读习惯，对于提高民族整体素质至关重要。如果在研究生获取信息的动态过程中施加有效的影响，通过思想政治教育有意引导他们进行阅读，将思想教育蕴于其中，而不任其自由盲目地选择阅读内容。这既有利于其形成正确的价值观，提高思想道德修养，也有利于高校思想政治教育工作者了解研究生的思想动态。

关键词： 农业　研究生　阅读　调查　研究

中共十八大报告曾经提出要"开展全民阅读活动"，自 2014 年起至今，"全民阅读"已连续 5 年写入了政府工作报告中。硕士研究生作为我国新时代发展的重要组成部分，是国家的未来和希望。通过培养良好的阅读习惯，提高整体素质，实现硕士研究生"全员育人、全程育人、全方位育人"的目标有重要的推动作用。本文通过对首都农业高校硕士研究生阅读现状进行调查分析，尝试提出一些合理对策建议，让硕士研究生通过培养阅读习惯，提升硕士研究生的综合素质，为推进"全民阅读"营造良好的阅读氛围，构建和谐校园提供

基金项目：2018 年北京农学院学位与研究生教育改革与发展项目"研究生阅读现状调查与对策研究——以北京农学院为例"（2018YJS079）资助。

第一作者：杨毅，硕士。主要研究方向：研究生教育管理。

支持。

一、首都农业高校硕士研究生阅读现状

本研究以北京农学院 8 个二级学院的硕士研究生为研究对象，对首都农业高校硕士研究生阅读现状进行调查研究。调查共随机发放问卷 180 份，收回有效问卷 171 份。因学校生源结构特点，在受访的硕士研究生中，男生占总数的 29.24％，女生占总数的 70.76％；学术型硕士研究生占总数的 33.33％，专业学位硕士研究生占总数的 66.67％；工学学科学生占总数的 32.16％，理学学科学生占总数的 2.34％，农学学科占总数的 65.50％；一年级硕士研究生占样本总数的 85.96％，二年级硕士研究生占样本总数的 7.02％，毕业年级硕士研究生占总数的 7.02％。具体如下：

1. 硕士研究生的阅读频率不高，阅读时间与数量较少　通过对问卷进行统计分析，有 81.28％的硕士研究生每天阅读课外读物的平均时间在 1 个小时左右，有 87.72％的硕士研究生每个月的课外阅读书在 2 本以内，有 87.72％的硕士研究生觉得自己的阅读量少。调查发现，硕士研究生的课外时间选择最多的活动是"上网娱乐"占 64.91％，"与好友交流"占 43.86％，"课外阅读"占 38.6％。由此可以看出，以本校为样本的硕士研究生阅读频率不高，阅读量与阅读时间较少。

2. 硕士研究生课外阅读涉猎广泛，种类较多　通过对问卷进行统计分析，硕士研究生课外阅读以文学艺术类、娱乐休闲类、自然社科类、专业技术类 4 个种类为主。其中，选择"文学艺术类"和"娱乐休闲类"占比分别为 70.18％和 56.73％；选择"自然社科类、专业技术类"的比例均占到了总数的 44.44％；选择"时事政治类、应用技术类"占比在 16％～25％。这说明首都高校硕士研究生课外阅读涉猎广泛，种类较多，但选择的课外阅读内容以文学、娱乐为主，同时对其他方面也有所涉及，他们的阅读范围呈现出多样性和广泛性的特点。

3. 书籍获取的来源多样，电子化阅读占比较大　通过对问卷进行统计分析，纸质类阅读物有 49.12％的硕士研究生是通过自行购买获得的，有 57.31％的硕士研究生是从图书馆借阅的，有 4.09％的硕士研究生是从同学处借阅的。其中，阅读来源占比最大的是网上下载，达到了样本总数的 61.4％，即有近 2/3 的硕士研究生通过手机或其他多媒体设备阅读电子书等。这表明，硕士研究生阅读书籍的方式比较丰富。

4. 硕士研究生课外阅读计划性不强，存在较大随意性　通过对问卷进行

统计分析，有阅读计划的硕士研究生所占比例为 38.01％，没有阅读计划甚至不阅读的硕士研究生占总数的 61.98％。在阅读目的方面，以兴趣所在、专业学习、提高修养为硕士研究生阅读的主要目的，这三类占比依次为 85.38％、60.23％、52.63％。通过对各个学科硕士研究生进行分类统计，主要的阅读目的均无区别。在培养类别方面，学术型硕士侧重于"专业学习"，专业学位硕士侧重于"兴趣所在"；在年级方面，除了以上两个阅读的主要目的外，各个年级的硕士研究生还侧重"提高修养"，低年级与高年级硕士研究生阅读的侧重点差异不明显。

5. 新媒体阅读具有明显优势，但不足以取代传统纸质书籍 通过对问卷进行统计分析，有 64.33％的硕士研究生选择以纸质书作为阅读载体。受调查的硕士研究生认为，与传统纸质书对比，通过手机等电子设备进行新媒体阅读具有阅读便捷、无时空限制、信息量大、内容轻松等优点。有 89.47％的硕士研究生认为，随着网络新媒体发展，实体书依然有存在的必要。这表明，硕士研究生在接受传统纸质书的同时，越来越适应新媒体阅读的方式，传统纸质阅读与新媒体阅读会长期并存下去。

二、首都农业高校硕士研究生阅读存在的主要问题分析

整体上，硕士研究生作为高层次人才的主体，通过学习科研的深入，对阅读的重要性具有更深入的认识。但实际阅读情况并不令人乐观，总体上存在着阅读时间偏少、阅读量偏低的问题，有 87.72％的硕士研究生认为自己的阅读量过少。硕士研究生对自身阅读现状的满意度不高，本次调查的参与者中，表示"很满意"为 10.53％，"满意"为 11.11％，合计为 21.64％，"基本满意"占 42.69％，"不满意"占 35.67％。在阅读氛围方面，受访者认为身边或亲友的阅读氛围积极的比例占 38.6％，气氛一般的占 54.39％，没有阅读氛围的占 7.01％。在影响阅读的障碍中，实验科研等学业压力占 74.27％，上网娱乐占 40.94％，阅读目的不明确的占 28.65％。

1. 学校对研究生阅读教育的顶层设计不足 目前，学校对学生阅读教育的顶层设计不足，阅读指导的力度不足，阅读活动效果强度不够。因缺少相关的指导，硕士研究生在建立阅读计划和目标时，存在一定的盲目性。通过调查发现，近 62％的调查者没有切实可行的阅读计划，近三成硕士研究生不知道读什么书。因此，阅读的效果不能发挥出来。

同时，学校对硕士研究生的培养规划也对阅读教育的规划设计产生影响。通过调查，多数研究生将影响课外阅读的原因归于实验科研等学业压力，诚然

其中会有受调查者的主观因素存在，但从侧面反映出，硕士研究生阶段的课程集中在低年级，尤其是专业学位硕士研究生的压力更加突出，再加上对未来就业的期望，使得他们的阅读功利性变强，无法在压力大、时间紧的情况下投入到阅读中去，挤占了硕士研究生应有的阅读时间，对学校开展阅读活动造成影响。

2. 学校阅读环境建设及氛围营造有待加强　在硕士研究生日常学习、生活、校园文化活动中，阅读环境的建设需要加强，校园阅读氛围不够浓厚，存在活动只注重形式，针对性、实效性不强。学校虽定期开展"阅读沙龙""世界读书日"等活动，但是活动效果并不明显，学生感受到的吸引力和兴趣点较弱。如在回答"每学期是否参加过读书交流活动"问题时，有 71.35% 的硕士研究生没有参与过，达到 1～2 次的比例只有 23.39%；经过交叉分析，不同培养类别、年级的受调查者的答题结果，均呈现相似情况。

同时也观察到，硕士研究生愿意参与各种类型的阅读活动，如图书漂流、读书沙龙、知识问答等。因此，通过营造校园阅读氛围，规划校园读书环境是非常有必要的。这也是摆在当前的一个难点。

3. 硕士研究生的阅读活跃度不足　对于阅读物的选择，过半的硕士研究生选择的分别是文学艺术、休闲娱乐类的图书，忽略了专业素养、知识技能等方面的提高，不利于激发自身独立思考能力的培养。硕士研究生的阅读数量少。有 83.28% 的硕士研究生平均每个月的阅读量为 1～3 本，从数据分析来看，各个年级的课外阅读量严重不足。硕士研究生将宿舍作为最主要的阅读地点，占比达到了 80.12%。这种孤岛式的阅读方式阻碍了阅读的活跃性，也会影响到研究生阅读氛围的营造。

三、推进首都农业高校硕士研究生阅读活动建议

硕士研究生是新技术、新思想的前沿群体，他们在研究生学习阶段形成并巩固自己的世界观、人生观和价值观。培养阅读这一良好的习惯，会有利于硕士研究生的健康成长，提升硕士研究生的自身素质。

1. 营造阅读氛围，树立正确的阅读理念　虽然研究生培养与本科生不同，增加了学习的深度，但也应该加强对硕士研究生阅读活动的重视。树立正确的阅读理念，形成科学的阅读意识，能够让硕士研究生在阅读的过程中缓解压力、陶冶情操，能够让硕士研究生获得健康成长的美好乐趣，享受硕士研究生活的安定和谐。学校和培养单位应继续加强组织各类阅读活动的力度，营造校园读书氛围，完善校园的阅读环境。

一些传承的阅读活动如"读书服务月""好书推荐""阅读马拉松""读者之星"等，今后还应该加大力度进行下去。通过各类活动的开展，在校园营造出浓浓的书香氛围，激励硕士研究生进行广泛阅读，使他们充分认识到阅读对于实现自我价值的重要性，认识到阅读对提高自身素质的重要性。

2. 端正阅读态度，引导养成阅读习惯　我们应循序渐进激发研究生的阅读兴趣，指导他们选用正确的、适合自己的阅读方法，设立适合的阅读计划，逐步养成良好的阅读习惯。针对目前硕士研究生的综合素质现状，开设专门课程进行阅读指导，帮助硕士研究生阅读经典的书籍，提供指导性的阅读方法。通过开设阅读推荐与阅读指导课程，帮助他们在相对固定的时间内完成高效率的阅读，并在阅读的过程中，提升自身知识水平，丰富硕士研究生文化知识和艺术涵养。

例如，学校推出的"读书马拉松""阅读分享推荐书目"等活动，定期向硕士研究生推荐经典读物，培养硕士研究生阅读习惯、提高阅读效果。另外，还可根据不同历史节点和人物，开展鲜明的主题阅读活动。通过培养硕士研究生良好的阅读习惯，进而达到提升硕士研究生的社会公德意识、奉献精神、创新精神、自律精神、文化自觉与文化自信等综合素质目标。

3. 拓宽阅读渠道，发挥新媒体阅读优势　新媒体突飞猛进的发展对传统阅读带来了挑战，但是根据调查，绝大多数的硕士研究生认为作为实体书的传统阅读方式依然有存在的必要，新媒体阅读还不能替代传统阅读。因此，传统阅读与新媒体网络阅读是相互促进的，利用网络阅读的优势，拓宽阅读的渠道，同时发挥传统阅读具有的广泛、深入阅读的特性，达到优势互补的效果。

新媒体阅读中最常见的碎片化阅读方式，是"全民阅读"的环境下产生的新阅读方式，不仅在一定程度上保留传统阅读的载体形式，还可以使其更为丰富多样、吸引力更强、更具有说服力和感染力，使得受教育者心理接受程度更高，最大化地发挥其思想政治教育的功能，在享受阅读的过程中高质量地完成思想政治教育的学习过程。

4. 优化阅读环境，充分发挥图书馆功能　通过调查，硕士研究生获取图书进行阅读的来源地以及阅读的主要地点依然是图书馆。因此，要正确发挥图书馆对硕士研究生阅读的引导作用和功能。如优化图书馆自身"硬件"和"软件"环境，指导选择阅读内容，培养积极高效的阅读方法等，在研究生进行文献检索的同时，提供专业的阅读引导，帮助学生筛选和获取自己所需要的信息，定时对学生进行经典书目推荐与分析讲解，帮助学生培养阅读兴趣。

参 考 文 献

何雪琴，2016. 高校大学研究生阅读调查分析——以石河子大学研究生为例［J］. 新疆农垦
　　科技（3）.

李霖，2010. 研究生群体阅读倾向调查分析［J］. 图书馆（3）.

马声，2016. 理工科研究生阅读现状的调查研究——以浙江师范大学为例［J］. 科教导刊
　　（上旬刊）（9）.

王梅丽，2015. 新时代大学生阅读现状研究——以广西科技大学图书馆为例［J］. 科技情报
　　开发与经济（2）.

邬智，孙侠，2009. 人文社科类研究生阅读情况的调查与分析［J］. 国家教育行政学院学
　　报（8）.

朱思渝，2011. 网络超文本阅读研究——基于大学生网络阅读行为的调查分析［J］. 图书馆
　　工作与研究（10）.

研究生招生环节信息化管理探析

——以北京农学院为例

田　鹤

（北京农学院研究生处）

摘　要： 北京农学院于 2003 年获得硕士研究生招生资格，2004 年招收第一届硕士研究生，经过 15 年的发展变迁与改革，现已形成完整的研究生招生制度与流程，而随着信息化时代的到来，对研究生招生提出了新的要求与新的挑战，信息化管理迫在眉睫。研究生招生分为若干环节，不同环节有不同的信息化管理要求，本文针对北京农学院目前研究生招生环节的信息化管理展开研究。

关键词： 研究生　招生环节　信息化

一、北京农学院研究生招生环节现状

研究生招生工作周期贯穿一整年，一般分为简章和目录发布、报名、考试、成绩、复试录取等几大阶段，招生单位按照教育部政策发布招生简章和招生专业目录，考生根据招生简章和招生专业目录进行报名，招生单位按考生报名安排考生考试，考试结束后招生单位组织阅卷并公布考试成绩，招生单位根据初试成绩安排复试、录取并报管理部门审查。每个阶段相互衔接，环环相扣，各阶段都以研究生招生数据信息为基础，研究生招生信息的准确、安全关系到研究生招生工作能否顺利开展（王任模、黄静，2013）。

基金项目：2019 年北京农学院学位与研究生教育改革与发展项目"研究生招生环节信息化管理探析——以北京农学院为例"（2019YJS084）资助。

作者简介：田鹤，硕士。主要研究方向：研究生教育管理。

北京农学院严格按照现有制度与环节开展研究生招生，分为研究生招生宣传、招生专业目录采集并发布、研究生报名、现场确认、考务准备、组织考试、阅卷与公布成绩、复试录取等环节。

二、招生环节信息化管理探析

1. 信息化管理的必要性 随着研究生考生报考数量逐年大幅度增加，报考的学科和专业、考试科目的不同，初试和复试权重的不同，研招工作所用到的数据信息量也越来越大、越来越复杂，信息形式多种多样。

随着信息化时代的到来，利用现代信息技术、互联网技术、大数据技术等来提高研究生招生管理服务水平是近年来全国各地、各高校研究生招生工作的重要组成部分与重要课题。利用信息化手段可以在研究生招生工作中提高效率、节约成本，减少人力、物力等投入，做到精细化、科学化管理，提供多样化、人性化的服务。随着研究生招生规模的不断扩大、现代高端信息技术的发展和应用，研究生招生工作方式与模式发生着巨大的改革和发展，研究生招生信息化工作在研究生招生工作中发挥着越来越重要的作用。

研究生招生信息化可以减少研究生招生工作的手工与人工操作，改善工作流程，提高工作效率，节约工作时间，确保信息的准确性与安全性，增强管理的科学性和服务的有效性。研究生招生信息化正逐步贯穿研究生招生的全过程，深入研究生招生的各个环节，为不同的研究生招生群体提供多种服务。虽然研究生招生信息化手段无法替代研究生招生工作中的各项工作，但正逐步替代如数据分析、处理、存储、流转等具体工作，在研究生招生工作中发挥着重要且无可替代的作用。研究生招生的信息化水平随着计算机应用、数据库应用、大型服务器应用等逐步提高，研究生招生的信息化范围越来越广、形式越来越多样、内容越来越丰富。

2. 各环节信息量分析

（1）招生宣传环节。研究生招生宣传是通过各种媒体并以多种渠道、多种形式向考生进行介绍，并组织动员和吸引考生报考的一种活动。现阶段，学校研究生招生宣传分为网络宣传、网络咨询、实地走访、招生宣讲等形式。

招生宣传环节产生的信息一般为学校介绍、专业介绍、招生政策、奖助政策、导师介绍、专业信息采集等信息，虽然信息量较大，但可作为基础数据，即不同年份信息内容变化较少，信息延续性强，不需经过复杂处理与加工，对于信息化要求相对较弱。

（2）网络报名与现场确认。研究生招生工作进行至网络报名与现场确认后将产生大量信息，即考生报名信息。此类信息灵活性较强，不同年份的信息完全不同。随着报考人数不断增加，产生的信息也随之增多，工作负担明显增加，以往传统、人工式的工作方法已无法满足需求。2019 年，学校报名人数为 901 人，而单人的报考数据字段为 40～50 个，产生的信息总数为 4.5 万余条，并且该环节产生的数据将作为研究生招生后续工作的基础数据进行处理、修改和存储。

（3）考务准备与组织考试。该环节的数据信息以报名环节的数据为基础，在上万条数据之间进行重组、编排、复制，形成考生考号、考场编排、科目编排等信息，经过若干次处理进而产生的数据高达数十万条，是研究生招生所有环节中信息量最多的。在大数据压力下，传统的工作方式对数据的准确定性保障大大降低，风险系数大幅地增高，给研究生招生工作带来极高的隐患。

（4）复试录取。该环节的数据仍然以上一环节数据为基础，但去掉了复杂的处理流程，而由简单的筛选、分类代替。该环节的信息量重点为考生的状态和记录考生复试到录取的过程。

综上所述，研究生招生环节产生的信息量，以考务准备与组织考试最为庞大。该环节的信息化建设优先级最高。

三、对目前研究生招生信息化建议

1. 全面提高管理人员信息化管理水平　招生管理人员信息化管理水平高低决定了招生录取工作的效率。要提高信息化管理水平，可从 3 个方面入手：①管理人员要摒弃陈旧的观念和管理的意识。加强自身信息化管理意识的提高，利用各种途径提高自身信息化管理水平。②单位应向管理人员创造信息化管理的条件并加强培训、考核等环节，全面提高管理人员的管理水平，从而形成一支高效的招生队伍，保障研究生招生工作的高效进行。③加强单位部门间网络的建设和资源的共享，实现校院两级的网络化管理。校院两级的网络化管理系统包含的信息应该是齐全的，能及时筛选并导出有用信息，实现便捷和高效（江丹，2018）。

2. 统一规划，分步实施，稳步推进　研究生招生管理信息化建设是一个复杂的系统工程，一方面，要有步骤、有计划地推进，实行分阶段实施策略；另一方面，从技术角度看管理信息系统要考虑将来的升级、兼容、可维护性、可扩展性。因此，研究生招生管理信息化建设不可一蹴而就。有关部门应该遵循实用、必要原则，根据信息化的优先程度，确定哪个环节率先使用信息化手段，哪个环节必须使用信息化手段。从实际出发，统一规划，分步实施，稳步推进，杜绝研究生招生管理信息化建设过程中各自为政、条块分割、一哄而上的现象（孙连京，2015）。

研究生招生工作是为高校提高有利于发展的高质量生源赢得良好口碑的重要手段。在进行研究生招生工作时，除了综合把握、大力宣传、完善招生制度和提高管理人员素质外，还需要大力发展信息化与现代科技手段改革工作模式，改进工作流程，再配合以良好的教学质量，才能更好地实现高校的招生工作，推动高校健康发展。

参 考 文 献

江丹，2018. 新形势下研究生招生工作的优化 [J]. 教育教学论坛（4）.

孙连京，2015. 研究生招生管理信息化建设探讨 [J]. 文教资料（1）.

王任模，黄静，2013. 新时期研究生招生信息化的思考 [J]. 黑龙江教育（高教研究与评估）（4）.

农林高校学科建设现状的调查与研究

——以北京农学院为例

高　源　何忠伟　董利民　张芝理

（北京农学院研究生处）

摘　要：学科建设作为一所高校发展的龙头，建设水平的高低很大程度上影响着学校整体发展的步伐及人才培养的质量。当前，国家及北京市出台了一系列"双一流"学科建设、"高精尖"学科建设等相关政策支持，并适时提出了"新农科"建设等要求。作为北京市属农林高校，北京农学院的学科建设要围绕国家乡村振兴战略和生态文明建设要求，结合首都定位及发展需求，特别是中共十九大报告精神和《北京城市总体规划（2016—2035 年）》的要求，结合学校发展实际，全方位推进"三全育人"方案，全力打造特色鲜明、高水平、都市型现代农林高校的学科建设体系。

关键词：学科建设　农林高校

一、学校发展及学科建设基本情况

北京农学院是北京市属农林类本科院校，其前身是 1956 年创建的河北省通县农业学校，1978 年经国务院批准更名为北京农学院。学校校区占地面积约 1 000 亩，同时建有千亩农场、万亩林场。学校先后被授予北京市花园式单位、北京市文明校园、首都文明单位标兵、全国文明单位等称号。

基金项目：2019 年北京农学院学位与研究生教育改革与发展项目"农林高校学科建设现状的调查与研究考——以北京农学院为例"（2019YJS088）资助。

第一作者：高源，硕士、助理研究员，北京农学院研究生处学科与学位管理科科长。主要研究方向：学科建设研究生教育管理。

　　1984 年，学校与北京市农林科学院首次联合招收硕士研究生，2003 年获得硕士研究生学位授予单位，至今已有 16 年硕士研究生教育历史。学校以农为特色，农、工、管为主要学科门类，园艺学、林学、作物学、兽医学、畜牧学、植物保护、生物工程、食品科学与工程、风景园林学、农林经济管理、工商管理 11 个一级学科为支撑，形成了都市型现代农林学科布局，构成植物科学学科群、畜牧兽医学科群、农林经济管理与文法学科群、生物技术与食品工程学科群、生态环境建设与城镇规划学科群 6 大学科群。另有农业硕士、兽医硕士、风景园林硕士、工程硕士、国际商务硕士、社会工作硕士、林业硕士 7 个类别专业学位硕士授权点，基本覆盖全部二级学院。

　　总体来说，学校学科建设工作起步晚、发展慢，但当前布局较均衡。根据教育部全国第四轮学科评估情况分析来看，学校参评的 7 个一级学科中只有 3 个一级学科进入了等次排序，分别是园艺学 C＋、农林经济管理 C、兽医学 C—。重点从 3 个进入排序的学科来看，园艺学全国共有 37 所科研院所参加评估，其中博士授权学科 22 个，硕士授权学科 15 个，学校园艺学科在硕士授权学科中仍有一定的竞争力。但是，与学科整体水平相比，园艺学科"培养过程质量""科研获奖""科研项目"等指标相对较强，"师资队伍""支撑平台""在校生质量""毕业生质量""学科声誉"等指标相对较弱（图 1）。

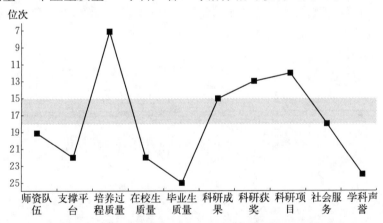

图 1　园艺学科整体水平及各项二级指标位次关系图

注：图中阴影区域表示学科整体水平位次所处的区间（相当于基准线）。

　　农林经济管理学科共有 41 个学位授予单位自愿申请参评。其中，博士授权学科 23 个，硕士授权学科 18 个，"博士授权学科"参评率为 92％。从学科的优势与不足来看，与学科整体水平相比，学校农林经济管理学科"师资队伍""培养过程质量""科研成果"等指标相对较强，"在校生质量""毕业生质量""科研获奖""科研项目""社会服务""学科声誉"等指标相对较弱（图2）。

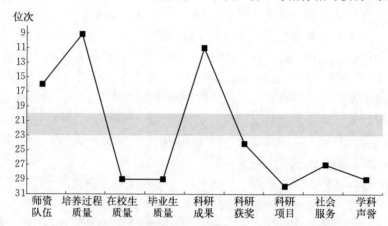

图2　农林经济管理学科整体水平及各项二级指标位次关系图

注：图中阴影区域表示学科整体水平位次所处的区间（相当于基准线）。

兽医学科共有42个学位授予单位自愿申请参评。其中，博士授权学科21个，硕士授权学科21个；高校41所，科研院所1所。全国高校中，"博士授权学科"参评率为100%。从学科的优势与不足来看，与学科整体水平相比，本学科"培养过程质量""毕业生质量""科研成果""科研获奖""科研项目""社会服务"等指标相对较强，"师资队伍""支撑平台""学科声誉"等指标相对较弱（图3）。

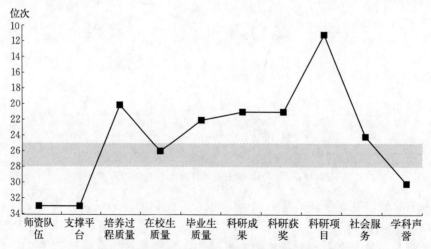

图3　兽医学科整体水平及各项二级指标位次关系图

注：图中阴影区域表示学科整体水平位次所处的区间（相当于基准线）。

　　这 3 个学科对比教育部第三轮学科评估情况来说，都有一定程度的进步。但作为学校优势学科，仍有发展空间（表 1）。

表 1　教育部第三轮与第四轮学科评估情况对比表

学　科	第四轮结果	第三轮结果	超过高校数	被超过高校数	追平高校数	被追平高校数	变化情况	比较结果
园艺学	C＋（15～18）	并列 16	1	0	1	0	2	进步
兽医学	C－（25～28）	并列 17	3	1	0	0	2	进步
农林经济管理	C（20～23）	并列 24	4	0	3	0	7	进步

二、机遇与挑战

　　2017 年 10 月 18 日，中共第十九次全国代表大会胜利召开，标志着中国特色社会主义进入新时代。中共十九大报告中再次明确地提出，农村、农业、农民问题是事关国计民生的根本性问题。在这个历史阶段，再次强调"三农"问题是全党工作的重中之重，而且要把农业工作放到一个优先的位置，把扶贫也纳入大的乡村建设当中去，全面实施乡村振兴战略。同时，中共十九大报告指出中国特色社会主义进入新时代，我国社会主要矛盾已经转化为人民日益增长的美好生活需要和不平衡不充分的发展之间的矛盾。新时代人民美好生活需要对"三农"新发展提出了新要求，"三农"新发展需要农林院校培养接地气的懂农业、爱农村、爱农民的高层次人才。北京市适时提出了一系列学科建设与高层次人才培养政策来鼓励和支持市属高校提升办学水平与办学层次，作为市属农林院校，迎来了前所未有的机遇与挑战。

　　根据北京市教委 2018 年 4 月召开的市属高校学科建设工作会统一部署，学校积极与中国农业大学和北京林业大学等在京一流农林高校对接学科共建工作，并向教委申报学校园艺学与中国农业大学园艺学共建、林学与北京林业大学林学共建，最终教委批复学校园艺学与中国农业大学园艺学结对共建。同时，根据教委文件精神，学校积极申报与中国农业大学等在京教育部直属高校进行博士联合招收工作，根据学科评估情况和教委专家论证情况，批复学校园艺学、农林经济管理与中国农业大学联合招收博士。目前，学校与中国农业大学结对共建与联合招收博士工作顺利推进中，学校园艺学与农林经济管理学科相关导师已经列入中国农业大学博士生导师名单，并研究制订了未来 5 年学科共建的具体实施方案。

同时，引进瓦赫宁根大学 Ton 院士、加利福尼亚大学河滨分校陈濛研究员、香港中文大学钟思林教授及其团队与园艺学科合作，建立以荷兰皇家科学院院士、瓦赫宁根大学 Ton Bessling 教授领衔的院士工作站以及大桃产业相关的教授工作站。共同进入林木分子设计辅助育种高精尖中心进行研究，并联合建立了北京市重点工程技术中心 1 个，筹备建立北京实验室 1 个，确定果树、蔬菜、花卉领域合作团队 3 个，联合申报国家重大科技专项 3 项，2018年获得中国商业联合会科技成果一等奖 1 项，参与制订北京平谷现代农业科技示范中心方案 1 项。

2018 年 5 月，根据教育部《学位授权审核基本条件（试行）》文件要求，经答辩，学校获批北京市博士单位三年建设立项。同时，学校还展开了内涵大讨论，重新梳理了全部一级学科方向及队伍，确定了以首都发展需求为导向，坚持内涵、特色、差异化发展道路。

虽然我们遇到了前所未有的机遇，但是目前仍存在许多挑战。由于高水平师资队伍等问题，学校还需要进一步地优化调整学科人员配比，整合优势资源，保优势、补短板、强弱项，把握历史机遇，通过 2018—2020 年 3 年建设期，使学校成为博士学位授予单位、2～3 个学科获得博士学位授予权点，全面提升学校的办学层次和学科建设水平。

三、现状思考与发展建议

北京"四个中心"的城市功能定位和建设国际一流和谐宜居之都的奋斗目标，形成了首都城市的特殊性和"三农"的特殊性。"和谐宜居"需要"三农"提供多元化高质量的农产品、良好的生态环境和美丽乡村的支撑；"国际一流"需要高层次人才支撑。北京农学院是地方院校，定位应用型大学，立足首都发展，农学院培养应用型复合型本科以上层次人才，北京农学院责无旁贷地承担着首都新时代"三农"发展所需高层次人才培养的重任。应对首都城市发展对"三农"的需求，北京农学院已经形成了都市型现代农林特色的办学体系，以园艺学和兽医学为代表的硬学科和以农林经济管理为代表的软学科都为首都"三农"发展作出了实质性的贡献，得到了市农委等主管部门的充分肯定。学校在学科设置等方面具有较好的基础，但是个别学科在师资队伍及高水平科研等方面距离博士授权学科还有一定差距，需要进一步加强建设。

1. 优化学科设置，健全管理机制　根据学校目前学科建设现状，学科设置布局和方向已经基本完善。但根据新形势和现实需要仍需部分优化调整，才能更好地集中力量办大事。总的来说，一是要围绕《北京城市总体规划

（2016—2035年）》对农林产业、生态环境和乡村振兴的布局，对照《学位授权审核申请基本条件（试行）》（2017年）和《学位授予和人才培养一级学科简介》（2013年），进一步优化学科方向，强化学科内涵和团队建设，大力提升研究生培养质量。

二是要建立学科分层管理模式，按照优势学科、重点学科、一般学科进行分层管理，与学校其他相关部门加强联动性，按照学科层级来分层次、有顺序地保障学科建设所需资源分配，把人财物等重点资源向优势学科倾斜，从而确保优势学科的发展地位。同时也要提供竞争性资源，让其他学科有动力去提升建设水平，切实做到"扶强又帮弱"的良性竞争与资源分配机制。

三是要理清学科管理队伍，明确学科建设专职管理人员，建立校院两级的学科管理模式，让学科建设工作从虚到实、"有抓手，能落地"。完善制度保障和监督机制建设，结合学校发展的实际，定期修改和完善学科建设制度并明确监督监管方案，做到"既有人建设，又有人监督"，让学科建设工作有条不紊推进。完善学科动态调整和绩效评价机制，结合学位点自评估及教育部学科评估等方式，让学科建设管理部门能时刻了解到各学科发展现状，并根据学校发展实际和各学科发展状态，适时调整学科、让学科"能上能下"，建立良性的动态调整机制，确保学科建设工作的顺利推进。

2. 提升学校科研实力，发挥平台团队支撑作用　学校的科研实力也是学科建设非常重要的一个方面，根据国家战略需求及首都发展对农林行业的需求，学校整合科技创新资源，目前学校科研主要是聚焦资源创新利用、生态环境建设、食品质量安全、乡村区域发展4个特色研究方向。在资源创新利用方面，已经在国际上率先主持完成小豆基因组测序工作，绘制出高质量小豆基因组草图，解析小豆籽粒淀粉和脂肪积累的分子机理并发表在《美国科学院院报》。在生态环境建设方面，主要围绕区域生态环境改善、林果业理论与技术在生态建设中应用、农林废弃物资源化利用提供技术支撑，为首都农业转型升级提供保障。在食品质量安全方面，在植物杀螨活性物质、生菜周年安全生产关键技术、鲜切蔬菜加工及流通技术标准、"药食同源中药"饲料添加剂、洁蛋及蛋制品加工技术研发方面均获得相应成果，并参与完成国际AOAC标准分析方法的验证，为农产品技术及质量安全提供保障。在乡村区域发展方面，全面参与《北京市乡村振兴战略规划（2018—2022年）》框架和部分内容编写工作以及《北京市农产品优势区规划》《平谷农业科技创新区发展规划》《北京平谷区农业科技示范区总体规划》《延庆都市生态农业发展规划》等规划，负责北京市国家农业示范区、都市型现代农业示范乡镇、特色产业村、农业产业园等规划工作，围绕特色研究方向，开展应用基础研究和应用研究，取得一批高水平科技成果。有效服务新时代农林产业转型升级和乡村振兴，引领学校内涵特色发展，为学校学科建设提供支持保障。

3. 加强人才与公共保障力度 人才作为一所高校的命脉，很大程度影响着高校的"生死存亡"。当前形势下，高校之间的竞争本质上来讲就是人才争夺。教学质量、人才培养、科学研究、社会服务等都离不开人才，而这几方面都是支撑学科建设的重要部分。所以说，人才资源质量高低某些程度上来说也影响高校学科建设水平。结合学校目前实际情况来说，专任教师 500 余人，生师比 16：1 左右，虽然生师比基本满足博士授权单位要求，但顶尖人才资源仍然匮乏，需要加大高水平人才的引进与培养力度，特别对优势学科建设的学院人才政策倾斜。进一步做好学科教师职业发展规划和人才项目，培养一批学科领军人物及具有创新精神的中青年学术骨干。

同时，要加大经费投入力度和公共资源保障。对优势建设学科，每年给予一定的资助额度。在公共资源方面，既要提升软实力，又要投入硬实力。一方面，通过参加和举办高水平会议、研讨学习等方式增加教师学习机会，提升教师自身能力素质；另一方面，要加大智库、图书等资源投入，以一级学科为单元、建立学科公共实验室，加强大型仪器等设备的资源共享力度，为学科队伍及人才培养提供资源保障。

微信公众平台在研究生招生中的应用

——以北京农学院为例

王　艳　田　鹤　何忠伟

（北京农学院研究生处）

摘　要：随着互联网和智能移动设备的飞速发展和普及，微信公众平台已逐渐取代其他自媒体成为各大高校对外宣传的有效官方平台。本文介绍了"北农研招办"微信公众平台的发展概况，总结了"北农研招办"运营过程中存在的问题有：运营工作人员不足、角色定位较为单一及发布内容形式多样性欠缺、延伸功能有待开发。分析原因后，本文提出要从组织专门团队、不断探索宣传模式、加强版块建设等方面出台措施，从而不断改善平台的运营效果。

关键词：微信公众号　"北农研招办"　运营效果

当今社会是信息爆炸的时代，通过多媒体来获取信息，已经成为人们生活的重要组成部分。在科学技术的支持下，各种新型的信息传播媒体也渐渐产生，人们获取信息的途径开始变得多样化。在众多自媒体中，微信公众平台后来居上。微信公众平台是腾讯公司在微信的基础上新增的模块，账号主体是企业或者个人。微信和 WeChat 合并为微信公众平台的推广打下了坚实的用户基础（高婵等，2018），同时微信公众平台以其操作的简便性和传播的便利性迅速崛起，创造了一个新型的自媒体交流平台。因此，微信公众平台已经逐渐取代其他自媒体成为众多单位对外宣传的官方平台。

北京农学院研究生招生办公室（以下简称"北农研招办"）官方微信公众

　　基金项目：2019 年北京农学院学位与研究生教育改革与发展项目"'双一流'建设背景下地方农林高校研究生招生现状分析及对策研究——以北京农学院为例"（项目编号 2019YJS085）资助。

　　第一作者：王艳，博士。主要研究方向：研究生教育管理。

平台于 2016 年 7 月申请，2017 年 7 月正式开始使用。在此之前，北京农学院研究生招生宣传线上主要通过学校研究生招生网、手机网站、个人版微信公众号，线下主要通过现场咨询会，面向的群体较为有限，且这些单项的宣传途径重在信息的展示，缺乏一个考生及时获取学校相关招生信息的良好途径，从而使研究生招生宣传的效果大打折扣。自 2016 年 7 月建立微信公众平台至今，"北农研招办"粉丝数累计 2 280 人，微信公众平台的作用也在趋向多样化，及时展示研究生招生考试的年度招生简章、招生专业目录，逐步拓展宣传内容，定期发布图文信息。同时，为了更好地运营适合本校研究生招生现状的公众平台，通过比较国内知名高校的微信平台，总结他们一些好的做法，取长补短，力求探索更好的运营策略。

一、"北农研招办"微信公众平台运行现状

1. 运行数据分析　截至 2019 年 3 月底，"北农研招办"公众平台已正式使用 21 个月。笔者以 3 个月为单位对运行数据进行统计分析，2017 年 7～9 月记为 2017Q3，2017 年 10～12 月记为 2017Q4，2018 年 1～3 月记为 2018Q1，2018 年 4～6 月记为 2018Q2，2018 年 7～9 月记为 2018Q3，2018 年 10～12 月记为 2018Q4，以此类推。

如表 1 所示，篇均阅读人数在 2018Q1 和 2019Q 均高于其他时期。这段时间主要是研究生初试结束、复试尚未考试的阶段，所以针对用户阅读时间的习惯，可以在这一段时间多进行一些学校的宣传。

表 1　微信公众平台发文统计

时间	粉丝数（人）	篇数（篇）	阅读总数（次）	篇均阅读人数（人）
2017Q3	833	9	6 271	697
2017Q4	972	12	5 914	493
2018Q1	1 158	5	6 123	1 225
2018Q2	1 201	6	6 104	1 017
2018Q3	1 593	4	4 132	1 033
2018Q4	2 019	5	4 735	947
2019Q1	2 302	7	10 869	1 553

"北农研招办"微信公众平台使用至今，粉丝人数逐年增多，篇均阅读人数也呈现上升的趋势（图 1）。篇均阅读人数表明了文章对读者的吸引力，说明"北农研招办"的影响力也在逐渐提高。

图 1　微信公众平台粉丝数和篇均阅读人数

2. 各省份用户分布情况　"北农研招办"微信公众平台的用户主要来自于北京，其余分布人数相对比较多的省份有河南、河北、山东、山西等（图 2）。这与北京农学院生源来源主要省份基本保持一致。但除了北京之外，其余省份的用户均未过百人，仍需要继续加大推广力度，增加微信公众平台的用户数量，从而更好地利用微信公众平台进行研究生招生宣传工作。

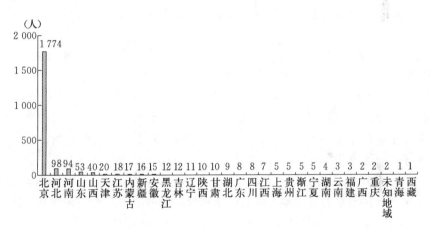

图 2　微信公众平台各省份用户分布

二、"北农研招办"微信公众平台运营中存在的问题

1. 运营工作人员不足　目前，"北农研招办"微信公众平台只有笔者一人在进行运营，因个人在微信公众平台运营方面的精力与能力不足，在素材搜集、形式多样性等方面受到极大的限制，目前所发布内容较为单一，同时带有较为浓郁的个人审美标签。同时，因对所发布内容的尺度有时候存在认知不足

的情况，使得在发文的时候也存在一定的风险，稍有不慎便会给学校研究生招生工作造成一定的负面影响。

2. 角色定位较为单一，发布内容形式多样性欠缺　"北农研招办"微信公众平台的角色定位是北京农学院研究生招生信息发布，使更多的考生了解北京农学院，从而进行报考。但通过比较发布的内容发现，文章主题以研究生招生考试方面的通知公告等为主，内容较为单一，且大部分的内容在北京农学院研究生招生网上也进行了发布，微信公众平台只是对相同的内容通过微信公众号的形式进行了二次发布，缺少一些对生源吸引力较大的内容，从而使微信公众平台进行研究生招生宣传的效果大打折扣。

3. 延伸功能有待开发　微信公众平台自 2012 年推出以来，系统功能不断地进行完善与升级。这不仅给运营者带来了极大的便利，同时也给公众号带来了更多的传播途径（李阳，2014）。但是，目前"北农研招办"主要是使用微信公众平台的基本功能，一些新的功能，如投票功能、赞赏功能、小程序等都未及时利用起来。

三、"北农研招办"微信公众平台运营的建议

1. 组织专门团队，加强投入　微信公众平台的日常运作需要由文字编辑、图片美化、音视频剪辑、文稿审定等多个环节组成，所以依靠一个优良的运营团队才能保证微信公众号良好运作。同时，"北农研招办"微信公众平台的受众群体主要是学生群体，所以应该组成一个由一名管理教师和多名学生组成的运营团队，这样能够更好地了解学生的需求及兴趣点，从而提高微信公众号推出内容的阅读率和认可度，进一步提高微信公众平台的运营质量。

2. 不断探索宣传模式　"北农研招办"在稳定发展目前已有功能的基础上，应不断探索新的宣传模式。利用微信公众平台的功能模块和开发平台，如小程序等，推出介绍学校优质学科、实验室、平台以及优秀导师等，提高考生了解北京农学院的兴趣，从而更好地吸引优质生源。另外通过策划一些活动，如投票活动、益智游戏等（于永海，2018），提高用户的参与度，使得微信公众平台能够真正融入用户的生活中。

3. 积极参考别校经验，加强版块建设　"北农研招办"目前主要是发布一些官方的通知公告。内容形式较为单一，应积极参考其他高校一些好的经验和做法，同时注入北农特色，加强版块建设。同时，在选材方面也要突出亮点，强化特色，在向考生推送研究生招生政策和制度之外，积极宣传学校取得的重大科研成果和奖励（陆宣，2018）。另外，也不时推出一些校园展示以及

研究生生活方面的内容，使考生能够更好地了解北京农学院，不断提高在考生中的知名度，从而达到吸引优质生源的目标。

参 考 文 献

高婵，周孜，赵晨，2018. 微信公众平台在高校研究生招生中的实践与思考——以南京农业大学为例 [J]. 中国农业教育，144（4）：42－46、100.

李阳，2014. 微信公众平台的角色定位与功能调适 [J]. 社会科学辑刊（2）：57－61.

陆宣，2018. 高校研究生会微信公众平台运营存在的问题及对策 [J]. 南方论刊，325（10）：83－85、90.

于永海，2018. 浅谈高校招生管理信息化建设 [J]. 才智（20）：14.

对农业高校研究生实验安全教育与管理的思考

史雅然　武丽　杨刚　廉洁　李国政

（北京农学院园林学院）

摘　要： 高校实验室是研究生科研的重要基地，高校研究生实验安全直接关系广大师生的生命财产安全，关系学校和社会的安全稳定。针对高校研究生实验安全现状和研究生群体的特点，进行高校研究生实验安全教育与管理的思考，探讨符合高校研究生的安全教育与管理策略，为高校实验室安全、人才培养、科研成果产出和学校的发展提供保障。

关键词： 研究生　实验安全　管理

科研实验是农业高校研究生的主要学习和工作内容，而高校实验室是研究生进行科研实验的主要场所，是拓展研究生综合素质教育和技能训练的重要基地。因此，实验室管理和安全直接关系到高校研究生的管理、教学、科研等工作的顺利进行，也关系到实验人员的生命安全，同时对保障研究生科研试验安全和提高创新人才培养质量有直接的作用。

高校实验室不仅事故类型多，包括：火灾爆炸、触电、机伤、腐蚀、辐射、中毒、感染和失盗等，还具有各种实验室类型繁多、易燃易爆物品种类多、实验仪器设备设施多、接触和操作人员不固定等特点。因此，为进一步提升高等学校实验室安全管理水平，教育部办公厅发布了《关于做好 2019 年度高等学校科研实验室安全工作的通知》，要求"按照安全生产'党政同责、一岗双责、齐抓共管、失职追责'的要求，做好实验室安全管理的组织工作，抓

基金项目：2019 年北京农学院学位与研究生教育改革与发展项目。

第一作者：史雅然，助理研究员，硕士。

通讯作者：李国政，副教授。主要从事高校思政教育管理工作。

好重大安全隐患的排查和自查自纠工作的落实"(张雷生，2019)。

一、高校研究生实验安全与管理情况及特点

高校是教书育人、学术研究和理论创新的场所，更是试验探索和科学实践的主要阵地。一方面，高校人员集中，管理难度大，本身具有一定的安全风险；另一方面，高校组织的各类教育教学活动、科研活动，根据"产、学、研"相结合的发展趋势，高校的科研成果在转化之前，要进行各类"小试生产""中试生产"活动，而这类活动主要是在导师的指导下，由研究生承担、落实完成的，具有显著的"生产属性"。因此，生产安全与研究生教育和管理密不可分。

1. 高校近年发生的安全事故　近年来，关于高校的安全事故也时有发生。2012 年 3 月，某大学中心实验楼发生火灾，所幸无人员伤亡，但烟雾弥漫整个大楼，多名人员被困楼内。同年 6 月，该大学一实验楼突然起火，消防员及时赶到将火扑灭，所幸楼内没有人员。一年之内，同一所大学经历了两次实验室安全事故。2015 年 12 月，某大学化学系实验室发生一起爆炸事故，一名博士研究生在实验室内使用氢气做化学实验时发生爆炸，后被确认身亡。事发后，该大学化学系将每年 12 月 18 日设为安全教育日，并表示"永远把安全放在第一位"。2018 年 12 月，北京某高校发生实验室爆炸事故，3 名研究生不幸遇难……每一次安全事故，都是人民财产和生命健康的重大威胁，甚至会对国有资产、核心科研技术造成无法挽回的损失，足以让我们时刻保持警醒。

2. 高校研究生"安全生产"的特殊性　高校不是安全生产的"法外之地"，与企业相比，高校的安全生产工作又具有一定的特殊性。特殊性主要表现在高校的"非营利性"和高校生产成员的复杂性。企业的主要生产成员为职工，通过劳动获得劳动报酬，可以承担一定的岗位范围内的安全生产责任；而高校主要生产成员为学生和教师，学生参与的一些"生产活动"多为志愿或学习性质的，可以承担的安全生产责任十分有限。研究生群体又是特殊中的特殊，相比于本科生在实验课教师的指导下做的一些常规学习性质的实验，研究生往往需要长期、独立进行各类科研探索，导师无法全程跟踪监督和管理，"探索性"试验过程的不确定性和试验过程监管的不全面性是实验安全的重要隐患。这种情况下，我们要首先承认研究生群体在高校实验室安全生产过程中执行军身份，又要重申实验室、学院、学校对于高校安全生产责任的主体性。

3. 高校研究生实验安全意识薄弱　实验室的安全事故，很大程度上是由

于参与实验的主体安全意识薄弱而造成的。无论是研究生实验过程中没有意识到实验操作安全的重要性、不重视实验室安全问题和实际操作的安全细节，还是没有制定一套健全而又行之有效的实验室规章制度，都会酿成大祸。例如，没有按规程操作，完成实验后没有做好仪器关闭检查；在实验时未做好相应的防护措施，不穿实验服进入实验室或在实验室饮食；缺乏事故应变培训等。研究生忽视这些安全细节，对实验各个环节不够充分重视，都为实验安全埋下隐形炸弹（李丹、汪秀妹，2019）。

二、高校研究生实验安全教育与管理策略

1. 进一步落实实验安全责任制度和考核制度

（1）安全责任制度。按照学校、学院、实验室制定的安全责任制度，一级管理一级，一级向一级负责。研究生实验室安全由导师、实验室负责人直接负责，责任压实、不留死角；责任制落实纸质文件，每人签订实验室安全责任书。

（2）考核制度。①制定实验安全考核制度，定期对实验安全工作状况进行评估。②注重日常安全隐患的考核。例如，是否穿着实验服到实验室以外公共地点，是否佩戴手套进行实验室外操作等，鼓励全员参与、互相监督。在评优、奖学金评定、党员发展等过程中，增加实验安全考评分数，实行安全生产事故一票否决制。

2. 开展实验室安全教育和培训

（1）定期对研究生进行实验室安全生产教育和培训，建立培训档案。培训不是一次性的，而是一项长期坚持、不断完善和发展的管理制度，只有培训合格或者取得相应资质的（如试验动物操作许可证、特种设备操作许可证）学生才可以进行相关操作。尊重各实验室在长期实践中积累的宝贵财富，形成纸质文件和总结，杜绝"口口相传"，保证培训和实验室传承的质量。

（2）开展安全演习。因研究生时间安排不同，可每个学期由各学院组织，针对研究生安排一次安全演习，以保证每年每名学生参加一次演习，做到研究生安全演习全覆盖。通过多次的安全演习、重复的教育与演练，提高研究生的安全意识、态度和技术、技能等。

3. 加强实验室安全巡视和例会

（1）建立实验室安全巡视制度，鉴于巡查工作量大，可分为学校、学院、实验室指定安全员分级巡查的方式。采用的具体措施可为：①每个系实验室组成为小组，每个实验室指定安全员，按月轮值，作为本系实验室当月

的安全责任人，对实验室安全进行巡查，并做好巡查记录，发现问题并尽快解决问题，难以迅速解决的问题放在系务会上讨论。②学院每季度进行巡查，由各实验室安全任责人轮值担任巡查组长和本季度学院安全责任人，带队进行巡查。③学校组织安全巡视小组，组长由各学院安全责任人轮值担任，进行不定期巡查。

（2）召开安全例会。"抓安全、促教学""安全为了教学、教学必须安全"，提前发现隐患，消除隐患，才能从根本上保证安全。基于这样的理念，形成安全例会制度。根据巡查时间安排，学院安全管理小组组织召开安全例会，汇总巡查中发现和发生的安全问题、实验室相关问题，并及时将建议反馈给相关的实验室负责人，督促存在安全隐患的实验室进行整改（王国平，2019）。

定期进行实验室安全巡视检查和例会，可提早发现与消除各类安全隐患。安全责任人由不同院系、实验室人员轮值，使教师和研究生切实参与到巡查中，可增强责任意识、安全意识，进一步了解日常存在的实验室安全隐患。

4. 开展实验安全风险评估　在重大科研项目立项、新项目开展前期，进行实验安全风险评估，由学校安全委员会审核通过后才可开展。对实验过程中的风险因素以及安全风险高的项目，进行备案和登记，做到实验室风险预知，便于统筹、集中管理和定期重点巡查。

三、高校研究生实验安全教育与管理展望

高校研究生实验安全关系到师生的人身安全和学校的财产安全，必须牢固树立"隐患就是事故、事故必须处理"的理念，树立安全发展理念，弘扬安全第一、生命至上的思想，始终坚持把遵守国家法律法规和国家强制性标准作为高校研究生实验安全工作的底线（刘冰等，2019）。

在国家相关管理部门的重视和支持下，高校安全生产工作也已全面有序开展。教育部在《关于做好 2019 年度高校科研实验室安全工作通知》中表示，要将近 3 年发生过安全事故或前期排查中发现过重大安全隐患的高校列为重点工作对象，2019 年夏天将组织现场抽查。这是"检查兵马未到通知先行"的检查"放风"，目的是让高校对实验室安全检查有所准备，并高度重视起来，以"检查"促"改进"，促进落实中共中央"管行业必须管安全，管业务必须管安全"的要求。

在这良好的社会背景下，通过研究生实验安全教育和管理，高校实验安全和实验室环境必定健康、安全发展，研究生科研能力提升、迈进，学校综合实力进一步提高。

参 考 文 献

李丹，汪秀妹，2019. 高校实验室安全管理现状及策略［J］. 经营管理者（4）：98 - 99.

刘冰，陈子辉，张海，2019. 高校实验室安全工作现状分析与对策研究——以天津市市属普通高校为例［J］. 实验技术与管理，36（4）：175 - 178.

王国平，2019. 研究生助教安全教育与管理工作探索［J］. 实验室研究与探索，38（2）：278 - 281.

张雷生，2019. 高校实验室安全重在预防［N］. 中国教育报，04 - 09（002）.

工 作 报 告

2018 年研究生工作部（研究生处）工作总结

北京农学院研究生工作部（研究生处）

研究生工作部（研究生处）在校党委的正确领导下，秉承"务实、高效、合作"的工作理念，深入贯彻落实学校折子工程要求，稳步实施，踏实工作，较好地完成了 2018 年的各项工作任务。现总结如下：

第一部分　2018 年工作完成情况及取得成绩

一、以学校折子工程为中心，全面开展工作

1. 完成学位点自评估工作　6 月，启动学位点自评估工作，成立领导小组，编写《北京农学院学位授权点合格评估工作手册》与自评估流程图，召开工作部署会与推进会，针对评估工作中的问题进行集中研讨与整改。7～9 月，开展学位授权点自我评估专家进校现场评审，对学校 7 个一级学科硕士学位授权点、农业硕士 7 个专业学位领域学位授权点进行评审，并对 14 份自评估报告进行完善与修改，共邀请相关领域专家 50 余位。10 月，完成学位点自评估工作。

2. 落实内涵发展，优化学科建设　组织各一级学科进一步梳理研究方向与学科队伍，并结合培养方案修订工作做好一级学科内涵建设。按照《学位授予和人才培养一级学科简介》（2013 年）和《学位授权审核申请基本条件（试行）》（2017 年）相关要求，以及全国第四次学科评估中反映出的问题，向领导班子务虚会提交了《坚持走内涵发展之路，提升学科建设水平》的审议报告，结合当前"双一流"背景下高校学科建设工作的新要求，总结梳理出了学校当前学科发展布局、学科队伍、学科方向，提出加强学科建设的措施。

目前，学校 11 个学科现有正高级职称人员 82 人，副高级职称人员 128 人，中级职称人员 61 人，其他人员 12 人，共计 283 人。根据此次内涵大讨论，重新梳理了各学科方向及人员队伍。

3. 深入推进博士授权单位建设规划实施　2018 年 3 月，积极组织申报北京市博士点建设单位，牵头相关学科多次开会协商、积极讨论、反复斟酌申报内容，并结合教育部第四轮学科评估情况，推荐园艺学、农林经济管理、兽医学 3 个一级学科申报博士学位授权点。5 月，参加市教委答辩。7 月，获批北京市博士单位三年建设。

4. 完善教育培养制度，提高研究生教育培养质量　组织各学院统一修订培养方案，重新完善了现有的 17 个学位点的培养方案，制订了新增 7 个学位点的培养方案，并根据培养方案制订、修订了 211 门课教学大纲。7 月，组织 390 余名硕士生导师的考核工作，整体考核工作顺利推进，除 1 名导师未参加考核外，其他导师均通过年度考核。

5. 深入推进京津冀农林高校协同创新联盟合作　2018 年，学校专家资源库新增京津冀专家 193 人，目前专家信息库中共有京津冀农林高校专家 372 人，在研究生学位论文评审、答辩环节中给予大力支持，聘请了中国农业大学、北京林业大学、天津农学院、河北农业大学、河北科技师范学院等 23 名联盟高校专家学者对学校论文进行盲审。

2018 年，在研究生招生复试中，北京农学院、河北科技师范学院、河北农业大学、天津农学院等院校密切合作，相互推荐生源，共录取来自河北农业大学、河北科技师范学院等院校生源 40 余人。2019 年，在硕士研究生招生中，京津冀协同创新联盟成员院校相互宣传、相互合作推荐，学校曾前往河北科技师范学院、河北农业大学进行招生宣传。截至报名结束，共收到来自河北农业大学、河北科技师范学院、天津农学院等生源 70 余人。

同时，学校与京津冀各联盟高校在联合开展博士单位建设申报、高精尖学科共建及联合招收培养博士、培养方案修订、"尚农大讲堂"讲座等方面开展积极交流。

二、着力提高研究生教学培养质量

1. 完成所有学位点培养方案和课程大纲的修订与制订　组织各学院完成了现有与新增学位点的培养方案和课程大纲修订及制订。

2. 加强项目管理　组织对校外实践基地管理、优秀课程建设项目等 14 个项目的中期检查。目前，14 个项目建设进展顺利，项目经费执行进度良好。

3. 利用督导职能加强教育管理   研究生督导组每两周开展一次例会，及时听取并讨论督导听课记录、教学运行检查记录、中期检查记录、答辩巡查记录等。截至目前，共召开例会 6 次，发布例会纪要 6 篇；2018 年研究生督导听课 139 门次，听取答辩 30 余场。研究生督导作为教学质量监管的利器，承担研究生培养全过程、各环节的监督检查工作，涉及课程教育、开题答辩、中期检查、毕业等。为加强研究生校外实践基地建设，督导组参与基地建设情况检查与挂牌，2018 年共计参与基地挂牌 7 次。

4. 保障研究生教学的正常运行   组织完成 2018 年秋季学期全日制、非全日制研究生排课，借用教室 5 门次，目前所有课程运行情况良好。春季学期发布了英语免修的公示，共有 80 人达到条件获得英语免修。严格执行停（调）课手续，及时发布停（调）课通知。2018 年春季学期共开设课程 48 门，截至 2018 年 5 月 13 日，共有 3 门课程停调课 4 门次。秋季学期实际共开课 139 门次，截至 2018 年 12 月 6 日，研究生课程调、停课 50 门次。

安排各相关学院、督导组于第 9 至第 10 周进行研究生教学和培养工作期中检查。根据各学院期中检查工作情况，提出问题与整改建议。

2017 年 5 月起，开展研工简报，目前共计完成 19 期，内容涉及研究生工作的各个方面，包括学位授权点自评估、研究生党建、社会实践项目、教学与培养、就业工作等。

加强国际合作，组织 4 名学生赴日本进行交流学习，组织研究生参加英国哈珀·亚当斯大学联合培养研究生项目介绍会。

三、加强研究生招生与学籍管理

1. 圆满完成 2018 年招生任务   密切配合、齐心协力，将调剂和复试、录取工作做实做细，各学院先后组织研究生复试 20 余场，圆满完成了学校 2018 年 424 名全日制硕士研究生指标的复试录取工作，学校近几年招生指标快速增长，2014—2018 年年均增长率为 15.8%，2018 年增长率达到 20.11%。积极开展 2018 年度招生先进评选，共表彰先进单位 3 个、先进个人 18 人、突出贡献导师 8 人。2019 年共有 848 人报考学校硕士研究生，北京农学院考点考试人数为 702 人，共设立 26 个考场，选聘监考 52 人。

2. 积极开展 2019 年研究生招生宣传   本年度共组织研究生招生宣传 21 场，其中校内 8 场，各地参与招生宣讲共计 2 100 余人；组织校外宣传 13 场，涉及青岛农业大学、河北农业大学、河北科技师范学院、浙江大学等 12 所农林院校，累计发放 2019 年招生简章 2 300 册。为了更多、更广泛地发动生源，继续实行以生招生政策。截至 2018 年 10 月 31 日，共有 901 人报名学校硕士研究生，比 2018 年增加 135 人。

3. 完善研究生学籍管理，精准掌握学籍信息　进一步规范了学籍管理，完善休学、退学、延期、补办学生证、铁路卡充值、开取在校证明、出国备案等各类学籍申请的表格和流程 10 余项，办理学籍变动 20 人次，开取学籍证明 50 余次，办理铁路充值卡 420 余张，完成各类学生的学籍注册共计 840 余人。配合计划财务处、国有资产管理处等部门提供相关学生信息，整理提供各项学生数据、名册和档案材料。

四、深入落实学位与学科建设内涵发展

1. 完成新增学位授权点规划　2018 年 3 月，学校 2017 年度申请新增的 7 个硕士学位授权点全部获批，分别是生物工程、植物保护、工商管理、畜牧学 4 个一级学科和社会工作、国际商务、林业 3 个专业学位。

当前，学校有 11 个一级学科分布在农、工、管 3 个学科门类，农学门类包括作物学、园艺学、植物保护学、兽医学、畜牧学、林学；工学门类包括生物工程、食品科学与工程、风景园林学；管理学门类包括农林经济管理和工商管理，在学科布局方面基本已经成型。结合 2018 版硕士研究生培养方案修订工作，新增学位点已完成了规划工作。

2. 开展博士研究生联合培养　积极申报与中国农业大学等在京教育部直属高校进行博士研究生联合招收工作，根据学科评估情况和教委专家论证情况，教委批复学校园艺学、农林经济管理与中国农业大学联合招收博士研究生。

农林经济管理 3 个方向负责人——何忠伟教授、刘芳教授、赵海燕教授 3 位导师遴选为中国农业大学农林经济管理学科的博士生第一导师及校外合作导师。园艺学初步推选本学科教授博士生导师 8 人，同时与北京林业大学、新疆农业大学、河南农业大学、西南大学、河北农业大学继续进行博士研究生培养。

同时，借助结对共建的优势开展了博士研究生培养方案的研讨和制订工作。初步设计了博士研究生培养方案的框架，包括培养目标、培养方向、课程体系、导师队伍、联合指导方案等。

3. 积极申报高精尖学科　积极与中国农业大学和北京林业大学对接高校学科共建，并向教委申报学校园艺学与中国农业大学园艺学，林学与北京林业大学林学共建，最终教委批复学校园艺学与中国农业大学园艺学结对共建。

2018年7月，举行学科共建签约仪式。11月，牵头园艺学、农林经济管理、兽医学3个一级学科积极参加教委组织的高精尖学科答辩，争取获批新的共建指标。

4. 规范项目与经费管理 2018年，校内项目经费预算总计1 219.88万元。其中，内涵发展定额项目——研究生经费130.2万元，内涵发展项目——学科建设经费90万元，内涵发展项目——就业与创业经费60万元，内涵发展项目——综合素质提升经费40万元，博士点申报100万元，学位点建设270万元，科研专项补助54.88万元，研究生勤工特困80万元，学业奖学金394.8万元。现已全部完成校内经费分配工作，支持领域涉及2020年博士点单位申报学科建设、14个自评估学位授权点建设、新增7个学位授权点建设、学位与研究生教育改革与发展项目、研究生创新与创业能力建设、"三助一辅"、研究生学业奖学金7个方面。

2018年3月，组织完成学位与研究生教育改革与发展项目评审、立项、建卡和下拨工作，批准"线上线下混合式课程教学模式的探索与实践——以非全日制生物工程专业学位硕士研究生为例"等95个项目立项。其中，自由申报项目76项，委托项目19项。组织完成2017年学位与研究生教育改革与发展项目结题111项。

5. 规范博士后管理，完善各项流程 2018年，组织招收博士后研究人员5人，目前学校共计招收博士后科研人员13人。11月，完成了博士后日常管理、面试、开题、中期考核及北京市和国家基金申报工作。目前，学校博士后已取得中国博士后科学基金、北京市博士后科研活动经费等项目13项，发表论文21篇，其中SCI 8篇，参加学术会议27人次。

第一批进站博士后4人中，已有1名博士后办理了出站手续，1名博士后正在办理出站手续。2019年计划招生10名博士后，争取3年招收40余人。

6. 严格学位授予监管，完成学位授予各项环节 组织完成夏季硕士学位申请、论文查重、论文评阅、论文答辩和学位授予工作，组织召开校学位委员会会议3次，分别主要就学士学位授予、硕士学位授予等进行审核，共授予硕士学位388人，其中学术学位88人，全日制专业学位194人，在职硕士106人。2018年冬季答辩人数为21人，其中学术学位3人，全日制专业学位6人，非全日制12人。审核通过优秀学位论文33篇。

五、深入落实研究生思政与管理

1. 把握研究生思想动态，主抓意识形态 针对在校研究生进行了思想动态调研，自调查实施以来，参与研究生人数共计 3 000 余人。通过调查，研究生在开学后的整体思想状况平稳，研究生的世界观、人生观、价值观务实进取、积极向上，对众多社会问题的认识较为理性，对国家发展充满信心。

在研究生入学、节假日、毕业离校等关键环节，开展有针对性的教育引导工作。入学教育期间，共举办 6 次专题教育活动，内容涉及入学引导与学籍教育、健康教育和医疗政策解读、图书资源与利用、NSTL 资源与服务、安全教育、化学品安全管理培训等方面；各类假期针对所有在校生进行假期安全教育及敏感时期思想教育，并发布安全稳定相关文件 3 个。

定期开展"尚农大讲堂"，本年度共开设讲座 16 次，邀请农业农村部、北京市农委、清华大学等专家领导 16 人。截至目前，学校"尚农大讲堂"邀请校外专家共计 51 人，涉及 18 所高校及科研院所，主讲内容涉及法律教育、心理健康、科研学习、传统文化、职业发展、金融知识、国家形势与政策、学术道德等专题领域，得到研究生的好评。

开展研究生春、秋季心理问题排查工作，针对不同年级研究生可能出现的问题进行心理排查，开展不同类别、不同形式的心理教育活动，在招生工作阶段，开展 2018 年招生心理健康状况筛查，参与心理筛查 500 余人次，形成北京农学院研究生心理测查 MMPI 报告 1 篇；各学院共计举办研究生心理沙龙 11 期。

2. 加强研究生就业管理，稳步提升就业质量 加强研究生就业管理，开展一对一的就业指导、政策咨询等服务。2018 届研究生毕业生共有 290 人，分布在 8 个学院，25 个专业、领域。截至 2018 年 10 月 30 日，就业率达到了 98.63%，签约率达到 91.38%，达到学校预期目标。

2019 届毕业研究生共计 355 人，分布在 8 个学院，25 个专业、领域。根据 2019 届毕业生特点，开展就业服务及就业指导，组织研究生参加大学生"村官"（选调生）、事业单位招聘等就业相关政策宣讲，定期通过网站和"尚农研工"微信公众号发布就业信息、就业政策、双选会信息及就业技巧等内容，共推送相关就业信息 101 条。

3. 落实研究生各项奖助与资助政策 完成研究生"三助一辅"工作，科学合理地设置研究生"三助一辅"岗位，2018 年度共有 210 名研究生从事"三助一辅"工作。

秋季学期共有 23 名研究生新生通过学校绿色通道办理了入学手续，为研究生的顺利入学提供了保障。同时，对有特殊困难的研究生给予困难补助，共资助 5 名生活困难研究生。

落实研究生奖助学金、评奖评优等各项规定，完成了研究生学业奖学金评定。评选出国家奖学金 16 人，学术创新奖 24 人，优秀研究生 34 人，优秀研究生干部 21 人，百伯瑞科研奖学金 25 人。

针对研究生学业奖学金评选满意度进行了测评，共有 333 人提交了问卷，涉及 8 个学院各个年级。其中，研一学生 195 人、研二学生 106 人、研三学生 32 人；一等奖调查者 69 人、二等奖调查者 219 人、三等奖调查者 45 人。经统计，对学业奖学金评选"非常满意"占 24.32%，"比较满意"占 70.87%，总体满意度为 95.19%。

2018 年度共进行三季度研究生科研奖励，学校研究生共发表论文 188 篇。其中，核心及以上期刊发表 72 篇，一般期刊 99 篇。专利、软件著作 15 项，国家级学术竞赛优秀奖 2 人，北京市优秀毕业生 13 人，校级优秀毕业生 24 人。利用"尚农研工""北农校研会"微信公众号，定期推送相关信息，积极传播先进文化，积极宣传学校研究生国家奖学金获得者等模范，共报道各项活动 20 篇，对研究生开展思想引领与信息服务。

4. 加强党组织、团学组织建设工作　完善了研究生会校院二级组织，所有学院均成立了研究生党支部，所有在校研究生均纳入班团管理。根据学校党建工作部署，2018 年研究生新发展党员 28 人，为党组织提供了新鲜血液。协同各学院、校研究生会组织研究生认真学习贯彻习近平总书记系列重要讲话，围绕"两学一做"主题，以自学、集体学习等形式定期组织学习研讨。

2018 年，研究生思想政治教育工作成效显著，结合研究生党支部红色"1+1"实践活动，将理论学习运用于实践，共有生物科学与工程学院等 4 个研究生党支部参与红色"1+1"评选活动。在 2018 年北京高校红色"1+1"示范活动评审中，植物科学技术学院园艺研究生 1 支部获得北京高校红色"1+1"展示评选活动三等奖，生物科学与工程学院研究生党支部、食品科学与工程学院研究生第一党支部获得北京高校红色"1+1"展示评选活动优秀奖。

5. 加强学风建设，鼓励开展项目研究　动员广大研究生积极参与党建和社会实践项目申报。本年度党建项目立项 6 项，社会实践项目立项 14 项，研究生申请创新科研项目 92 项。10 月底至 11 月初，分别召开了党建与社会实践项目中期考核答辩会，结合项目执行中的问题提出了改进建议。

六、高度重视校园安稳，积极建设平安校园

1. 举办各类安全稳定相关主题讲座　充分利用讲座进行安全稳定教育，涉及金融安全防范、非法校园贷、非法集资、网络诈骗、电信诈骗、保护个人隐私等。

10 月，开展 2018 级研究生新生的校园安全防范教育讲座，讲解如何预防电信诈骗、盗窃、扒窃、人身侵害、消防安全、校园贷等各项安全隐患；讲解实验室化学品安全的相关注意事项，要求研究生新生细心研究相关条例，注意实验室安全，发现问题及时反映、及时处理。

2. 加强少数民族学生思想动态工作 2018 年 11 月，组织了 7 名新疆籍少数民族研究生观看教育警示专题片。贯彻中央和北京市关于加强大学生思想政治教育的精神和部署，落实自治区教育厅内地新疆学生工作办公室（以下简称内学办）关于开展组织内地高校新疆籍少数民族学生观看教育警示专题片活动的通知要求。

3. 学生心理预防工作 开展研究生春、秋季心理问题排查、研究生心理沙龙、研究生心理悦谈等活动，在 6 号楼 326 房间开设了心理悦谈室，目的是实现心理书籍借阅、悦谈等功能。

牢固树立了"安全第一"的思想，落实分工，一岗双责，从处长、副处长到各科室成员，从思想上把安全稳定工作放在首要位置，把安全稳定工作的各项任务列入议事日程，将安全稳定工作中的矛盾和问题作为研究解决的重要内容，对排查出的一般隐患问题提前化解，积极掌握分析研究生思想动态情况，完善重点人群的分类分级管理，定期做好摸底排查工作，及时掌控意识形态阵地。

七、贯彻落实党建与党风廉政建设

按照校党委总体部署，积极参加学校和机关党委各项活动，各项工作有序进行。开展从严治党主体责任自查，签署党风廉政承诺书与责任书 24 人次。针对研究生招生、奖助学金、学位授予等方面进行风险点防控，牢记党风廉政责任。落实党支部规范性建设，按照年度任务开展党支部活动，按时开展党员大会、组织生活会。组织全体党员前往延庆区大庄科乡开展支部共建，赴双清别墅开展党性教育。积极开展党员发展工作，确立积极分子 1 人。结合党员大会开展支部书记讲党课，组织集中学习、自主学习 10 余次，党员在线学习累计 200 多学时。组织开展党员社区报到，报到率 100%。

第二部分　工作中存在的不足及问题

在各项工作中的服务意识需要进一步加强，充分发挥职能作用，规范管理，严格执行各项流程，提高服务水平。

第三部分 2019 年工作要点

一、学科建设与学位管理

1. 全力推进学校申博工作 落实《北京农学院新增博士学位授予单位项目建设三年规划》，制订《北京农学院博士建设单位工作实施方案》。推进园艺学、农林经济管理、兽医学 3 个申博学科建设工作，通过优化调整学科队伍、人才引进等措施补齐短板，力争各申博学科达到博士学位授权审核基本条件。

2. 抓好高精尖学科建设工作 统筹学校学科建设资源，推进学科分类管理。根据市教委《北京高校一流大学和一流学科建设管理办法》，按照高精尖学科规划任务书要求，以一流为目标、绩效为杠杆、改革为动力，着力推进园艺学高精尖学科建设。推进与中国农业大学、北京林业大学的学科结对共建和联合培养博士研究生工作，完善博士研究生联合培养工作机制。

3. 做好学位管理工作 优化学位管理流程，抓好学位申请资格审核、论文查重、论文评阅、论文答辩、学位评定等关键环节，严格执行学位授予全流程管理。修订《关于使用〈学位论文学术不端行为检测系统〉进行学位论文检测的管理办法》，加大对学术不端、学位论文作假行为的查处力度。配合做好北京地区硕士学位论文抽检工作。

4. 做好导师遴选、培训与考核工作 贯彻《教育部关于全面落实研究生导师立德树人职责的意见》（教研〔2018〕1 号）和学校相关文件，坚持导师是研究生培养第一责任人制度，加强导师年度考核，综合评定导师在研究生招生、培养、思政教育、就业等工作中的情况和导师自身的政治素质、师德师风、业务素质。严格把控导师遴选要求，做好 2019 年新增硕士生导师资格遴选工作。以学院为实施主体，启动导师轮训工作。拓展导师培训内容，紧密围绕立德树人中心，构建立体式、全方位培训体系。

5. 项目管理和经费预算分配 完成 2018 年学位与研究生教育改革与发展项目、各类学科项目及委托项目的结题工作。完成 2019 年学科项目、委托项目等各类校内项目的申报与专家论证。完成 2020 年教改项目的申报立项。完成 2019 年度研究生处经费分配方案制订。协调计划财务处完成 2020 年市专项的统筹管理和申报工作，以及各类项目的建卡及支出进度督促工作。

6. 梳理总结农林高校协同创新联盟学科与研究生合作情况 根据京津冀农林高校协同创新联盟合作情况，梳理总结学校学科与研究生年度工作情况，为学校提供相关支撑材料。

二、教学培养管理

1. 积极准备 2019 年学位授权点合格评估抽查　进一步做好学位授权点合格评估支撑材料的整理，迎接学位授权点合格评估抽检。

2. 优化研究生教学运行管理　落实 2018 版研究生培养方案实施工作，扎实推进研究生分类培养。完善新增学位点课程大纲，把控好研究生课程教学内容。细化培养过程管理，及时发现并妥善处理教学运行中出现的问题，及时预警课程考核未通过的研究生。组织做好研究生思政课的教学工作。继续开展研究生优秀课程、研究生联合培养校外实践基地建设。

3. 完善研究生培养管理制度　修订并实施《北京农学院研究生学位论文工作管理规定》，进一步完善研究生培养制度体系。规范研究生实验室建设，加强研究生实验室安全管理。引入如何写好科研论文、科研伦理与学术规范等研究生慕课资源，加强学术规范和学术道德教育。

三、招生与学籍管理

1. 做好 2019 年研究生复试和录取工作　做好 2019 年招生指标分配。继续在复试期间开展考生心理测查，做到 100％覆盖，并将测试结果运用于复试中。严格按照政策与制度要求组织复试、调剂和录取工作，落实监督检查与应急保障，确保公平、公正、公开。做好 2019 年度研究生招生先进评选和奖励发放。

2. 做好 2019 级新生入学报到　做好 2019 级新生录取通知书发放、入学手续办理和报到注册工作。做好新生报到数据统计，掌握每一名新生入学情况。

3. 启动 2020 年研究生招生宣传　充分利用新媒体手段，通过微信公众号、互联网等多渠道、多途径开展宣传，走访周边地区进行有针对性的招生宣传，与合作企业开展相关宣传活动。继续开展以生招生、以师招生政策，调动指导教师和在校研究生的积极性，鼓励各二级学院开展招生宣传。支持鼓励各学院积极发动生源，力争报名人数继续上升。

4. 做好 2020 年招生考试工作　做好 2020 级考生报名与现场确认工作，及时上报相关数据。严格执行相关保密制度，做好各项保密保管工作。严格按照规定完成自命题、组考、阅卷等各项工作，做好命题人员、考务人员及评卷人员的培训与管理，确保研究生招生考试顺利完成。

5. 做好学籍管理与服务工作　按照时间节点，做好新生、在校生、毕业生学籍注册与学历注册事项，及时更新休学、复学、退学等学籍变动信息，做好各项数据统计。根据学籍库预警学制期限即将期满人员，及时反馈学院并通知相关学生。

四、思政与综合事务管理

1. 进一步强化习近平新时代中国特色社会主义思想的学习宣传教育　按照上级要求和工作部署，在研究生中开展"不忘初心，牢记使命"主题教育活动。以研究生"尚农大讲堂"为抓手，弘扬社会主义核心价值观，加强理想信念教育，提升研究生社会责任感、创新精神和实践能力。

2. 着力营造庆祝新中国成立 70 周年的热烈氛围和积极向上的舆论环境支持、鼓励校内各级研究生会、研究生社团、研究生党支部、班团组织，以新中国成立 70 周年为契机，开展形式多样、内容丰富的主题教育、社会实践、志愿服务和知识竞赛活动，加强爱国主义教育，坚定中国特色社会主义共同理想。

3. 改进研究生"三全育人"工作　探索创新研究生思想政治教育的方式方法，完善"三全育人"工作机制，提升思想政治工作实效性。做好 2019 年研究生新生开学典礼、新生引航工程、毕业典礼、毕业季管理。加强意识形态工作，定期开展研究生思想动态调研，强化课堂、讲座、论坛、社团等管理。

4. 提升研究生综合素质　加强研究生心理健康知识教育，继续开展研究生"阅读悦心"计划和研究生心理沙龙活动。定期开展心理状况筛查和心理问题排查。鼓励各学院继续开展具有专业特色的学术论坛、学术讲座、技能竞赛等课外活动。鼓励研究生开展党建、创新科研、社会实践项目研究，提升研究生综合素质。

5. 做好 2019 年度研究生奖勤助贷事务管理　完成 2019 年度研究生奖助学金的评定和发放工作。按照上级要求，做好研究生学业奖学金专项绩效考评、2018 年度研究生资助工作绩效考评。做好研究生科研成果汇总和科研奖励工作。组织开展研究生"三助一辅"招聘、培训及考核工作。

6. 做好研究生就业创业指导服务　提高研究生就业创业精准化指导与服务水平，推进针对性就业服务。进一步引导毕业生到基层就业。继续保持研究生毕业生就业率不低于 96％。

7. 做好研究生安全稳定工作　加强研究生宿舍、实验室等安全教育，加强宿舍安全检查。做好少数民族学生安全稳定教育和相关工作。做好重要节、会、敏感节点维稳及各类节假日安全教育管理工作。落实各项安全稳定工作预案，预防并妥善处理群体事件和突发事件。

五、党风廉政与内部管理

1. 落实党风廉政与安全稳定工作　加强党风廉政理论与业务学习。按照校党委、机关党委相关要求，签订各层次党风廉政责任书与承诺书。责任层层落实，压力递次传导，做好研究生招生、学位授予、成绩审核、奖助学金等廉政风险防控。严格落实安全稳定责任制，坚持做好形势研判、工作部署、检查督导和应急管理等各项工作。

2. 提升内部管理水平　加强"北农研招办""尚农研工"微信公众号和研究生处网站的维护，丰富发布信息，提升管理实效。坚持研究生处例会、研究生秘书例会、研究生辅导员例会制度。继续做好《都市型农林高校研究生教育内涵式发展与实践》论文集的编辑和出版，研究生教育质量报告、学科建设质量报告、研究生思想政治教育工作总结、研究生招生质量分析报告、研究生就业质量报告的撰写，学科与研究生教育纪事、处文件汇编、处例会纪要汇编、尚农大讲堂、学位与研究生教育管理文件选编、研究生手册的汇编工作。

3. 改善条件保障能力　按照校党委、机关党委的相关要求，进行保密室、信息化应用及新媒体网站建设，充分利用信息手段开展相关业务。

4. 加强管理队伍建设　以项目研究为依托，提升管理人员的教育管理水平。支持、鼓励研究生管理人员开展工作调研、学习培训和业务交流。进一步探索推进研究生管理队伍专业化和职业化建设的有效途径。

2018 年北京农学院学科建设质量报告

北京农学院研究生处

学科建设是一所高校可持续发展的龙头，是实现高等教育内涵发展的核心，同样也是保证高校在竞争中立于不败之地的根本。学科建设状态及指标是体现一个学校在国内外发展水平的重要标志，也是国内外大学排名的主要依据。当前，高等教育综合改革正处在关键时期，做好学科建设是学校提高办学层次和科教整体水平的关键。

中共十九大确立了习近平新时代中国特色社会主义思想，提出了建设教育强国是中华民族伟大复兴的基础工程，必须把教育事业放在优先位置，加快教育现代化，实现高等教育内涵式发展的思路成为当前工作的重心所在。

2018 年是"十三五"规划中重要的一年，秉承研究生处"务实、高效、合作"的工作理念，在校党委、行政的领导下，以邓小平理论、"三个代表"重要思想、科学发展观为指导，深入学习贯彻习近平总书记系列重要讲话精神和治国理政新理念新思想新战略，以服务《北京城市总体规划（2016—2035年）》为导向，研究生处进一步完善了学科和学位授权点结构布局，突出学科方向特色，优化学科人才队伍，改善学科发展条件，增强学科竞争优势，创新学科管理机制，提高学科建设水平，落实了学校 2018 年工作要点和折子工程，进一步推进了学校学科建设的各项工作。

一、学校学科建设概况

2003 年，学校获得硕士学位授予权。目前学校共有 11 个一级学科硕士学位授权点（表 1）。其中，有 5 个北京市重点建设学科（表 2），7 类专业学位授权点，分布在农、工、管 3 个学科门类，实现了 24 个硕士学科、专业、领域的招生（表 3、表 4）。截至目前，学校共有在校硕士研究生 1 239

人。其中，全日制硕士研究生 868 人，在职攻读硕士学位研究生 371 人，分布在生物科学与工程学院、植物科学技术学院、动物科学技术学院等 8 个二级学院。

表1 一级学科硕士学位授权点

一级学科名称	所在学科门类	批准时间	批准部门
作物学	农学	2011 年 3 月	国务院学位委员会
园艺学			
兽医学			
林学			
植物保护学		2018 年 3 月	
畜牧学		2018 年 3 月	
食品科学与工程	工学	2011 年 3 月	
风景园林学		2011 年 8 月	
生物工程		2018 年 3 月	
农林经济管理	管理学	2011 年 3 月	
工商管理		2018 年 3 月	

表2 市级重点建设学科一览表

二级学科名称	所在门类	批准时间	批准单位	备注
果树学	农学	2008 年	北京市教育委员会	第二轮建设
临床兽医学				第二轮建设
园林植物与观赏园艺		2010 年		
农产品加工及贮藏工程	工学	2008 年		
农业经济管理	管理学			

表3　学术学位硕士研究生招生学科、专业

学位类型	招生学科、专业	一级学科	所在门类
学术学位	作物遗传育种	作物学	农学
	果树学	园艺学	
	蔬菜学		
	植物保护学	植物保护学	
	基础兽医学	兽医学	
	临床兽医学		
	畜牧学	畜牧学	
	森林培育	林学	
	园林植物与观赏园艺		
	生物工程	生物工程	工学
	食品科学	食品科学与工程	
	农产品加工及贮藏工程		
	风景园林学	风景园林学	
	农业经济管理	农林经济管理	管理学
	林业经济管理		
	工商管理	工商管理	

表4　专业学位硕士研究生招生类别及领域

学位类型	专业学位类别	招生领域
专业学位	农业*	农艺与种业
		资源利用与植物保护
		畜牧
		农业管理
		农村发展
		农业工程与信息技术
		食品加工与安全
	兽医	兽医
	风景园林	风景园林
	工程	生物工程
	国际商务	国际商务
	林业	林业
	社会工作	社会工作

　*　农业硕士类别：

　　（1）根据2014年12月11日国务院学位委员会下发的《关于将"农业推广（暂用名）硕士"定名为"农业硕士"的通知》（学位〔2014〕46号），原农业推广硕士定名为农业硕士。

　　（2）根据2016年10月16日全国农业专业学位研究生教育指导委员会下发的《关于农业硕士专业学位领域设置调整的通知》（农业教指委〔2016〕3号），农业硕士专业学位由现有的15个培养领域调整为8个领域。从2018年开始，统一按照调整后的8个领域开始招生和培养工作。

二、2018 年开展的主要工作

1. 学科建设工作 2018 年 2 月，在新学期领导班子务虚会上，研究生处提交了《坚持走内涵发展之路，提升学科建设水平》的审议报告，结合当前"双一流"背景下高校学科建设工作的新要求，总结梳理出了学校当前学科发展布局、学科队伍、学科方向以及加强学科建设的措施。

2018 年 3 月，学校 2017 度申请新增了 7 个硕士学位授权点全部获批，分别是生物工程、植物保护、工商管理、畜牧学 4 个一级学科和社会工作、国际商务、林业 3 个专业学位。当前，学校有 11 个一级学科分布在农、工、管 3 个学科门类，农学门类包括作物学、园艺学、植物保护学、兽医学、畜牧学、林学；工学门类包括生物工程、食品科学与工程、风景园林学；管理学门类包括农林经济管理和工商管理，在学科布局方面基本已经成型。

2018 年 5 月，根据教育部《学位授权审核基本条件（试行）》文件的相关要求，各学科积极查缺补漏，2018 年在北京市教委牵头申报博士点建设单位申报中，在各方努力和有关部门的配合下，学校申报博士单位基本条件全部达标，结合教育部第四轮学科评估情况，推荐园艺学、农林经济管理、兽医学 3个一级学科申报博士学位授权点。在王校长的亲自带领下，研究生处牵头申报学科所属学院和支撑学科所属学院多次开会协商、积极讨论、反复斟酌申报内容，并于 5 月的市教委答辩中通过，获批北京市博士单位三年建设。

2018 年 6 月，根据市教委 4 月召开的市属高校学科建设工作会统一部署，学校积极与中国农业大学和北京林业大学对接高校学科共建，并向市教委申报学校园艺学与中国农业大学园艺学，林学与北京林业大学林学共建，最终市教委批复学校园艺学与中国农业大学园艺学结对共建。同时，根据教委文件精神，学校积极申报与中国农业大学等在京教育部直属高校进行博士研究生联合招收工作，根据学科评估情况和教委专家论证情况，教委批复学校园艺学、农林经济管理与中国农业大学联合招收博士研究生。

2. 经费预算 根据学校 2018 年经费预算要求和计划财务处下达的经费指标，2018 年研究生处校内项目经费预算总计 1 219.88 万元。其中，内涵发展定额项目——研究生经费 130.2 万元，内涵发展项目——学科建设经费 90 万元，内涵发展项目——就业与创业经费 60 万元，内涵发展项目——综合素质提升经费 40 万元，博士点申报 100 万元，学位点建设 270 万元，科研专项补助 54.88 万元，研究生勤工特困 80 万元，学业奖学金 394.8 万元。按照研究生处工作任务的总体安排，制订经费分配方案，已全部完成校内经费分配工作，支持领域涉及 2020 年博士点单位申报学科建设、14 个自评估学位授权点建设、新增 7 个学位授权点建设、学位与研究生教育改革与发展项目、研究生创新与创业能力建设、"三助一辅"、研究生学业奖学金 7 个方面。

3. 项目管理　2018 年 3 月，使用学校统筹经费，完成学位与研究生教育改革与发展项目评审、立项、建卡和下拨工作，批准"线上线下混合式课程教学模式的探索与实践——以非全日制生物工程专业学位硕士研究生为例"等 95 个项目立项。其中，学位授权点建设与人才培养模式创新项目 6 项、研究生课程项目 8 项、研究生党建项目 6 项、研究生创新科研项目 35 项、研究生社会实践项目 14 项、校外研究生联合培养实践基地项目 7 项、委托项目 19 项，立项总经费 135.2 万元。其中，自由申报项目 76 项，委托项目 19 项。立项学科建设与研究生教育质量提高项目 8 项，立项总经费 221.62 万元，主要用于资助学科带头人、科研人员及研究生从事科学研究，进行条件和环境建设，开展研究生教学工作和日常管理等。

2018 年 4 月，完成了 2017 年研究生教育改革与发展项目结题工作。

2018 年 10 月，完成北京市 2019 年项目申报工作，待 2019 年预算下拨后按照计划拨付。

完成的日常工作包括，完成 2018 年研究生教育改革与发展项目的经费日常管理、支出进度监测等工作。

4. 学位授权点自评估工作　2018 年，根据教育部《学位授权点合格评估办法》（学位〔2014〕4 号）和《关于开展 2014 年学位授权点合格评估工作的通知》（学位〔2014〕16 号）以及《北京农学院学位授权点自我评估工作方案》（北农校发〔2015〕8 号）的文件精神，研究生处启动了学位点自评估工作，成立了由杨军书记、王慧敏校长为组长，石勇副书记、姚允聪副校长为副组长的领导小组的评估团队，进行自我诊断评估。通过本次自我评估工作，能更进一步了解学校学科发展情况，查缺补漏，提高学科建设水平。

2018 年 5 月上旬，在总结前期学位点自我评估工作的基础上，研究生处组织制订了《北京农学院 2018 年学位授权点自我评估实施办法》（北农校发〔2018〕25 号）。

2018 年 5 月 30 日，学校召开学位授权点自我评估工作动员部署会，姚允聪副校长作学位授权点自我评估动员部署工作报告。

2018 年 6 月 1~10 日，各学位授权点向研究生处上报推荐的自评估工作校外咨询专家名单。经由研究生处审核后，统一发送聘书。

2018 年 6 月 13 日，国务院学位委员会办公室下发《关于学位授权点合格评估有关事项的通知》（学位〔2018〕25 号），研究生处及时进行了转发和传达。

2018 年 6 月 28 日，研究生处副处长董利民主持召开了第一次学位授权点自我评估工作专题会，向各学位授权点评估工作负责人通报了自评估工作进展，核实了各学位点评估工作联络人及责任，强调了自评估报告初稿及相关支撑材料的提交时间。

2018 年 7 月 11 日，学校召开 2018 年学位授权点自评估工作推进会。会议由姚允聪副校长主持。会上，研究生处处长何忠伟介绍目前自评估工作进度和新工作要求。

2018 年 6～9 月，各学位点陆续完成本学位点国内同行专家评估工作。研究生处审核提交的各学位授权点撰写的自评估报告和学位授权点基本状态信息表。经修改后寄送自评估工作校外咨询专家，并将咨询专家的反馈意见转发给各自评估学位点负责人。

2018 年 10 月 12 日，研究生处副处长董利民主持召开了第二次学位授权点自我评估工作专题会，针对自评估报告和学位授权点基本状态信息表中出现的问题，进行了处理办法详细解答，督促各学位评估点积极修改自评估报告、信息表，汇总整理信息表支撑材料统计表和相应的证明材料。

2018 年 10 月 30 日，学位授权点基本状态信息表报送省级学位委员会。

2018 年 11 月，各学位授权点润色自评估报告，收集整理相关支撑材料文件。

2018 年 11 月 29 日，研究生处处长何忠伟组织带领全体研究生处人员核对最终提交的自评估报告。

2018 年 11 月 30 日，将自评估报告和汇总表上传至全国学位与研究生教育质量信息平台。

通过自我评估，针对各相关学位授权点建设水平和人才培养质量进行全面检查，评估内容包括学位授权点的人才培养目标、学位标准、培养方向、师资队伍、科学研究等，实现真实考察学位授权点的目标达成度的作用。

5. 博士后科研工作站管理　2018 年，已招收博士后研究人员 5 人。同时，完成了博士后日常管理、面试、开题、中期考核及北京市和国家基金申报工作。童津津和王琛获得了北京市科研活动资助，童津津获得了 2018 年度"博士后国际交流计划"学术交流及面上资助项目。

2018 年 12 月，经校长办公会决定，调整"北京农学院博士后管理委员会"成员组成，并将博士后管理委员会下设办公室转交人事处，研究生处顺利完成与人事处的交接工作。

6. 导师管理工作　导师管理是学科发展的重点环节，为进一步规范导师岗位管理，明确导师岗位职责和考核要求，强化研究生培养过程中的导师责任制，研究生处结合教育部全面落实研究生导师立德树人职责相关精神，积极开展导师管理相关工作。

2018 年 7 月，根据《北京农学院硕士生导师工作职责规定（试行）》要求，学校完成 2017—2018 年度导师考核工作。本次考核对象为正在指导研究生的导师，考核形式为各学院成立考核领导小组，负责本学院硕士生导师考核工作。本次参加考核涉及 8 个学院 216 名导师，除植物科学技术学院 1 位导师因未提交考核材料不合格外，其余均考核通过。

2018 年 9 月，学校收到教育部学位管理与研究生教育司下发的《关于报送研究生导师立德树人职责落实情况的通知》（教研〔2018〕6 号）文件，根据《教育部关于全面落实研究生导师立德树人职责的意见》（教研〔2018〕1 号）文件精神，学校积极开展相关工作，并将《北京农学院研究生导师立德树人职责落实情况总结报告》与汇总表反馈给上级单位。

2018 年 9 月，研究生处组织进行了 2018 年新增硕士生导师资格遴选工作。截至规定时间，研究生处共收到 17 名校内外人员（其中 15 名校内人员、2 名校外人员）申请研究生导师资格的相关材料。经与人事处、科学技术处对相关申请材料的协作审核，根据《关于印发〈北京农学院硕士生导师遴选管理办法〉的通知》（北农校发〔2015〕6 号）等文件，经 2018 年 9 月 25 日校学位委员会审核、无记名投票通过，决定准予赵文婷等 12 人研究生导师资格。

7. 论文抽检工作　论文质量是衡量学科发展的关键。2018 年，根据北京市人民政府教育督导室《关于做好 2017 年硕士学位论文抽检工作的通知》，学校提交了 13 篇 2016—2017 学年取得学位的学术型硕士论文，分布在现有的 7 个一级学科，根据反馈结果，没有不通过现象（表 5）。

表 5　2017 年论文抽检反馈结果

学生	导师	学科	论文题目	结果 1	结果 2	结果 3
朱莉华	仝其根	食品科学与工程	大气等离子体的灭菌机理及其在禽蛋储藏保鲜中的应用研究	优秀	良好	良好
刘 丹	卢大新	食品科学与工程	我国植物油中多种真菌毒素污染水平和膳食暴露评估研究	良好	良好	良好
张经纬	卢 圣	风景园林学	基于建筑类型学的城市儿童户外活动空间类型研究	一般	一般	良好

（续）

学生	导师	学科	论文题目	结果 1	结果 2	结果 3
王明立	万　平	作物学	野生小豆和栽培小豆农艺性状变异分析	良好	良好	良好
祖祎祎	潘金豹	作物学	高粱 SBNAC0584 和玉米 ZMSNAC2 基因的克隆与功能分析	优秀	优秀	良好
游子敬	刘志民	园艺学	改良栽培模式对草莓土壤理化性质、叶片光合特性和果实品质的影响	优秀	优秀	良好
宋苗语	沈元月	园艺学	ABA 诱导的 K^+ 通道基因 FAKAT1 在草莓果实成熟过程中的作用研究	良好	良好	优秀
王　腾	曹庆芹	园艺学	板栗两种菌根形态的鉴定及 PHT1 家族基因的挖掘与表达分析	良好	良好	良好
刘　超	刘　爵	兽医学	禽腺病毒 4 型 FIBER2 蛋白与沙门氏菌鞭毛蛋白融合表达及其免疫原性研究	一般	优秀	良好
王力红	倪和民	兽医学	APOL8 & COL4A4 调控小鼠休眠胚胎抗冻性的研究	优秀	一般	良好
王晓静	张　克	林学	百合属 DNA 条形码鉴定及系统进化研究	优秀	良好	优秀
王文果	胡增辉	林学	NO 在冰叶日中花对 NACL 胁迫的生理响应及离子平衡中的作用	良好	优秀	优秀
汤　滢	胡宝贵	农林经济管理	北京市西瓜产业发展现状与对策研究	一般	良好	一般

　　学位论文质量是学校重点关注的方面，结合入学教育、素质课堂、论文抽检等形式，反复加强研究生学术道德和诚信教育，规范了学术道德管理。

　　虽然本年度论文抽检结果良好，但在学位管理环节，还应加大论文抽检管理力度，要求由导师负责提交研究生抽检论文，试行问题论文约谈制度等，严把论文质量关。

三、存在的问题与不足

　　一年来，经过全校上下的努力，学校的学科建设取得了一些成绩和进步。但是，与北京市经济社会需求和学校的发展要求相比、与其他兄弟院校相比，还存在一些不足，需要在今后努力改进。

1. 学科整体实力不强　根据第四轮学科评估结果（表6），学校园艺学、农林经济管理、兽医学3个学科相较于第三轮学科评估虽然有一定进步，但总体来看，除园艺学科外其他学科总排名均在50％之后。

另外，学校尚有4个一级学科未进入学科评估前70％，在学科发展的道路上任重道远，学科竞争优势还不突出，学科整体实力不强。

表6　北京农学院学科评估对比表

学科	第三轮（2012年）	第四轮（2017年）
园艺学 0902	参评高校22 位次16 位次排名72.7％	本一级学科中，全国具有"博士授权"的高校共21所，本次参评21所；部分具有"硕士授权"的高校也参加了评估；参评高校共计36所（注：评估结果相同的高校排序不分先后，按学校代码排列） 参评36所，园艺学排位C+（15～18位） 位次排名41.7％～50％
农林经济管理 1203	参评高校29 位次24 位次排名82.8％	本一级学科中，全国具有"博士授权"的高校共24所，本次参评22所；部分具有"硕士授权"的高校也参加了评估；参评高校共计39所（注：评估结果相同的高校排序不分先后，按学校代码排列） 参评39所，农林经济管理排位C（20～23）位 位次排名51.3％～59％
兽医学 0906	参评高校23 位次17 位次排名73.9％	本一级学科中，全国具有"博士授权"的高校共20所，本次参评20所；部分具有"硕士授权"的高校也参加了评估；参评高校共计41所（注：评估结果相同的高校排序不分先后，按学校代码排列） 参评41所，兽医学排位C-（25～28位） 位次排名60.9％～68.3％
食品科学与工程 0832	参评高校51 位次39 位次排名76.5％	未进入前70％
风景园林学 0834	参评高校38 位次23 位次排名60.5％	未进入前70％
林学 0907	参评高校22 位次18 位次排名81.8％	未进入前70％

2. 学科方向还要凝练　学科顶层规划和统筹管理工作比较薄弱，尤其在新兴学科和交叉学科建设中，学校规划协调工作有待于进一步加强；学科发展定位需要进一步明晰；学校在学科内涵发展管理机制方面还需进一步解放思想、改革创新。

按照"做强农科、做大工科、做好管科"的思路，完善学校学科管理规章制度，推进学科资源整合和结构优化，突出各相关学科在现代种业、生态环境建设、食品安全、都市农林业发展理论等方向的优势和特色。当前，应继续做好教育部学位中心第四轮学科评估后续工作，进一步创新学科组织模式，凝练学科发展方向，根据评估结果分析学科发展不足，积极改进。

3. 队伍力量不强　学校的学科发展在各领域缺乏领军人物。领军人物站在行业科技前沿、具有国际视野，有国内外同行专家公认的重要成就和创新成果，掌握行业科学研究动态，引领行业国际学术前沿，把握战略思维和学术方向，在国内外有较强影响力和号召力。指引着学科的发展和未来，是高校学科人才体系的主导力量，是学校整体学科建设的引导者、设计者，是学科建设的指路人、领航人。

另外，学校缺乏青年拔尖人才。青年才俊有较好的科研潜质，有年轻人的冲劲与干劲，对教学、科研工作有饱满的热情，是最有朝气、最富活力、最具创造性的群体，是高校学科人才体系的后备力量。最具有发展潜力，是实现学科可持续发展的基础。

4. 学科运行机制有待完善　高效务实的学科建设运行机制还未真正建立起来。学科顶层规划和统筹管理工作比较薄弱，尤其在新兴学科和交叉学科建设中，学校规划协调工作有待于进一步加强，学科发展定位需要进一步明晰，学校在学科内涵发展管理机制方面还需进一步解放思想并改革创新。对优势学科倾斜政策不多，大团队、大平台、大项目、大成果的支持和培育力度明显不够，学科团队考核机制、人才引进、培养评价考核与激励机制有待改进。

5. 学科经费投入有待提高　2014年成立研究生处以来，校党委、行政给予了大力支持，学科与研究生教育投入保持发展状态（表7），有力地保障了学科建设和研究教育各项工作的开展。学校经费投入整合成两部分：一是学科建设与研究生教育质量提高，用于一级学科建设和研究生教育运行，按照各学院的学科数、学位点、教学任务等进行分配，目前改为市教委专项管理，经费来源是原来的科研质量提高费，研究生处占35％。二是设立学位与研究生教育改革与发展项目，经费来源包括学校研究生教育经费、重点建设学科经费和学生创新与创业经费，实施项目管理，采取公开招标（80％）和委托管理（20％）的办法，重点支持优秀课程、校外实习基地、研究生创新基金、研究生创业实践等。如 2014 年立项 118 项，立项金额 234.3 万元；2015 年立项 106 项，立项金额 194.2 万元；2016 年立项 207 项，立项金额 185.5 万元；2017 年立项研究生教育改革与发展项目 111 项，立项总经费 177.4 万元。

随着国家"双一流"建设和研究生教育内涵发展的要求，学校学科建设规模与研究生招生规模都有很大增长，挑战与任务也更为艰巨。为了迎接 2020 年博士点单位申报和 2019 年学位点合格评估，更加需要提升学科竞争力和研究生教育质量，如博士点拟建学科（园艺学、农林经济管理、兽医学）、食品安全与环境工程类学科的提升、生态与林业类学科的提升、学术型研究生培养质量提升、研究生青年导师指导水平提升、研究生工作站建设、专业研究生培养模式改革等都需要大力推进，需要学校加大经费投入。

表 7　2014—2017 年学科与研究生教育经费投入情况统计

单位：万元

年份	学科建设与研究生教育质量提高经费	学位与研究生教育改革发展项目经费				合计
		小计	研究生教学	重点建设学科	研究生创新创业	
2014	280	250	90	90	70	530
2015	234.03	262.59	92.59	90	80	496.62
2016	235.79	298.01	108.01	90	100	533.8
2017	276.5	315.2	130.2	90	95	591.7
2018	221.62	260.2	130.2	90	40	481.82
合计	1 247.94	1 386	551	450	385	2 633.94

四、学科建设面临的形势

1. 国家经济社会发展需求对农科研究生教育提出新要求　中共十九大报告指出，中国特色社会主义进入新时代，我国社会主要矛盾已经转化为人民日益增长的美好生活需要和不平衡不充分的发展之间的矛盾。当前，我国社会中最大的发展不平衡，是城乡发展不平衡；最大的发展不充分，是农村发展不充分。通过坚持农业农村优先发展、实施乡村振兴战略，加快农业现代化步伐，推进农业绿色发展，实现"产业兴旺、生态宜居、乡风文明、治理有效、生活富裕"的总体要求。新时代"三农"的新发展需要农林院校培养适应新时代需求的接地气的懂农业、爱农村、爱农民的高层次人才支撑，为地方农林院校的人才培养提出了新要求。

2. 首都区域经济社会发展需求为农科研究生教育提供新机遇　北京"四个中心"的城市功能定位和建设国际一流的和谐宜居之都的奋斗目标，需要发展城市功能导向型产业和都市型现代农业，需要一二三产融合的现代农业，需要大力拓展农业的生态功能，需要探索推广集循环农业、创意农业、观光休闲、农事体验于一体的田园综合体模式和新型业态，需要大力挖掘浅山区和乡村的发展潜力和空间，从而满足市民日益增长的多元化高质量的农产品需求和休闲环境需求。首都城市的特殊地位和深刻转型造就了首都"三农"的特殊性，"和谐宜居"需要"三农"提供更宽、更大的服务贡献，"国际一流"需要更高层次的人才支撑，也造就了首都农科高校的特色服务面向和义不容辞的责任。

3. 北京农学院服务首都发展的优势特色和尚存差距　北京地区有中国农业大学、北京林业大学、北京农学院和北京农业职业学院4所农林高校，服务面向和人才培养定位明显不同，形成了典型的差异化发展。中国农业大学和北京林业大学是教育部直属院校，服务全国，培养研究型人才；北京农学院和北京农业职业学院是地方院校，立足首都发展，农学院培养应用型复合型本科以上层次人才，农业职业学院培养技能型专科人才。北京农学院责无旁贷地承担着首都新时代"三农"发展所需高层次人才培养的重任。应对首都城市发展对"三农"的需求，北京农学院已经形成了都市型现代农林特色的办学体系，以园艺学和兽医学为代表的硬学科和以农林经济管理为代表的软学科都为首都"三农"发展作出了实质性的贡献，得到了市农委等主管部门的充分肯定。对照博士授权单位的申报条件，学校已经具备相关要求，在学科和专业设置以及科研支撑等方面具有较好的基础。但是，个别学科在师资队伍及高水平科研等方面还有一定差距，需要进一步加强建设。

4. 学校自身发展面临的严峻挑战　研究生教育是培养和吸引全球优秀人才的重要途径，是实现创新驱动发展和促进经济提质增效升级的重要支撑，是学校人才培养、科学研究、社会服务和文化传承功能的核心体现。目前，学校学科建设水平总体不高，核心竞争力不强，研究生教育基础比较薄弱，与学校建设都市型现代农林大学的要求还存在着一定的差距，与首都经济社会发展对应用型创新人才需求还不适应，规范管理机制还有待于进一步健全。

另外，高等教育"双一流"战略的实施和内涵发展改革的推进，对北京农学院这样的地方性院校意味着前所未有的机遇和挑战。机遇是基于其打破身份壁垒、鼓励公平竞争的动态调整模式，为学校跨越发展提供了机会。挑战来源于其资源配置与建设类别层级的挂钩方式，高校分类分层以及时空定位，使我们的生存空间不断受到挤压。从全国范围来看，大部分高校"十五"至"十二五"期间，充分利用高等教育扩招和扩张的机遇，学科建设基本完成了从增量布局到结构调整的发展历程，实现了从外延扩展到内涵发展的过渡。

而学校学科建设与这一战略机遇期交集不多，致使我们当前面临学科点增量布局和内涵建设的双重任务。从发展条件来看，学科点总量不足和建设资源短缺的矛盾，是当前学科建设中的主要矛盾，而且将在很长一段时间内制约学校的内涵发展。在学科质量和结构方面，还存在优势特色学科不热门、热门学科无优势、学科交叉融合度不够、学科发展不均衡等结构、质量和效益方面的问题。

五、2019 年学科建设的主要思路和重点内容

1. 主要思路

（1）精心谋划，实现突破。贯彻实施国家"双一流"发展战略，制订好学校学科建设方案。以学科授权点申报基本条件为依据、以博士点申报为目标，确定今后学科发展重点。做好学校所有学位授权点合格评估预评估工作，查找学科问题，凝练学科方向，明确学科建设目标，细化学科建设措施，扩大学科影响。强化一级学科管理理念，实施一级学科招生制度。

（2）突出重点，分类建设。学校应更加突出重点，统筹资源分类建设，才能实现学科的跨越性提升。在学科建设中，应将学科建设按优势、重点、培育3 个层次长远布局，确定发展目标并配置学科资源。结合《第四轮学科评估指标体系》《博士硕士学位授权点申请基本条件》等文件，划分优势学科、重点学科和培育学科的建设实施方案，凝练各学科的建设方向，从师资队伍建设、人才培养、科学研究与社会服务、学科影响力和国际合作与交流等方面明确各学科"十三五"乃至更长一段时间的建设目标，并将学科建设任务进行分解，与学院、学科、相关职能部门签订目标任务书。

（3）人才为先，稳定队伍。应继续完善学科发展与人才引进工作体系，应明确学科带头人（学科领军人才）、方向负责人、学科骨干及其职责权限、任职条件、选聘办法等，实施基于目标任务的学科考核与动态管理方式，建立学科负责人与学科带头人责权利相结合的管理体制，实现引进与培养优秀创新人才的目的。

坚持正面激励，强化负面清单，注重合格评估，严格年度审核，优化考核程序，鼓励拔尖人才，坚持凝练学科方向，维持学科队伍稳定，建立学科方向相对稳定的约束机制。

（4）机制创新，优化服务。建议成立学校学科建设领导小组，充分发挥学

科建设领导小组的决策作用、学位委员会与学术委员会的咨询作用，优化增强学科发展团队服务意识，完善跨学科建设联动机制；突出学院在学科建设中的实施主体作用，实行学院院长和学科带头人共同负责制和责任追究制，其中，院长负组织和服务责任，学科带头人负主导和实施责任；坚持权责利统一，提高学科带头人的岗位津贴，强化学科带头人的资源统筹权、相关人员聘任的提名权、学科建设的组织实施权，明确学科带头人的聘期目标，强化学科带头人的聘期考核。

（5）加大投入，强化绩效。切实重视学科引领作用，整合学校有限财力资源，通过科技立项、技术转让、人才培养、共建实验室、专项建设等多种途径，加大学科建设经费、人才建设经费、科研平台建设经费等的统筹使用。学科建设专项经费和上级支持经费，经费统筹核算分配到一级学科。

强化绩效管理，实行学科建设项目负责人制度，进一步明确学科负责人责权利，制定相应的激励政策，定期进行责任考核。

2. 重点内容

（1）进一步优化学科方向，努力建设博士点学科。围绕《北京城市总体规划（2016—2035年）》对农林产业、生态环境和乡村振兴的布局，对照《学位授权审核申请基本条件（试行）》（2017年）和《学位授予和人才培养一级学科简介》（2013年），进一步优化园艺学、兽医学、农林经济管理等学科方向，强化学科内涵和团队建设，大力提升研究生培养质量。

加大公共服务体系建设，特别对申报授权学科建设的人财物等办学条件建设实行倾斜政策。目前，兽医学科在教师队伍方面仍有不足，学校将有计划地分批次补充教师队伍。进一步做好3个学科的教师职业发展规划和人才项目，培养一批学科领军人物及具有创新精神的中青年学术骨干。加大经费投入力度，对3个申报博士点的一级学科建设每年投入300万元。

（2）不断提升学校科研实力，强化学科基础。围绕首都发展对农林行业的需求，聚焦"食品质量与安全、生态环境、乡村振兴、种质资源开发与利用、智库"等特色研究方向，充分发挥省部级科技创新平台的支撑作用，在学科团队的基础上，按照首都重大需求，组建跨学科跨学院的科技创新团队，进一步加强科学研究和技术创新，提高科研水平，为学科建设提供坚实的科研基础。在科技创新政策方面，加大对申报学科的支持力度和倾斜力度。

（3）完善学科管理制度，整合资源及结构。按照"做强农科、做大工科、做好管科"的思路，完善学校学科管理规章制度，推进学科资源整合和结构优化，突出各相关学科在现代种业、生态环境建设、食品安全、都市农林业发展理论等方向的优势和特色。

（4）做好学科评估及自评估后续工作。继续做好教育部学位与研究生教育发展中心第四轮学科评估及自评估后续工作。进一步创新学科组织模式，凝练学科发展方向，根据评估结果分析学科发展不足，积极改进。

（5）立足京津冀，加强合作交流。继续落实"京津冀农林高校协同创新联盟研究生合作协议"，探索三地农林高校学科建设、学术交流、资源共享等互动平台模式。

2018 年北京农学院研究生教育质量报告

北京农学院研究生处

第一部分　研究生教育概况

一、学校概况

北京农学院是一所北京市属高等农业院校，自 2003 年获得硕士学位授予权后，独立开展研究生教育已经走过十余个年头。学校已拥有 7 个一级学科硕士学位授权点、4 个类别涉及 8 个领域的专业学位硕士授权点。2018 年 3 月，学校 2017 年度申请新增的 7 个硕士学位授权点全部获批。至此，学校共有园艺学、兽医学、作物学、林学、风景园林学、食品科学与工程、农林经济管理、生物工程、植物保护、工商管理、畜牧学 11 个一级学科硕士学位授权点，有农业硕士、兽医硕士、风景园林硕士、工程硕士、社会工作硕士、国际商务硕士、林业硕士 7 个专业学位类别 8 个招生领域。农、工、管 3 个学科门类布局已经基本成型。

学校拥有一支年龄结构合理、学术水平较高的硕士生导师队伍。现有硕士生导师 387 人，兼职博士生导师 12 人。教师中享受国务院政府特殊津贴 4 人，北京市高层次和学术创新人才 6 人，教育部新世纪优秀人才 1 人，长城学者培养计划入选人员 8 人，北京市级中青年骨干教师 65 人。学校推行研究生培养机制改革，实行新制奖助学金政策。2019 年学校按照国家规定收取学费，研究生入学即可享受较高的奖助学金；学校提供相当比例助研、助管、助教岗位，每年每生可获得奖助学金 19 600～23 600 元不等（包括学校学业奖学金、国家助学金、学校助学金、助研津贴等）。此外，学校每年还评选一定数额的优秀研究生、优秀研究生干部、优秀研究生毕业生、研究生优秀学位论文等，并给予一定的奖励。

学校具有鲜明的办学特色，注重研究生培养质量。学校紧密围绕首都乡村振兴战略和都市型现代农业发展需求，积极开展农林科技创新和科学研究，努力打造和完善都市型现代农林科技创新体系。近年来，学校承担了国家重点研发计划、国家自然科学基金等一批高水平国家级项目。都市型现代农业理论研究、生物种业研究、肉牛转基因体细胞克隆技术、中兽药和生物农药等在国内行业处于领先水平。近年来，学校共获得省部级及以上科技成果奖励 40 余项，重点解决了一批北京乃至全国都市农业、现代农业发展中的重大问题和关键技术。

二、培养目标

学校研究生教育紧紧围绕学校"全面建成高水平应用型大学"的发展定位，遵循教育发展和高水平大学建设的内在规律，把"立德树人"作为研究生教育的根本任务，坚定不移地走"服务需求、提高质量、内涵发展"之路。以推进分类培养模式改革、构建质量保障体系为着力点，重视创新精神和实践能力培养，重视科教结合和产学结合，为都市型农业建设发展提供人才支撑。

围绕产学研特色，发挥服务功能。充分发挥学校与行业"协同育人、协同办学、协同创新"办学模式和人才培养模式的特色及长处。建立学校与企业科技人才的合作交流，探索符合市场经济规律的产学研有效对接机制，拓宽地方院校培养高层次创新人才的途径和为经济建设服务的渠道，加快知识创新和成果转化。

三、基本条件

学校现有果树学、临床兽医学、农业经济管理、农产品加工及贮藏工程、园林植物与观赏园艺 5 个北京市重点（建设）学科；有 1 个博士后科研工作站；有农业农村部华北都市农业北方重点实验室、农业应用新技术北京市重点实验室、兽医学（中医药）北京市重点实验室、北京市乡村景观规划设计工程技术研究中心、北京新农村建设研究基地、首都农产品安全产业技术研究院、北京都市农业研究院、北京市大学科技园等 20 个省部级科研机构和成果转化基地。

坚持"以人为本"，提升创新和实践能力。努力贯彻国家提出的"以人为本"的发展理念。在研究生教育发展过程中，"以研究生为本"，为研究生提供良好的学习、科研环境，营造良好的学术氛围，并通过学习和实践过程，提升研究生为社会服务的能力。同时，为导师提供良好的教学科研环境，充分发挥导师的作用，使研究生的能力得到全面的提升。

第二部分　学位授权学科、专业情况

一、完成新增学位授权学科规划

2018 年 3 月，学校 2017 年度申请新增的 7 个硕士学位授权点全部获批，分别是生物工程、植物保护、工商管理、畜牧学 4 个一级学科和社会工作、国际商务、林业 3 个专业学位类别。

当前，学校有 11 个一级学科分布在农、工、管 3 个学科门类，农学门类包括作物学、园艺学、植物保护学、兽医学、畜牧学、林学；工学门类包括生物工程、食品科学与工程、风景园林学；管理学门类包括农林经济管理和工商管理，在学科布局方面基本已经成型。结合 2018 版硕士研究生培养方案修订工作，新增学科已完成了规划工作。

二、开展博士研究生联合培养

积极申报与中国农业大学等在京教育部直属高校进行博士研究生联合招收工作，根据学科评估情况和教委专家论证情况，教委批复学校园艺学、农林经济管理与中国农业大学联合招收博士研究生。

农林经济管理 3 个方向负责人——何忠伟教授、刘芳教授、赵海燕教授 3 位导师遴选为中国农业大学农林经济管理学科的博士生第一导师及校外合作导师。园艺学初步推选本学科教授博士生导师 8 人，同时与北京林业大学、新疆农业大学、河南农业大学、西南大学、河北农业大学继续进行博士研究生培养。

同时，借助结对共建的优势开展了博士培养方案的研讨和制订工作。初步设计了博士研究生培养方案的框架，包括培养目标、培养方向、课程体系、导师队伍、联合指导方案等。

三、积极申报高精尖学科

积极与中国农业大学和北京林业大学对接高校学科共建，并向教委申报学校园艺学与中国农业大学园艺学，林学与北京林业大学林学共建，最终教委批复学校园艺学与中国农业大学园艺学结对共建。2018 年 7 月，举行学科共建签约仪式。11 月，牵头园艺学、农林经济管理、兽医学 3 个一级学科积极参加教委组织的高精尖学科答辩，争取获批新的共建指标。

四、规范博士后管理，完善各项流程

2018 年组织招收博士后研究人员 5 人，目前学校共计招收博士后科研人员 13 人。2018 年 11 月，完成了博士后日常管理、面试、开题、中期考核及北京市和国家基金申报工作。目前，学校博士后已取得中国博士后科学基金、北京市博士后科研活动经费等项目 13 项，发表论文 21 篇，其中 SCI 8 篇，参加学术会议 27 人次。

第一批进站博士后 4 人中，已有 1 名博士后办理了出站手续，1 名博士后正在办理出站手续。2019 年计划招生 10 名博士后，争取 3 年招收 40 余人。

第三部分　研究生招生及规模状况

一、各学科招生情况

1. 全日制研究生　2018 年度研究生招生学科专业共 17 个（其中学术型 7 个，专业型 10 个），实际招生人数 424 人，比 2017 年增加 71 个招生指标，增长 20.11％。其中，学术型硕士和专业型硕士分别占招生总人数的 19.29％和 80.71％。

近 3 年学校整体招生情况良好，各学院录取人数稳步提升，呈现了一个良好的发展态势。但一志愿生源所占比例较低（表 1），尤其是学术型专业，生源严重紧缺，部分专业全部依靠调剂生源。

表 1　近 3 年全日制硕士研究生录取统计表

学位类别	专业		2018 年		2017 年		2016 年	
			录取人数（人）	一志愿录取率（％）	录取人数（人）	一志愿录取率（％）	录取人数（人）	一志愿录取率（％）
专业型	生物工程		29	93.10	23	121.74	15	126.67
学术型	作物遗传育种	作物学	8	12.50	9	11.11	8	0.00
	果树学	园艺学	28	7.14	19	10.53	17	5.88
	蔬菜学				7	0.00	9	11.11

（续）

学位类别	专业		2018年		2017年		2016年	
			录取人数（人）	一志愿录取率（%）	录取人数（人）	一志愿录取率（%）	录取人数（人）	一志愿录取率（%）
专业型	作物	农艺与种业	45	100.00	10	40.00	8	62.50
	园艺				28	89.29	25	84.00
	种业				8	50.00	8	50.00
	植物保护	资源利用与植物保护	31	106.45	14	85.71	10	70.00
	农业资源利用				8	50.00	10	100.00
学术型	基础兽医学	兽医学	20	25.00	9	44.44	7	28.57
	临床兽医学				9	144.44	11	27.27
专业型	养殖	畜牧	18	88.89	15	100.00	13	107.69
	兽医		39	100.00	30	110.00	18	83.33
学术型	农林经济管理		9	0.00	8	0.00	9	11.11
专业型	农村区域与发展	农业管理	49	122.45	38	107.89	32	162.50
学术型	风景园林学		5	80.00	0	50.00	6	166.67
	园林植物与观赏园艺	林学	10	100.00	7	14.29	6	100.00
	森林培育				3	0.00	4	75.00
专业型	风景园林		34	67.65	18	116.67	12	100.00
	林业		—		13	23.08	13	38.46
学术型	农产品加工及贮藏工程	食品科学与工程	18	22.22	8	12.50	8	25.00
	食品科学				8	25.00	8	12.50
专业型	食品加工与安全		33	100.00	21	95.24	19	142.11
专业型	农业信息化	农业工程与信息技术	17	76.47	15	100.00	10	70.00
专业型	农业科技组织与服务	农村发展	31	96.77	19	100.00	14	92.86
合计			424	81.37	353	76.77	300	80.33

2. 非全日制研究生　2018年非全日制硕士研究生招生指标为92人，实际录取人数为84人。与2017年相比，略微增长，但仍然存在部分专业招生人数过少，增加了培养的成本，不利于研究生教学正常运行，具体情况见表2。

表 2　近 3 年非全日制硕士研究生录取统计表

学　院	专业领域		2018 年	2017 年	2016 年
生物科学与工程学院	生物工程		1	4	—
植物科学技术学院	作物	农艺与种业	6	—	1
	园艺			1	8
	植物保护	资源利用与植物保护	10	—	4
	农业资源利用			—	1
动物科学技术学院	养殖	畜牧	0		6
	兽医		12	8	26
经济管理学院	农村区域与发展	农业管理	13	21	34
园林学院	风景园林		16	17	—
	林业		—	—	9
食品科学与工程学院	食品加工与安全		10	8	12
计算机与信息工程学院	农业信息化	农业工程与信息技术	5	6	3
文法学院	农业科技组织与服务	农村发展	11	6	10
合计			84	71	114

二、考生生源成分分析

1. 全日制研究生　2018 年，在考生生源成分方面，应届本科毕业生共 345 人，占总人数的 81.36%；在职人员共 18 人，占总人数的 4.25%；其他人员共 61 人，占总人数的 14.39%（表 3）。

表 3　近 3 年全日制硕士研究生录取统计表（考生生源成分）

类　型	2018 年	2017 年	2016 年
应届本科毕业生	345	303	257
成人应届本科毕业生	0	0	1

（续）

类　型	2018 年	2017 年	2016 年
科学研究人员	1	0	0
中等教育教师	0	0	0
其他在职人员	17	13	42
其他人员	61	37	0
合计	424	353	300

在录取的考生中，423 人通过普通全日制学习完成本科学历，占总人数的 99.53%；通过自学考试取得最后学历的考生有 1 人，占总人数的 0.24%（表 4）。

表 4　近 3 年全日制硕士研究生录取统计表（取得最后学历的学习形式）

类　型	2018 年	2017 年	2016 年
普通全日制	423	351	296
成人教育	0	0	1
获境外学历或学位证书者	0	0	0
网络教育	0	0	0
自学考试	1	2	3
合计	424	353	300

2018 年录取的全日制研究生中一志愿生源为 316 人，占总录取人数的 74.53%（表 5）。其中，学术型研究生一志愿生源 24 人，占学术型招生总数的 24.49%；专业型研究生一志愿生源 292 人，占专业型招生总数的 89.57%。一志愿录取率较 2017 年呈上升趋势（表 5）。

表 5　近 3 年全日制硕士研究生一志愿生录取率

年份	录取率（%）
2018	74.53
2017	71.10
2016	67.67

2. 非全日制研究生　2018 年共录取了 84 名非全日制硕士研究生，其中 5 人为定向就业。在考生生源成分方面，应届本科毕业生共 19 人，占总人数的 22.62%；在职人员共 47 人，占总人数的 55.95%；其他人员共 18 人，占总

人数的 21.43%（表6）。

在录取的考生中，78 人通过普通全日制学习完成本科学历，占总人数的92.86%；通过成人教育取得最后学历的考生有 3 人，占总人数的 3.57%；通过网络教育取得最后学历的考生有 1 人，占总人数的 1.19%；通过自学考试取得最后学历的考生有 2 人，占总人数的 2.38%。

表 6　2018 年非全日制硕士研究生录取统计表（考生生源成分）

类　型	人数（人）
应届本科毕业生	19
科学研究人员	4
高等教育教师	1
其他在职人员	42
其他人员	18
合计	84

表 7　2018 年非全日制硕士研究生录取统计表（取得最后学历的学习形式）

类　型	人数（人）
普通全日制	78
成人教育	3
网络教育	1
自学考试	2
合计	84

第四部分　研究生培养过程

一、培养方案的修订

在研究生培养工作中，深入推进研究生教育综合改革，结合研究生教育规律、硕士学位标准和学校办学定位，建立和完善了适应都市型农林高校的研究生培养机制。自独立招收研究生以来，本着优化学科结构、突出学科特色、提高研究生培养质量的原则，先后形成 2004 版、2007 版、2010 版、2016 版、2018 版硕士研究生培养方案。

从 2017 年 7 月开始，各学院邀请相关专家，对培养方案初稿的科学性、合理性、可行性进行论证，论证结果由各学院反馈给研究生处备案。研究生处于 2017 年 11 月开始，分别召开了 7 个一级学科、7 个农业硕士领域、3 个专业学位类别的培养方案专家论证会，论证专家组形成论证意见反馈给相关学科培养方案修订组。2018 年 5 月，各学院根据专家论证意见，对培养方案进一步修订，形成审阅稿，由研究生处提交校研究生培养指导委员会审阅，并统计反馈意见。根据校研究生培养指导委员会审阅意见，对培养方案进一步修订，形成培养方案终稿并且印刷成册。

2018 年 4 月 27 日，发布了《关于做好 2018 年新增学科（类别）规划与培养方案制订的通知》（研处字〔2018〕14 号），安排各新增学位点撰写培养方案，并于 7 月经过专家论证，完成培养方案讨论稿。由研究生处提交校研究生培养指导委员会审阅，并统计反馈意见。根据校研究生培养指导委员会审阅意见，对培养方案进一步修订，于 2018 年 9 月，形成新增学位点培养方案终稿并且印刷成册。

二、研究生课程建设情况

研究生课程体系紧密围绕学校的人才培养目标，坚持"复合型、应用型、创新型"的培养机制定位、应用型与学术型人才培养并重的理念。从培养方案的内容、课程体系的设置到课程开设结构均体现了学校的培养特色。

2018 年 1 月，发布《关于制（修）订硕士研究生课程教学大纲的通知》（研处字〔2018〕5 号）。根据文件要求，组织学院开展课程大纲的制（修）订工作，经院培养指导委员会审议通过后，形成课程大纲初稿提交研究生处，由研究生处提交校研究生培养指导委员会审阅，并统计反馈意见。根据校研究生培养指导委员会审阅意见，对课程大纲进一步修订。2018 年 6 月，完成课程大纲的制（修）订工作并印刷成册，表 8 为全日制研究生课程设置情况。

2018 年 10 月 18 日，研究生处发布了《关于制订 2018 年新增学位点硕士研究生课程教学大纲的通知》（研处字〔2018〕29 号），启动新增硕士研究生学位点课程教学大纲制订工作。目前，各新增学位点课程大纲已完成初稿，经过院培养指导委员会审议。大部分已经完成提交，还有个别学位点课程大纲仍在修订当中。

2018 年共开设研究生课程 187 门次，其中春季开设课程 48 门次、秋季开设课程 139 门次。为保证教学运行正常进行，严格执行调停课手续。安排各相关学院、督导组于第 9 至第 10 周进行研究生教学和培养工作期中检查。根据各学院期中检查工作情况，提出问题与整改建议。

表 8　全日制研究生课程设置

序号	课程性质	门数（门）	生物科学与工程学院	植物科学技术学院	动物科学技术学院	经济管理学院	园林学院	食品科学与工程学院	计算机与信息工程学院	文法学院	其他
1	学位公共课	9									
2	学位专业课	37	0	9	10	4	10	4	0	0	
3	学位领域主干课	53	4	9	15	4	9	4	4	4	
4	选修课	112	9	26	25	12	20	11	3	5	10
5	合计	211	13	44	50	20	39	19	7	9	10

三、研究生校外实践基地管理

　　实践教学是研究生培养的重要组成部分，是研究生提升理论运用水平、提高专业技能不可或缺的重要环节。实践基地建设直接关系到研究生的培养质量，对于培养提高研究生的实践能力和创新能力十分重要。

　　为了适应国家研究生教育改革和发展需要，提高学校研究生教育水平和培养质量，增强研究生实践动手和科研创新能力，搭建学校服务地方经济建设和社会发展平台，创新高层次专业人才培养模式，建设高层次人才培养基地，促进"产学研"联盟的形成，加大联合研究生培养力度。2016 年，发布了校发文《北京农学院研究生联合培养实践基地建设与管理办法》。

　　为建设和完善以提高创新能力和实践能力为目标的研究生培养模式，全面提高研究生的实践能力，研究生处重视研究生实践教学工作，尤其是专业学位硕士研究生的实践教学工作。研究生处从 2014 年开始筹建研究生校外实践基地，目前已建成研究生工作站 18 个，研究生校外实践基地 52 个（图 1）。

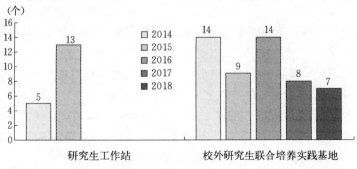

图 1　研究生工作站、校外研究生联合培养实践基地建设

四、研究生优秀课程建设项目

从 2014 年开始，学校重点建设一批优秀研究生课程。截至目前，共有优秀课程建设项目 67 项。2018 年学位与研究生教育改革与发展项目中，共有研究生优秀课程建设项目 7 项（表 9）。

表 9　2018 年北京农学院研究生优秀课程建设项目一览表

序号	学　　院	项目名称	项目负责人
1	生物科学与工程学院	高级生物化学课程建设	吕鹤书
2	生物科学与工程学院	生物分离工程课程建设	柳春梅
3	动物科学技术学院	高级免疫学课程建设	阮文科
4	经济管理学院	农业科技与"三农"政策课程建设	徐广才
5	园林学院	园林植物种质资源学课程建设	张克中
6	外语教学部	研究生英语（学术型）课程建设	张玉莲
7	体育教学部	研究生体育课程建设	刘军占

第五部分　学位授予及研究生就业情况

一、研究生学位授予情况

学校非常重视研究生的学位授予质量。从 2004 年开始招收硕士研究生时，即研究制订了硕士学位授予工作细则等相关文件。在实施过程中，根据国家研究生教育的发展形势和学校实际情况，于 2008 年、2013 年又进行了相关文件的修订。目前，使用的研究生学位管理文件为 2013 年修订的《北京农学院硕士学位授予工作实施细则》（北农校发〔2013〕2 号）。经过多年的管理实践，学校已经初步形成研究生学位管理的规章制度体系，有力地保障了硕士学位授予质量。

学校组织完成 2018 年夏季硕士学位申请、论文查重、论文评阅、论文答辩和学位授予工作，组织召开校学位委员会会议 3 次，主要就学士学位授予、硕士学位授予等进行审核，共授予硕士学位 388 人。其中，学术学位 88 人、全日制专业学位 194 人，非全日制硕士 106 人。2018 年冬季答辩人数为 21 人。其中，学术学位 3 人，全日制专业学位 6 人，非全日制 12 人。审核通过优秀学位论文 33 篇。

二、毕业生就业情况

2018 届研究生毕业生共有 286 人，学校研究生毕业生全员就业率达到 98.63%，签约率达到 91.38%。研究生就业单位性质分布情况见图 2。考取博士研究生、出国留学 21 人，占毕业生总数的 7.24%；到高等教育和研究院所就业 26 人，占毕业生总数的 8.97%；到机关事业单位就业 49 人，占毕业生总数的 16.90%，其中，担任大学生"村官"9 人；到涉农企业单位就业 95 人，占毕业生总数的 32.76%；到其他企业单位就业 95 人，占毕业生总数的 32.76%。

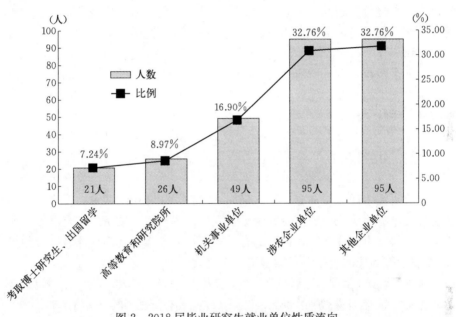

图 2　2018 届毕业研究生就业单位性质流向

第六部分　研究生教育质量保障体系建设及成效

研究生教育是培养高层次人才的主要途径，是国家创新体系的重要组成部分。考察研究生教育的发展历史，现有的研究生培养模式是适应工业化大生产的需要，在原有"学徒式"培养方式基础上发展而来的，具有"专业式"大规模培养的特点。与这种培养方式相适应，研究生教育管理发展成为一种系统工程，需要构建复杂的培养和管理体系。北京农学院在研究生培养模式探索和改革中，经过十余年的实践，现已建立起招生、培养、学位、导师、服务"五位一体"的都市型农林高校研究生教育质量保障体系。

一、经费保障

2018 年校内项目经费预算总计 1 219.88 万元。其中，内涵发展定额项目——研究生经费 130.2 万元，内涵发展项目——学科建设经费 90 万元，内涵发展项目——就业与创业经费 60 万元，内涵发展项目——综合素质提升经费 40 万元，博士点申报 100 万元，学位点建设 270 万元，科研专项补助 54.88 万元，研究生勤工特困 80 万元，学业奖学金 394.8 万元。现已全部完成校内经费分配工作，支持领域涉及 2020 年博士点单位申报学科建设、14 个自评估学位授权点建设、新增 7 个学位授权点建设、学位与研究生教育改革与发展项目、研究生创新与创业能力建设、"三助一辅"、研究生学业奖学金 7 个方面。

2018 年 3 月，组织完成学位与研究生教育改革与发展项目评审、立项、建卡和下拨工作，批准"线上线下混合式课程教学模式的探索与实践——以非全日制生物工程专业学位硕士研究生为例"等 95 个项目立项。其中，自由申报项目 76 项，委托项目 19 项。

二、师资保障

为使研究生任课教师更好地明确在承担教学任务中的职责，促进研究生教学管理工作的规范化，稳定研究生教学秩序，提高教学质量，结合学校研究生院关于《研究生任课教师职责》的有关规定，研究生课程新任课教师必须提交《北京农学院新任研究生课程教师资格审查表》。

学校现有研究生课程任课教师 259 人。其中，教授 85 人，占任课教师的 33％；副教授 124 人，占任课教师的 48％；讲师 50 人，占任课教师的 19％（图 3）。

研究生课程任课教师中博士 192 人，占任课教师的 74％；硕士 60 人，占任课教师的 23％；学士 7 人，占任课教师的 3％（图 4）。

三、学位授权学科质量保障

1. 学位授权点自评估　2018 年 6 月，启动学位点自评估工作，成立领导小组，编写《北京农学院学位授权点合格评估工作手册》与自评估流程图，召开工作部署会与推进会，针对评估工作中的问题进行集中研讨与整改。7～9 月，开展学位授权点自我评估专家进校现场评审，对学校 7 个一级学科硕士学位授权点、农业硕士 7 个专业学位领域学位授权点进行评审，并对 14 份自评估报告进行完善与修改，共邀请相关领域专家 50 余位。10 月，完成学位点自评估工作。

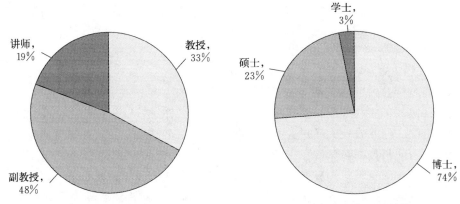

图 3　任课教师职称结构　　　　图 4　任课教师学历结构

2. 落实内涵发展，优化学科建设　组织各一级学科进一步梳理研究方向与学科队伍，并结合培养方案修订工作做好一级学科内涵建设。按照《学位授予和人才培养一级学科简介》(2013 年) 和《学位授权审核申请基本条件（试行)》(2017 年) 相关要求，以及全国第四次学科评估中反映出的问题，向领导班子务虚会提交了《坚持走内涵发展之路，提升学科建设水平》的审议报告，结合当前"双一流"背景下高校学科建设工作的新要求，总结梳理出了学校当前学科发展布局、学科队伍、学科方向，提出加强学科建设的措施。

目前，学校 11 个学科现有正高级职称人员 82 人，副高级职称人员 128 人，中级职称人员 61 人，其他人员 12 人，共计 283 人。根据此次内涵大讨论，重新梳理了各学科方向及人员队伍。

3. 深入推进博士授权单位建设规划实施　2018 年 3 月，积极组织申报北京市博士点建设单位，牵头相关学科多次开会协商、积极讨论、反复斟酌申报内容，并结合教育部第四轮学科评估情况，推荐园艺学、农林经济管理、兽医学 3 个一级学科申报博士学位授权点。5 月，参加市教委答辩。7 月，获批北京市博士单位三年建设。

4. 完善教育培养制度，提高研究生教育培养质量　组织各学院统一修订培养方案，重新完善了现有的 17 个学位点的培养方案，制订了新增 7 个学位点的培养方案，并根据培养方案制订、修订了 24 个学位点教学大纲。2018 年 7 月，组织 390 余名硕士生导师考核工作，整体考核工作顺利推进，除 1 名导师未参加考核外，其他导师均通过年度考核。

5. 深入推进京津冀农林高校协同创新联盟合作　2018 年学校专家资源库

新增京津冀专家 193 人，目前专家信息库中共有京津冀农林高校专家 372 人，在研究生学位论文评审、答辩环节中给予大力支持，聘请了中国农业大学、北京林业大学、天津农学院、河北农业大学、河北科技师范学院等 23 名联盟高校专家学者对学校论文进行盲审。

2018 年研究生招生复试中，北京农学院、河北科技师范学院、河北农业大学、天津农学院等院校密切合作，相互推荐生源，共录取来自河北农业大学、河北科技师范学院等院校生源 40 余人。2019 年，在硕士研究生招生中，京津冀协同创新联盟成员院校相互宣传、相互合作推荐，学校曾前往河北科技师范学院、河北农业大学进行招生宣传。截至报名结束，共收到来自河北农业大学、河北科技师范学院、天津农学院等生源 70 余人。

同时，学校与京津冀各联盟高校在联合开展博士单位建设申报、高精尖学科共建及联合招收培养博士研究生、培养方案修订、"尚农大讲堂"讲座等方面开展积极交流。

四、深入落实研究生思政与管理

1. 把握研究生思想动态，主抓意识形态　针对在校研究生进行了思想动态调研，自调查实施以来，参与研究生人数共计 3 000 余人。通过调查，研究生在开学后的整体思想状况平稳，研究生的世界观、人生观、价值观务实进取、积极向上，对众多社会问题的认识较为理性，对国家发展充满信心。

在研究生入学、节假日、毕业离校等关键环节，开展有针对性的教育引导工作。入学教育期间，共举办 6 次专题教育活动，内容涉及入学引导与学籍教育、健康教育和医疗政策解读、图书资源与利用、NSTL 资源与服务、安全教育、化学品安全管理培训等方面；各类假期针对所有在校生进行假期安全教育及敏感时期思想教育，并发布安全稳定相关文件 3 个。

定期开展"尚农大讲堂"，本年度共开设讲座 16 次，邀请农业农村部、北京市农委、清华大学等专家领导 16 人。截至目前，学校"尚农大讲堂"邀请校外专家共计 51 人，涉及 18 所高校及科研院所，主讲内容涉及法律教育、心理健康、科研学习、传统文化、职业发展、金融知识、国家形势与政策、学术道德等专题领域，得到研究生的好评。

开展研究生春、秋季心理问题排查工作，针对不同年级研究生可能出现的问题进行心理排查，开展不同类别、不同形式的心理教育活动，在招生工作阶段，开展 2018 年招生心理健康状况筛查，参与心理筛查 500 余人次，形成北京农学院研究生心理测查 MMPI 报告 1 篇；各学院共计举办研究生心理沙龙

11 期。

2. 加强研究生就业管理，稳步提升就业质量 加强研究生就业管理，开展一对一的就业指导、政策咨询等服务。2018 届研究生毕业生共有 290 人，分布在 8 个学院，25 个专业、领域。截至 2018 年 10 月 30 日，就业率达到了98.63%，签约率达到 91.38%，达到学校预期目标。

2019 届毕业研究生共计 355 人，分布在 8 个学院，25 个专业、领域。根据 2019 届毕业生特点开展就业服务及就业指导，组织研究生参加大学生"村官"（选调生）、事业单位招聘等就业相关政策宣讲，定期通过网站和"尚农研工"微信公众号发布就业信息、就业政策、双选会信息及就业技巧等内容，共推送相关就业信息 101 条。

3. 落实研究生各项奖助与资助政策 完成研究生"三助一辅"工作，科学合理地设置研究生"三助一辅"岗位，2018 年度共有 210 名研究生从事"三助一辅"工作。

秋季学期，共有 23 名研究生新生通过学校绿色通道办理了入学手续，为研究生的顺利入学提供了保障。同时，对有特殊困难的研究生给予困难补助，共资助 5 名生活困难研究生。

落实研究生奖助学金、评奖评优等各项规定，完成了研究生学业奖学金评定，评选出国家奖学金 16 人，学术创新奖 24 人，优秀研究生 34 人，优秀研究生干部 21 人，百伯瑞科研奖学金 25 人。

针对研究生学业奖学金评选满意度进行了测评，共有 333 人提交了问卷，涉及 8 个学院各个年级。其中，研一学生 195 人、研二学生 106 人、研三学生32 人；一等奖调查者 69 人、二等奖调查者 219 人、三等奖调查者 45 人。经统计，对学业奖学金评选"非常满意"占 24.32%，"比较满意"占 70.87%，总体满意度为 95.19%。

2018 年度共进行三季度研究生科研奖励，学校研究生共发表论文 188 篇，其中核心及以上期刊发表 72 篇，一般期刊 99 篇，专利、软件著作 15 项，国家级学术竞赛优秀奖 2 人，北京市优秀毕业生 13 人，校级优秀毕业生 24 人。利用"尚农研工""北农校研会"微信公众号，定期推送相关信息，积极传播先进文化，积极宣传学校研究生国家奖学金获得者等模范，共报道各项活动20 篇，对研究生开展思想引领与信息服务。

4. 加强党组织、团学组织建设工作 完善了研究生会校院二级组织，所有学院均成立了研究生党支部，所有在校研究生均纳入班团管理。根据学校党建工作部署，2018 年研究生新发展党员 28 人，为党组织提供了新鲜血液。协同各学院、校研究生会组织研究生认真学习贯彻习近平总书记系列重要讲话，围绕"两学一做"主题，以自学、集体学习等形式定期组织学习研讨。

2018 年，研究生思想政治教育工作成效显著，结合研究生党支部红色"1＋1"实践活动，将理论学习运用于实践，共有生物科学与工程学院等 4 个研究生党支部参与红色"1＋1"评选活动，在 2018 年北京高校红色"1＋1"示范活动评审中，植物科学技术学院园艺研究生 1 支部获得北京高校红色"1＋1"展示评选活动三等奖，生物科学与工程学院研究生党支部、食品科学与工程学院研究生第一党支部获得北京高校红色"1＋1"展示评选活动优秀奖。

5. 加强学风建设，鼓励开展项目研究 动员广大研究生积极参与党建和社会实践项目申报。本年度，党建项目立项 6 项；社会实践项目立项 14 项；研究生申请创新科研项目 92 项。2018 年 10 月底至 11 月初，分别召开了党建与社会实践项目中期考核答辩会，结合项目执行中的问题提出了改进建议。

五、高度重视校园安稳，积极建设平安校园

1. 举办各类安全稳定相关主题讲座 充分利用讲座进行安全稳定教育，涉及金融安全防范、非法校园贷、非法集资、网络诈骗、电信诈骗、保护个人隐私等。

2018 年 10 月，开展 2018 级研究生新生的校园安全防范教育讲座，讲解如何预防电信诈骗、盗窃、扒窃、人身侵害、消防安全、校园贷等各项安全隐患；讲解实验室化学品安全的相关注意事项，要求研究生新生细心研究相关条例，注意实验室安全，发现问题及时反映、及时处理。

2. 加强少数民族学生思想动态工作 2018 年 11 月，组织了 7 名新疆籍少数民族研究生观看教育警示专题片。贯彻中央和北京市关于加强大学生思想政治教育的精神和部署，落实自治区教育厅内学办关于开展组织内地高校新疆籍少数民族学生观看教育警示专题片活动的通知要求。

3. 学生心理预防工作 开展研究生春、秋季心理问题排查、研究生心理沙龙、研究生心理悦谈等活动，在 6 号楼 326 房间开设了心理悦谈室，目的是实现心理书籍借阅、悦谈等功能。

牢固树立了"安全第一"的思想，落实分工，一岗双责，从处长、副处长到各科室成员，从思想上把安全稳定工作放在首要位置，把安全稳定工作的各项任务列入议事日程，将安全稳定工作中的矛盾和问题作为研究解决的重要内容，对排查出的一般隐患问题提前化解，积极掌握分析研究生思想动态情况，完善重点人群的分类分级管理，定期做好摸底排查工作，及时掌控意识形态阵地。

第七部分　研究生教育国际化情况

学校研究生教育国际化、社会化不断深入。目前，学校与英国、波兰、日本有关学校加强合作，与英国哈珀·亚当斯大学开展"1＋1"研究生合作项目，与日本麻布大学、波兰波兹南大学开展了研究生交流学习项目，并聘请多名外籍导师。

一、联合培养项目

2018年11月29日，国际合作与交流处和研究生工作部（处）联合召开了英国哈珀·亚当斯大学联合培养研究生项目介绍会。英国哈珀·亚当斯大学Keith Walley教授向学生们介绍了学校的基本情况，包括学校的地理位置、校园环境、学校设施、教学条件、硕士研究生专业、学习费用等内容，学生们也就自己感兴趣的问题与校方进行了交流。共有12名研究生参加了介绍会。

二、境外交流学习

动物科学技术学院共有4名研究生赴日本麻布大学、兽医神经专科医院进行学习交流（表10）。

表10　2018年赴境外交流学习研究生名单

序号	学生姓名	学号	学院	所在专业	国别	境外接收单位	学习时间
1	纪　婷	201730322109	动物科学技术学院	兽医专硕	日本	麻布大学	2018.6.17～30
2	张　荣	201630312003	动物科学技术学院	兽医学	日本	麻布大学 兽医神经专科医院	2018.6.17～30 2018.12.1至2019.1.20
3	何　笑	201730322106	动物科学技术学院	兽医专硕	日本	麻布大学	2018.6.17～30
4	李梦琦	201730322112	动物科学技术学院	兽医专硕	日本	麻布大学	2018.6.17～30

第八部分　研究生教育进一步改革与发展的思路

过去的一年中，学校研究生教育事业取得较大进展，但仍存在不少问题。学校研究生科研创新能力等培养尚有较大的提升空间。研究生培养亟待与学科建设相结合，分类培养方案和学位审核标准尚需在实践中进一步完善，国际化培养水平有待进一步提升，质量评价机制有待不断完善。

一、研究生教学管理

1. 做好研究生培养日常管理　进一步跟进新增学位点研究生课程大纲的制订工作，做好全日制研究生排课、选课、实训、期中检查等日常工作，发布研究生实践实训规定文件。

2. 监管优秀课程、基地建设项目进度　跟进 2018 年基地建设项目、课程建设项目实施进展，完成 2018 年项目结题工作及 2019 年项目立项工作；做好研究生联合培养实践基地持续建设工作、优秀课程案例库的建设工作。

3. 结合督导制度完善教学质量监管　进一步发挥研究生教学工作中督导的作用，提高研究生培养质量，严格开题、中期、答辩等各项环节。

二、研究生招生与学籍

1. 完成研究生招生任务　完成好 2019 年硕士研究生复试和录取工作；启动 2020 年硕士研究生招生宣传工作，组织完成 2020 年硕士研究生报名与研究生招生考试。

2. 做好学籍管理　做好新生学籍注册、老生学籍注册和毕业生学籍注册工作；做好学生证管理、火车票优惠卡管理、毕业生电子图像采集、在校生学籍变动、数据统计审计等日常管理。

三、学科与学位

1. 学科建设　通过 2018—2020 年"博士单位建设立项"三年建设期，使学校成为博士学位授予单位、2～3 个学科获得博士学位授予权点，全面提升学校的办学层次和办学水平。

2. 学位管理　做好 2019 年硕士学位授予工作；组织校学位委员会会议，审核国际学院毕业生学士学位授予、成人高等教育学士学位授予、导师资格遴选等相关工作；做好学位授予信息报送工作。

3. 导师管理　做好 2019 年新增硕士生导师资格遴选、导师培训工作；完善导师管理相关制度。

4. 博士后管理　做好 2019 年博士后招收、进站审核、在站管理、博士后基金组织申报等工作。

5. 经费和项目管理 进行项目、经费支出进度督促等日常管理。

四、研究生思政与管理

1. 进一步完善研究生思政工作 深入贯彻落实全国高校思想政治工作会议、北京高校思想政治工作会议精神，根据北京农学院当前研究生思政教育实际，做好 2019 年研究生思想政治教育各项工作。

2. 继续开展"尚农大讲堂" 继续开展"尚农大讲堂"，做好 2019 年度"尚农大讲堂"安排，进一步完善专家信息库，完成 2018—2019 学年讲稿汇编印制，打造学校研究生"尚农大讲堂"精品品牌。

3. 完善研究生文化建设 开展研究生心理健康教育、心理状况筛查；鼓励各学院继续开展具有专业特色的学术论坛、学术讲座、技能竞赛等，繁荣研究生学术文化，创新研究生教育。

4. 完成研究生奖助发放 统筹各类研究生教育经费，继续完善与研究生培养制度改革相适应的奖助体系。完成 2019 年研究生奖助学金的评定和发放工作；组织开展"三助一辅"招聘、培训及考核工作。

5. 完成研究生就业工作 做好 2019 届毕业生就业工作，利用网站与微信公众号等渠道发布就业信息，开展针对性就业服务，继续保持就业率在 96％以上，完成 2019 届毕业生就业总结及表彰，启动 2020 届毕业生就业工作。

五、落实党风廉政与安全稳定

按照学校党委、纪委要求，落实责任人，将各项安全管理制度和防范措施落到实处。积极配合机关党委工作，加强学习党风廉政理论，继续改进工作作风，严格纪律要求，提高服务师生水平。

六、自身发展与建设

1. 进一步完善制度建设 做好 2019 年在职研究生手册、全日制研究生手册、处发文件汇编、大事记等的编印工作，强化学生管理。

2. 加强条件建设 完善研究生综合管理信息系统相关模块的调试和运行，实现对研究生培养各个环节的信息化管理。做好学位与研究生教育质量信息平台、专业学位教学案例中心案例库的维护工作，丰富微信公众号与网站内容，功能多样化。

3. 加强队伍建设　继续秉承"务实、高效、合作"的工作理念，严格管理要求，加强理论学习，牢记工作意识，改善工作方法，提高工作效率，加强沟通与合作，时刻谨记党风廉政责任与廉洁自律各项规定。

2018 年生物科学与工程学院研究生培养质量报告

北京农学院生物科学与工程学院

2018 年，生物科学与工程学院按照生物工程教育指导委员会的相关要求，结合自身实际，认真组织开展了研究生招生、培养和就业等工作，取得了一定成绩。现将具体工作总结如下：

一、研究生教育现状概述

1. 学院基本情况 生物科学与工程学院成立于 2002 年，肩负着用现代生物技术提升改造传统农科专业的使命，是集教学、科研、学生管理于一体的综合性学院。承担着全校植物类、动物类专业的专业基础课的教学、教材建设、课程建设等任务。设有生物技术、生物工程、应用化学 3 个本科专业。学院采用"厚基础、重技术、强实践"为指导思想的人才培养方案，努力培养具有创新精神和创业能力的应用型复合型人才。

学院设有 3 个教学系：生物技术、生物工程系和应用化学系，3 个教学科研实验基地：农业农村部华北都市农业重点实验室、生物化学实验教学中心、植物组织培养中心。现有教职工 52 人。

2. 导师情况概述 学院目前共有硕士生导师 27 人，其中教授 8 人，副教授 14 人，讲师 5 人。有北京市高层次人才、北京市优秀留学归国人才各 1 人，北京市长城学者 1 人，北京市科技新星 5 人，北京市中青年骨干教师 7 人，北京市青年拔尖人才 1 人。导师队伍中 96％以上具有博士学位，80％以上具有海外留学和工作经历。

3. 学科建设情况 2018 年 1 月，已顺利获批生物工程一级学科。生物工程一级学科设立了细胞培养与代谢工程、功能基因发掘与遗传改良工程、生物资源与环境工程 3 个二级学科方向，紧紧围绕北京"建设成为国际一流的和谐宜居之都"战略目标及其对农产品和生态环境安全需求，充分发挥生物科技在北京"科技创新中心"中的作用，利用化学和免疫学相结合途径，建立农药及化学污染物的快速检测技术，加强末端监控，为"舌尖上的安全"提供技术支撑；针对农药害虫特异性靶点，开发新型生物源农药，从源头抓起，降低环境风险；利用生物资源与化学螯合技术，开展农残、重金属等土壤污染的生态修复研究；通过功能基因发掘和代谢调控，定向合成新型生物源农药、高附加值天然香料、天然色素和新药等目标化合物。

4. 科研支撑情况 2018年，学院研究生导师主持承担了国家级和省部级科研项目23项。其中，国家自然科学基金项目2项，含面上项目1项、青年基金项目1项；北京市自然科学基金项目1项；北京市教委一般项目5项；入围2018年农业农村领域推荐储备课题营养健康关键技术研究及产业培育方向项目，横向项目6项。发表SCI研究论文7篇，累计影响19.152。其中，影响因子在3以上的论文4篇；授权国家发明专利13项，国际PCT专利授权2项（英国、澳大利亚）。推荐北京市科学技术奖候选项目1项（靳永胜，复合生物除臭技术研究与应用）。

5. 基地建设情况 学院注重校外实践基地建设，为学生提供更多的实践机会，增强学生的实践动手能力和社会竞争力。学科依托农业农村部华北农业重点实验室，拥有先进的大型仪器公共平台和齐全配套的学科方向研究平台。相继与大北农集团公司、首农集团所属北京华都诗华生物制品有限公司、先正达生物技术有限公司、中牧研究院等29家企业达成了共建实习实践基地的意向，2018年又与中关村生命科学园、北京格根生物科技有限公司签订了共建实习实践基地、协同培养人才的协议。

6. 研究生培养基本情况 2018年，学院招收全日制生物工程专业学位硕士研究生29人，非全日制生物工程专业学位硕士研究生1人。

2018年，学院2016级生物工程领域专业学位研究生毕业15人，毕业生就业率100%。

7. 培养目标定位 北京农学院在长期的办学实践中，针对北京都市型现代农业发展对不同层次人才的需求，制定了有别于中国农业大学、北京林业大学、北京农业职业学院的"具有创新精神和创业能力的应用型复合型人才"的培养目标，并围绕这一目标，在人才培养模式、方式和平台建设等方面进行了深入改革和创新。

按照"厚基础、重技术、强实践"的基本思路，学位授权点——生物科学与工程学院根据学校办学定位，结合学院办学实际，生物工程专业学位的培养目标是贯彻德、智、体、美、劳全面发展方针，着眼综合素质和应用能力，面向生物工程行业及相关工程部门，培养专业基础扎实、素质全面、工程实践能力强并具有一定创新能力的生物工程应用型、复合型高层次工程技术和工程管理人才。

8. 人才培养水平和特色

（1）符合都市型现代农业需求的办学定位。生物科学与工程学院紧紧抓住北京都市型现代农业发展不放松，重点突出人才培养的实践环节，为首都农业的现代化发展培养具有实践能力和产业适应能力的生物技术及生物工程应用型人才。

（2）契合产业需求的人才培养定位。在人才培养模式上，以专业能力培养为起点、以实践能力提高为重点，提高了人才培养的针对性和适应性。科技创新"以农为本"，与北京都市型现代农业发展的需求紧密结合，明确了涉农生物工程人才培养的定位。

（3）贴合专硕人才成才需求的实习实践模式。专业学位研究生教育主要培养社会特定职业的高层次技术与管理人才，在知识结构方面，以技术创新、开发研究为主。实践能力培养是生物工程领域硕士专业学位研究生培养的精髓和核心。2018 年，生物科学与工程学院已有 31 家校外实践基地，建立了长期稳定的校企合作关系。以双导师制构建"分散集中相结合"的实习实践模式。全日制研究生在学期间实习实践时间不少于 6 个月，非全日制研究生采取进校不离岗、不脱产的方式。

（4）满足培养任务需求的软硬件条件。生物科学与工程学院建有学术水平高、实践能力突出的学科带头人队伍、骨干教师队伍、实验实践教学队伍、企业合作教学团队和合作导师队伍，能够胜任教学科研工作需要。

二、生物工程专业硕士研究生培养情况

1. 招生工作

（1）开展形式多样的招生宣传工作。2018 年 7 月，联合学生处针对本学院大四学生召开了 2019 年研究生招生考试报名动员大会，详细解读研究生报名时间、报名注意事项以及学校的招生政策等。同时，还编制了《生物科学与工程学院研究生招生政策问答》，并通过学院主页、站内平台、微信公众号等媒介加强招生宣传力度，以便考生能够及时准确地了解招考信息，还设立了生物工程专业硕士研究生报名考试咨询办公室，全天候接待考生咨询，并有针对性地指导考生报名。

（2）认真做好研究生招生考试命题工作。按照研究生处 2019 年硕士生入学考试自命题工作要求，结合学院实际情况，成立了学院自命题工作小组和自

命题小组，布置自命题工作，特别强调了自命题工作的保密纪律，并逐人逐项签订了保密协议。自命题工作组负责督促命题教师严格按照规定的时间完成命题、审题，同时对试题进行严格的检查，协助研究生处招生科完成了试题的整编、印制、核查、封装等流程，确保了8门课程自命题工作的圆满完成。

（3）协助研究生处做好考试相关工作。按照研究生处的工作部署，学院积极协调，动员教师牺牲休息时间，全力投入到2019年全国硕士研究生招生考试的监考工作之中，有力保障了学校研究生招生考试工作的顺利进行。考试结束后，组织课程组的教师高质量地完成试卷评阅工作。

（4）高质量完成研究生复试录取工作。结合学院实际，制订了生物科学与工程学院2018年全日制研究生招生复试细则，成立了复试工作领导小组和复试工作组，复试工作组下设面试工作组、笔试工作组以及实验能力考核工作组3个工作小组，确保了研究生复试录取工作规范有序开展。在学院2018年研究生复试工作过程中，学院纪检委员全程参与，研究生秘书做好记录工作，并全程录像，确保复试工作有章可循、有据可查，从而真正做到复试录取全过程的公开公平公正。学院共录取生物工程硕士专业学位研究生30人。其中，29名为全日制生物工程专业学位硕士研究生，1名为非全日制生物工程专业学位硕士研究生。

2. 培养工作　学院秉持"厚基础，重实践"的办学原则，继续为植物科学技术学院、动物科学技术学院、食品科学与工程学院、园林学院等兄弟学院研究生开设生化大实验、分子生物学、分子生物学实验技术和高级植物生理生化4门生命科学基础理论课程。

学院认真组织开展了生物工程硕士研究生期中教学检查，通过召开导师工作会议、研究生座谈会和问卷调研等形式，积极听取来自一线师生的意见和建议，经过严格检查，学院开设的高级生物化学、生物分离工程、现代微生物研究技术、生物资源与环境工程、天然药物化学、生物反应工程与反应器、分子生物学、分子生物学实验技术、高级植物生理生化等14门课程教学秩序良好，没有随意调停课现象。并启动了教学大纲的修订工作。

2018年，通过制订论文评阅工作细则和建立评审专家库等措施顺利完成了2016级生物工程硕士研究生的论文评审工作，通过学生分组、专家组合（包括高校、科研院所和实践基地）出色地完成了毕业答辩工作，同时促进了学生的就业工作，还完成了生物工程一级学科硕士研究生培养方案的制订工作和教学大纲的修订工作。

3. 就业工作　2018年，第二届生物工程专业硕士生顺利就业，就业率为100%，签约率为93.33%。15名生物工程硕士研究生毕业生中，在京内就业人数为 12 人，占签约人数的 80％；从签约单位性质来看，涉农单位就业人数占总签约人数的 6.66％，重点单位就业人数占总签约人数的 26.67％，在专业对口单位签约人数占总签约人数的 66.67％。

三、生物工程专业硕士研究生培养特色

1. 招生工作　招生工作方面，成立了招生工作领导小组和招生工作小组，高度重视组织建设和制度建设，搭建了以学科平台为载体的研究生招生工作平台。通过严格严格选拔，并逐人逐项签订了保密协议，实现了命题工作零失误。

2. 课程设置　课程设置方面，变"学科式"课程设置为"模块式"，构建校企合作教学团队。生物工程领域工程硕士的课程体系由公共课、领域主干课和专业选修课 3 个模块组成。

3. 过程培养　2018 年，学院对研究生过程培养更加重视，加强了研究生的中期考核环节，通过分组答辩和专家讨论，严格把关研究生中期考核时毕业论文、课程等完成质量，一次性通过率控制在 80％，其余 20％的学生需要进一步修改和补充后再审核。

4. 实践能力培养　实践能力培养方面，专业学位研究生教育主要培养社会特定职业的高层次技术与管理人才，在知识结构方面，以技术创新、开发研究为主。鉴于此，学院建立了立足企业的双导师制，构建了"分散集中相结合"的"项目式"实习实践模式。已有 31 家校外实践基地，并聘请了校外导师 22 人。

5. 办学条件　办学条件方面，学院现设有生物技术系、生物工程系和应用化学系，1 个生物化学实验教学中心；1 个校级本科教学科研平台：植物组织培养中心；1 个省部级科研机构：农业农村部华北都市农业重点实验室。与国内同类院系相比，学院在综合硬件条件方面处于领先地位。

四、生物工程专业硕士研究生培养工作设想

1. 健全研究生培养环节　建立健全研究生培养环节定期、不定期检查制度，充分调动学生、导师以及研究生督导参与研究生教育教学的积极性，及时梳理总结研究生教育教学规律，进一步健全研究生培养环节。

2. 优化研究生课程体系　根据已有 3 届研究生课程教学反馈的情况，进一步优化课程体系；建立一支基础扎实、经验丰富的教学团队和评估团队，切

实保障各教学环节的顺利开展；广泛开展学术报告活动，拓展学生知识体系和理论水平，引导学生研究兴趣，强化学生学习收获。

3. 加强研究生教学平台建设 学院实验教学中心面积 500 平方米，每年承担全校 29 门课程、137 个自然班、2 396 学时的实验教学工作，常年处于超负荷运转状态，无法进一步承担学院研究生相关实验课程，亟须给予 2～3 间用于研究生课程实验的教学实验室。

4. 补充完善学位论文质量评价体系 针对学院两届研究生毕业论文的情况，调整学位论文质量评价体系，建立一套符合学院办学目标、旨在考核评价研究生综合素质的学位论文质量评价体系，确保学院研究生教育各环节的顺利完成。

5. 建立健全就业指导体系 针对学院两届研究生就业的情况，调整就业指导体系，建立一套符合本领域研究生就业的指导体系，确保研究生顺利就业和提高就业质量，进一步提高行业内就业率。

2018 年植物科学技术学院研究生培养质量报告

北京农学院植物科学技术学院

2018 年，在学校和学院各级领导的支持与指导下，在全院师生的支持和配合下，学院在研究生培养等方面较好地完成了工作任务，现总结如下：

一、研究生教育现状概述

学院现有农学系、园艺系、植物保护系、农业资源与环境系 4 个教学机构。作物学、园艺学、植物保护 3 个一级学科硕士学位授予点，覆盖了作物遗传育种学、果树学、蔬菜学 3 个二级学科，其中果树学科为北京市重点建设学科，作物遗传育种学科和蔬菜学科为北京农学院重点建设学科。还有农艺与种业、资源利用与植物保护 2 个领域的专业学位硕士授予点。

学院现有博士生导师（联合招生）7 人，硕士生导师 52 人；另有北京市农林科学院、中国农业科学院导师 23 人。校内导师队伍中 90％以上具有博士学位，70％以上具有海外留学和工作经历。学院一直以来高度重视导师队伍建设，积极探索新形势下研究生导师队伍建设的新模式、新方法，不断夯实组织建设，有效保障了学院研究生工作的顺利开展。

近 5 年，学院导师累计到账科技经费 14 922.23 万元，占学校到账科技经费的 36.92％。主持和参加国家重点研发计划、科技支撑计划项目和行业专项 13 项，主持国家自然科学基金和省部级项目 144 项。获得省部级科技成果奖 5 项；审定（鉴定）植物新品种 27 个，发明专利 34 项，实用新型专利 45 项；软件著作权 44 项；制定地方标准 7 项；三大检索系统收录论文 144 篇，出版专著 8 部。培养博士研究生与硕士研究生毕业生 500 余人。许多毕业生都辛勤工作在北京市城镇郊区的农业行业第一线，为首都农业发展和经济建设作出了积极的贡献。

二、在研究生招生、培养、学位授予、导师管理、条件平台、学术交流、就业发展、思想政治教育等方面开展的工作情况

1. 创新宣传形式，提高研究生生源质量

（1）成立招生工作小组。根据学校 2018 年硕士研究生招生方案的要求，学院组建了各学科、领域招生工作小组，通过多种途径、针对不同人员分层次进行宣传。加强对导师的培训，及时传达招生政策。创新招生宣传形式，发挥新媒体如微信、手机网站的作用，通过师生的微信朋友圈，让考生及时了解学校招生政策。

多次开展校内外招生宣讲活动。4 月 27 日，组织大三学生考研经验分享会，吴春霞老师介绍了学院近几年的招生情况，分析了当前的考研形势，同时邀请已被名校录取的学生分享升学经验。4～7 月，分别组织教师前往浙江大学、青岛农业大学、河南科技大学、河北科技师范学院（昌黎校区）开展招生宣讲活动。陈艳和韩莹琰老师分别获得 2018 年"研究生招生先进个人"和"研究生招生突出贡献导师"荣誉称号。

举办首届"园艺学科优秀大学生夏令营"，为广大学子提供了了解学校园艺学科的机会，共有来自全国多所院校的 9 名优秀大学生参加了夏令营活动。

（2）圆满完成初试、复试工作。成立了自命题工作小组，严格按照规定的时间完成命题、审题。承担 2018 年入学考试 10 门课程 20 份试卷的命题、审题及 500 多份试卷的印制封装和评卷工作。成立了复试录取工作小组，制订《复试录取细则》，审定复试命题、复试程序、复试方式等，确定复试名单，组织实施相关学科、专业复试工作，确定拟录取名单和拟录取意见。复试前召开招生工作会，严格审核导师招生资格。成立了招生复试小组，组织实施复试录取工作，进行各环节录像，纪检监察员全程监督，做好全程记录，确保复试工作有据可查。在综合面试前，组织考生心理测试，及时反馈测试结果，作为录取的重要参考指标。

（3）及时做好招生工作总结。2018 年学院共录取考生 128 人。其中，全日制研究生 112 人，在职专业学位研究生 16 人。考生来自全国 30 所高校，包括中国农业大学、西北农林科技大学等"985""211"院校，其他均为普通高校，其中山东 7 所院校，河北 5 所院校，山西 4 所院校，河南 4 所院校。考生来源院校与 2017 年相近，说明考生来源稳定。北京农学院本校毕业生录取 69 人，比 2016 年增加 13 人，本校毕业生报考意愿有提升，与学院专业教师、辅导员老师的积极宣传和动员密不可分。

2. 建立保障体系，提高研究生培养质量

（1）加强研究生管理队伍建设。重视研究生管理队伍建设，强化"系-学科（领域）-导师"的分级管理模式，系主任是各项工作的第一负责人，是学院学科建设和研究生教育工作的抓手。通过管理队伍的梳理，明确了任务分工，为学院研究生工作的顺利开展提供了保障。学院办公室建立了工作例会制度，加强教学管理与学生管理人员之间的沟通，经常交流工作体会和经验，力争为全院师生提供更高质量的服务。

（2）明确导师"立德树人"的工作职责。为贯彻落实教育部《关于全面落实研究生导师立德树人职责的意见》文件精神，明确导师在研究生培养中的职责，学院开展了"导师培训活动月"系列活动。7月组织了"导师在线考试"活动。利用网络技术，建立导师在线考试题库，让导师们了解学校导师管理和研究生管理相关文件及政策。同时，举行了2018年导师培训会。尚巧霞副院长为全体导师做培训，系统介绍了导师和研究生管理相关文件，介绍了教育部及学校导师管理相关制度，以研究生的学籍管理和培养管理为重点，介绍了学校研究生管理的过程和要求。为学院优秀导师颁发荣誉证书，邀请优秀导师代表介绍经验。通过"导师培训活动月"系列活动，提高了学院导师管理工作的规范性，对学院的研究生管理工作具有积极的推动作用。

学院成立了导师考核工作组，落实导师考核制度，从导师指导研究生基本情况、研究生学习情况、科研情况及就业情况、研究生课程教学情况及下一年度工作设想等方面进行全面考核，未参加考核或考核未通过的导师2019年将不能招生。

加强青年教师"立德树人"的意识，学院邀请中国科学院院士、中国农业大学教授吴常信作报告，学习先生"立德树人育英才"的心得，感受先生"老骥千里犹奋蹄"的激情。邀请美国加利福尼亚大学国际知名植物细胞生物学家、法国科学院院士William J. Lucas教授作了专题讲座，提高了师生对科研工作中学术道德问题的重视，为青年教师如何在科研上取得更大的成就以及成为"立德树人"的好教师提供了指引。

（3）邀请校外专家参与研究生课程讲授。本学年学院共开设研究生课程44门，按课程性质，学位专业课9门，学位领域主干课9门，选修课26门。任课教师51人，均为副高以上职称或具有博士学位。按照选课人数，共开课35门，9门课程因选课人数不足未开课，开课率为79.5%。

学院成立了教学工作检查领导小组和检查工作小组，对学院开设课程进行检查。经检查，任课教师准备充分，课堂内容丰富充实，课程教学运行情况良好，课堂氛围活跃，师生互动良好。

学院为 12 门课程提供经费资助，邀请来校讲课专家共计 21 人，分别来自中国农业科学院植物保护研究所和农业资源与农业区划研究所、国家环境分析测试中心、北京市植物保护站、北京师范大学和中国农业大学等单位。校外名师的到来丰富了课堂内容，拓展了学生的视野，提高了研究生课程质量。

（4）加强校外实践基地建设。学院组织对已有基地进行了年度考核，并组织了新一轮基地申报。依据实践基地绩效目标的完成情况进行评估，对存在质量问题的基地，督促进行整改。目前，学院共有校外实践基地 16 个。

（5）完成研究生培养工作各环节。学院成立了培养工作检查领导小组和检查工作小组，对全体在校生进行培养情况检查。检查内容主要包括培养计划及课程学习情况，参加实践、课题、发表论文情况，参加实验室培训情况，开题情况，学位论文进展情况。经检查，大部分研究生课程学习及学位论文进展正常，个别未通过检查的研究生需在导师指导下及时调整。

组织师生代表召开座谈会，围绕研究生日常管理、学习生活安排、校外实践活动的开展、学风建设等进行交流。通过座谈，及时向师生通报教学工作、研究生培养的进展情况，总结研究生管理中存在的不足，及时提出改进措施。

（6）申报学位与研究生教育改革与发展项目。学院共 21 人获得项目资助，其中 1 人获"学位授权点建设与人才培养模式创新"项目资助，2 人获"校外研究生联合培养实践基地建设"项目资助，2 人获"研究生教育管理研究"项目资助，2 人获"研究生党建"项目资助，7 人获"研究生科研创新"项目资助，1 人获"研究生社会实践"项目资助。申报 2019 年度项目 30 项，此项目的资助极大地推动了学院研究生教育教学改革和管理创新。

（7）完成学位授权点自评估。学院高度重视学位授权点自评估工作，以自评估工作为契机，推动学院研究生工作的建设和发展、改革与创新，制订学院学位授权点自评估工作方案，成立学院自评估工作领导小组和工作小组，完成作物学、园艺学、农业与种业领域、资源利用与植物保领域自评报告、支撑材料及基础信息数据表的填报。

三、本年度工作亮点

1. 新增植物保护一级学科的建设。

2. 园艺学一级学科获批"北京高校高精尖学科"。

3. 北京农学院成为新增博士学位建设单位，园艺学科为申报博士点的一级学科。

4. 完成学位授权点自评估工作。

5. 加强实践教学基地建设，规范管理，基地数量增加，狠抓基地质量建设，确保研究生实践教学落到实处。

6. 导师的培训与考核。

四、研究生教育的主要经验、存在的主要问题以及今后准备采取的改进措施

1. 加强学科建设　支持学院优势学科快速发展，积极做好园艺学一级学科博士学位点的申报准备工作，努力提升学院人才培养层次。

2. 实施质量提升工程，重视研究生培养　继续完善研究生教育质量保障体系，深入推进研究生分类培养模式改革，提高研究生的创新能力和实践能力，凝练研究生教育教学成果，营造体现学院发展定位、学术传统与特色的研究生教育质量文化。优化研究生课程体系，建设研究生案例课程库。增加校外实践基地，实现实践基地建设常态化，每年对实践基地进行考核。

3. 规范研究生工作管理，加强质量监督　通过"学院-系-学科（领域）-导师"的分级管理模式，加强研究生培养环节，确保培养质量。鼓励在校研究生积极发表科研论文。鼓励研究生继续深造，要求导师随时注意研究生的动态，给有考博意向的研究生创造条件，鼓励研究生到相关科研院所开展研究，为深造奠定基础。加强对导师的管理，对导师进行综合评价，让导师不断提高指导能力。学院办公室人员进一步提高为师生服务的热情，加强责任意识。积极参加工作培训，不断提高业务能力，力争做一名优秀的"服务员、业务员"。

4. 制订招生宣传计划，加强推免生的选拔　总结 2018 年招生工作中的不足，尽早制订 2019 年招生宣传计划，计划 2019 年 3 月份起有目的地开展京外院校的研招宣传活动，特别是加强推免生的选拔，改善生源质量，增加一志愿报考考生数量。

2018 年动物科学技术学院研究生培养质量报告

北京农学院动物科学技术学院

一、研究生教育现状概述

北京农学院动物科学技术学院现有兽医学一级学科授权点 2 个。其中，兽医方向下设 2 个二级学科硕士点（临床兽医学和基础兽医学），2 个专业学位硕士点（养殖领域和兽医硕士）。研究生导师校内 36 人，校外 12 人，其中海外 2 人。另聘请有校外第二合作导师 25 人。现有相关领域的专任教授 13 人，副教授及相当专业技术职务 18 人，讲师及相当专业技术职务 10 人，其中拥有博士学位 18 人，骨干队伍全员具有硕士以上学历/学位，8 位教师具有海外留学经历，学科队伍结构和学缘关系合理，具有较高的教学和科研水平，在中兽医药、宠物医疗、药理毒理和公共卫生等领域的教学科研及服务社会工作成绩突出，受到国内外同行的好评，提高了本校兽医学科的学术地位和影响力。

目前，学校为亚洲中兽医学会常驻办事处和秘书长单位，北京畜牧兽医学副理事长单位，北京宠物诊疗行业协会副理事长单位。现有 3 名教授担任国家兽药审评委员会专家，2 名教授担任国家兽医药典委员会委员，1 人担任国际中兽医协会常务理事，1 人担任中国畜牧兽医学会常务理事，在中国畜牧兽医学会分会中 2 人任副理事长，多人任常务理事及理事，2 人担任北京市畜牧兽医学会副理事长，1 人任北京宠物诊疗行业协会副理事长，兼职博士生导师有 2 人。

二、在研究生培养、学位授予、导师管理、学术交流、招生、就业发展、思想政治教育等方面全面开展工作情况

1. 提升研究生培养质量 2018 年，畜牧方向获批学术型硕士点。从 2019 年开始，学院开始招收兽医和畜牧两个方向学术型与专业型研究生。努力创新研究生分类培养模式，将学术型研究生和专业学位研究生培养模式进一步区

分，努力提升学术型研究生的创新能力，提高论文学术水平。从 2018 年新生开始，要求学术型研究生必须在校期间至少投 1 篇 SCI 文章、核心期刊文章。同时按照学校的要求，至少发表 1 篇与本人学位论文相关内容的学术论文，在规定时间内不能见刊将不予安排论文答辩。

2. 加强招生宣传工作　依据学院制订的 2018 年招生工作计划进行研究生招生宣传工作，2018 年报考学院研究生再上新台阶，位居学校首位。力争把研究生招生工作作为常态化管理，主要进行了以下工作：

积极动员本校本科生生源，对本校学生召开考研动员会，主要针对大三的学生举办多场考研讲座。从班主任老师开始，给学生提供考研咨询、就业分析、每年考研的相关内容讲解等相关服务。等到后期快要填报学校志愿的时候，以学院的名义组织召开动员大会，主要由经验丰富的学科带头人、系主任、教授等教师组成给学生们提供讲座、咨询等服务。

动员全体导师参与研究生招生宣传工作，导师到各大高校进行学术交流等活动，都会为学院招生工作进行义务宣讲，并且发放当年的招生手册。这样比较有针对性地进行了宣传工作。

积极发挥以生招生的优势，利用微信平台的一些功能、一些软件，让已被录取的研究生去推荐之前的师弟师妹报考学院，同时在学校微信平台发布学院招生信息，展示学院风采，吸引更多的校外学生报考学校。

配合学校制定下一年的招生简章，组织对各学科简介、导师个人信息等信息及时上传网站，完成学校组织的招生宣传工作。

3. 加强学术交流、提升教学科研能力　为进一步提高研究生培养质量，让学生开阔视野，学院非常重视举行学术讲座，2018 年邀请国内外专家多次对研究生进行讲座和技术交流。部分导师外出参加学术交流会，也会带领一部分研究生前去学习交流。由学院院长郭勇教授和系主任郭凯军教授负责的意大利都灵大学的研究生交流工作，不仅有学术研讨，而且还有友谊比赛，深化了北京农学院和意大利都灵大学研究生的交流与友谊。由学院陈武教授组织的，每年都会选择 4～8 名中兽医方向的研究生前往日本麻布大学进行为期一个月的学术交流活动，不仅拓宽了学生的视眼，而且可以让国外更多的兽医界了解中兽医的发展和前景。

4. 完成了学院学位授权点自评估工作　自评估工作主要包括自评估总结报告、自评估基本信息表，以及信息表的具体目录与附件。此次自评估是对学院硕士学位授权点水平和人才培养质量的全面检查。在校领导以及职能处的大力支持下，以及学院各位教师努力下，以评促建，以评促改，综合评估专家意见，制定了持续改进意见，进一步提升了学院学科总体水平和研究生教育质量。

5. 重新修订了研究生培养方案 2018 年，在学院各位教师的共同努力下，重新修订了新的研究生培养方案，广泛征求教师和学生意见，在原有的培养方案基础上进行修改，不断完善。主要是在职研究生和专硕采用同样的培养方案，介于在职研究生数量较少，不适合全部课程都开放，经学术委员会的同意，选择了各个方向有代表性的课程，为了方便学生，仍然安排在周末上课。新的培养方案又增加了一部分课程，鼓励年轻的新教师都参与到研究生的培养工作中来，无论从研究生课程安排，还是研究生的科研实训以及实验室管理，新一代的年轻教师都在积极努力地耕耘着。

6. 本年度研究生工作亮点以及标志性成果

（1）学院兽医专业获批博士学位授权点建设资格，建设期 5 年。一定要提升兽医学学科的整体水平和学术竞争力，继续培育强化优势特色学科方向的研究特色，以解决中兽医基础理论和中西医结合防治动物疾病的关键技术难题为目标，培养兽医学科健康发展所需要的创新人才，使本学科成为北京市乃至国内中西医结合的兽医学领域高层次人才培养基地，获得博士学位授权点。

（2）在全体教师的共同努力下，圆满完成了 2018 年的招生工作，并且 2019 年报考学院研究生人数在北京农学院首屈一指。我们将继续努力，扩大校外宣传，争取在招生质量方面提高一大步。

三、研究生工作存在的主要问题以及今后准备采取的改进措施

1. 完善学院二级管理的制度建设，提高工作规范性 与学院各部门通力合作，加强对研究生培养的各个环节的管理工作，特别是研究生论文进度和完成情况，做好一年两次的期中考核工作。

2. 加强研究生导师队伍建设 以优势学科建设为基础，凝练学科方向，确定主攻目标，打造相对稳定的学术队伍，并形成以中青年学术带头人和青年骨干教师为中间力量的学术团队。每年引进和培养有学术影响力的学术带头人 3～5 人，积聚研究生导师队伍的后备力量，以中青年导师培养为重点，通过各种渠道把他们推向国际、国内学术舞台。通过提升研究生导师队伍的建设，来提高研究生培养工作。

3. 继续制订好研究生招生宣传工作计划，加强免推生的选拔。

4. 提升兽医学学科的整体水平和学术竞争力，继续培育强化优势特色学科方向的研究特色，以解决中兽医基础理论和中西医结合防治动物疾病的关键技术难题为目标，培养兽医学科健康发展所需要的创新人才，使本学科成为北京市乃至国内中西医结合的兽医学领域高层次人才培养基地，获得博士学位授权点。

2018 年经济管理学院研究生培养质量报告

北京农学院经济管理学院

一、研究生教育现状概述

学院现有农林经济管理、工商管理 2 个一级学科硕士学位授予点，农业硕士（农业管理领域）、国际商务硕士 2 个专业学位授权点，农业经济管理为北京市重点建设学科和北京农学院重点建设学科。工商管理和国际商务硕士为新增硕士点，2019 年开始招生，目前报名和初试已经结束。

目前在校研究生规模达到 216 人。其中，全日制农林经济管理研究生 26 人，农业硕士（农业管理领域）全日制研究生 87 人，非全日制研究生 103 人。

经过多年发展，导师队伍不断发展壮大。2018 年，新增硕士生导师 1 人。目前学院硕士生导师 38 人，其中教授 15 人，副教授 23 人。高级职称人数占全体导师的 100％。具有博士学位的导师 31 人，占全体导师的 81.6％。

二、研究生招生、培养、学位授予、就业、科研工作概况

1. 研究生招生情况 2018 年，学院共招收研究生 71 人。其中，农林经济管理研究生 9 人，农业管理全日制研究生 49 人，非全日制研究生 13 人。近 2 年非全日制研究生数量呈下降趋势，专硕人数有较大增长（表 1）。新生报到率 100％。被学校评为 2018 年度研究生招生先进集体。

完成了 2019 年研究生的招生宣传工作。针对本院本科毕业生及部分专业的低年级学生召开 2 场研究生招生宣传动员会，并派教师积极到京外高校进行宣传。2019 年报名人数较 2018 年略有增长，总人数达到 119 人，其中学术 10 人，专硕 109 人。但是，初试考数学的 3 个专业报名人数偏低。

表1 学院近6年研究生招生情况

单位：人

年份	2013年	2014年	2015年	2016年	2017年	2018年
学硕	7	5	5	9	8	9
专硕	26	29	32	32	38	49
在职	26	71	30	34	21	13
合计	59	105	67	75	67	71

2. 研究生培养情况

（1）开课情况及期中教学检查。2018年，学院共开设专业课和公共课33门。其中，全日制课程22门，课程总学时797.8；非全日制课程11门，课程总学时432。并组织2期研究生期中教学检查、座谈会及论文进展情况调查，督促研究生按时完成各阶段的任务。

（2）培养计划的制订。2018级农林经济管理、农业管理（全日制）、农业管理（非全日制）研究生71人，完成了培养计划的制订。

（3）论文开题。7月和10月，学院分别组织了2次开题答辩，聘请校外专家，加强研究生论文的开题答辩环节的把关，较好地提高了论文的开题质量和论文的撰写水平，67名研究生完成了开题。全日制研究生全部按期完成了开题，非全日制研究生中有3人未按时开题。

3. 研究生学位授予情况及优秀毕业论文 组织完成2018届夏季和冬季研究生论文中期检查、论文的校内查重、校外专家双盲送审、论文答辩工作，覆盖35名校外专家，71名研究生答辩通过获得了硕士学位（表2）。其中，参加夏季学位申请的研究生有69人，资格审核3人不通过，论文检测3人不通过。63名研究生参加了学位论文答辩，1人不通过。参加冬季学位申请的研究生有11人，资格审核都通过，但论文检测2人不通过。9名研究生参加了学位论文答辩并顺利通过答辩，获得了硕士学位。

表2 学院近6年研究生学位授予情况

单位：人

年份	2013年	2014年	2015年	2016年	2017年	2018年
学硕	11	6	9	7	4	6
专硕	39	30	26	29	31	31
在职	0	18	20	15	49	34
合计	50	54	55	51	84	71

2018年，有4名硕士毕业生的学位论文被评为"校级研究生优秀学位论文"（表3）。

表3　2018年学院研究生优秀学位论文统计表

序号	研究生	导　师	论文题目
1	何向育	刘　芳	中新中澳自贸区对中国奶业损害预警研究
2	黄撷羽	何忠伟	北京山区生态环境保护政策研究
3	郭　蓓	华玉武	门头沟区农业生态环境评价研究
4	裴丽荣	黄映晖	北京市休闲林业消费者满意度研究

4. 研究生就业情况　2018年，学院全日制研究生毕业生共有36人，包括农林经济管理专业5人、农村与区域发展专业31人。研究生毕业签约率为77.78%，就业率达到88.89%（表4）。其中，学术型研究生签约率100%，就业率100%；专业型研究生签约率74.19%，就业率87.10%。2018年，学院研究生考取博士研究生1人，大学生"村官"4人，事业单位14人（表5）。

表4　学院近2年研究生就业率及签约率

单位:%

项　　目	2017届签约率	2017届就业率	2018届签约率	2018届就业率
农林经济管理	80	100	100	100
农业管理	87	100	74.19	87.1
总体	86.1	100	77.78	88.89

表5　学院近2年研究生毕业就业去向分布

就业去向	大学生"村官"	事业单位	公司企业	公务员	考博	出国
2017年人数（人）	4	13	17	0	2	0
比重（%）	11.11	36.11	47.22	0	5.60	0
2018年人数（人）	4	14	12	1	1	0
比重（%）	11.11	38.89	33.33	2.78	2.78	0

5. 研究生社会实践及科研情况

（1）现代服务业综合实训。在完善课程教学平台的同时，继续加强实践和调研能力培养，进一步完善科研实训平台。强化校内助教实习平台，2017级46名学生以助教方式在本科生"现代服务业综合实训"课程中顶岗实习。

（2）创新农经行动计划。组建了研究生"创新农经行动计划"调研团队。

2016 级、2017 级的 46 名学生参加了"创新农经行动计划"，成立了 7 个创新农经行动小组，分赴京郊乡镇进行调研，完成调研报告 7 篇。实践活动不仅培养了研究生思想觉悟，增强了服务社会的意识，而且有助于提高研究生的组织协调能力和创新意识。

（3）举办学术论坛，提升研究生追踪学术前沿的能力。2018 年，举办经管论坛 8 期，举办新农村基地学术论坛 1 次，通过农经领域学术前沿专题的报告，较好地开拓了学院师生的学术视野。

（4）申报科研项目，强化了研究生自主科研能力。组织 2018 级农林经济管理研究生申报院级科研立项 9 项，每项 1 万元；组织研究生申报校级研究生项目 22 项，获批 14 项，共获得 7 万元资助。

（5）2018 年学院全日制在校生以第一作者发表学术论文 77 篇，参与各级各类科研项目 112 人次，参加各类学术活动 400 多人次。

三、本年度工作亮点

1. 完成农林经济管理和农业管理培养方案及教学大纲的修订，以及工商管理一级学科硕士点和国际商务硕士点培养方案和教学大纲的制订　组织做好现有硕士点培养方案修订工作。与农业硕士领域调整相适应，按照新的领域设置修订了农业管理领域研究生培养方案修订。与国家研究生教育政策相配套，推进农林经济管理专业研究生培养方案修订与论证工作。进一步明确培养的目标、方向和要求，为下一步申报农林经济管理博士学位授权点打下基础。同时，推进新获批的工商管理一级学科硕士点和国际商务硕士点的培养方案修订和论证工作。

2. 完成了自评估工作　在学校的统一安排下，成立学院评估工作领导小组和报告起草小组，按照时间节点要求有序开展自评估工作。赴华中农业大学经济管理学院、华南农业大学等开展评估工作交流学习，聘请 13 名校外知名专家（7 人为国务院学位委员会农林经济管理学科评议组成员），组织多轮专家咨询和评审会，顺利通过了农林经济管理和农村与区域发展两个学位点的评估。

四、不足之处及下一步工作计划

1. 不足之处　研究生教育方面，研究生规模虽持续增长，但培养质量有待于进一步提高，学生以第一作者发表的高层次论文不足。

学科建设方面，博士点、硕士点和农村与区域发展学位点审核评估标准提高，后期建设难度增大。

2. 下一步的工作计划

（1）以新增工商管理一级硕士点和国际商务专业硕士点为契机，做好培养方案的制订工作，全面提升学院"一主两翼"的学科建设水平。

（2）做好农林经济管理博士点申报筹备工作。

（3）进一步发挥导师在研究生招生中的作用，扩大生源数量，提高生源质量；同时，加强研究生过程培养监控，全面推进研究生培养质量工程建设。

（4）以新农村研究基地为平台，依托学院8个基础科研团队、5个北京市产业经济岗位专家平台、3个研究生工作站和6个校外实习基地，带动学院师生提高与基层的对接能力，提升社会服务水平。

2018 年园林学院研究生培养质量报告

北京农学院园林学院

一、园林学院硕士点依托学科概况

学院现有 2 个一级学科硕士学位授予点：林学、风景园林学。2 个专业学位硕士授权点：林业、风景园林。2 个省部级科研机构：北京市乡村景观规划设计工程技术研究中心、城乡生态环境北京实验室。

基地设施和仪器设备、实践基地有：万亩林场 1 个，9 000 平方米园林楼 1 个，校内 20 亩现代化设施花卉实践基地 1 个，校内 20 亩园林苗圃基地 1 个，校内 20 亩林业苗圃基地 1 个，学院科研仪器设备总价值 3 000 万元。校外实践基地若干个，包括北京景观园林设计有限公司、北京市植物园、北京百花山森林公园、北京市园林科学研究院、北京市园林绿化局大东流苗圃、北京世纪立成园林绿化工程有限公司等大型企事业单位。

1. 风景园林学 经过长期建设，已经形成了 4 个特色鲜明的研究方向：

（1）风景园林规划设计。进行小、中、大尺度的室外空间环境的应用性研究，主要领域包括各种类型的园林绿地、城市公共空间，以及区域景观规划、污染土地生态修复、旅游区规划、绿色基础设施规划、城镇绿地系统规划等方面。

（2）乡村景观与游憩。以国内外风景园林理论及都市型现代农林业理论为基础，重点研究乡村景观、传统乡村风貌保护、乡村休闲游憩、都市型现代农业景观等方面的理论和方法，尤其是围绕北京地区城乡一体化过程中出现的人居环境建设问题进行针对性研究。

（3）风景园林历史、理论与应用。研究风景园林起源、演进、发展变迁及其成因，以及研究风景园林基本内涵、价值体系、理论及其应用。风景园林历史研究领域包括：中国古典园林史、外国古典园林史、中国近现代风景园林史、西方近现代风景园林史等。风景园林理论与应用研究领域包括：风景园林理论、风景园林美学、风景园林批评、风景园林使用后评价、风景园林自然系统理论、风景园林社会系统理论、风景园林政策法规与管理理论及应用等。其中，重点研究北京地区（京津冀地区）风景园林历史、理论及应用。

（4）园林植物应用。通过北京市域（京津冀地区）乡土植物资源调查、分析和评价，研究乡土植物的引种、驯化和推广，研究利用本土植物资源优势的种植设计方法，强化植物景观的多样性和本土化。研究园林植物在各种类型风景园林规划设计中的应用、园林植物保护与生态效益评价等理论与技术。

风景园林一级学科共有专任教师 30 人，其中教授 6 人，副教授 17 人，分别占总数的 20% 和 56.67%。具有博士学位 10 人，博士学位比例占 33.33%；硕士学位 18 人，硕士及以上学历占 93.33%。专任教师中 45 岁以下年轻教师 12 人，占专任教师人数的 40%。担任核心课程的教师具有较丰富的实际工作经验，不但具有丰富的教学经验，而且具有较丰富的项目实践经验。拥有硕士生导师共 25 人，其中校内导师 21 人，校外导师 4 人。导师队伍中高级职称占 100%，其中教授以及教授级高级工程师 6 人。硕士生导师主要以风景园林专业为主，其他专业背景为植物、旅游管理、人文地理、美术等相关专业，师资队伍学缘结构、学历结构、职称结构合理。

风景园林一级学科设有风景园林景观设计室、计算机辅助设计实验室、园林制图实验室、景观模型实验室、陶艺及丝网印刷实验室、园林景观虚拟实验室、园林植物生态实验室、园林植物栽培生理实验室等研究室及本科教学实验室。实验室总面积达到 4 000 平方米，仪器设备值合计 3 300 万元。同时，建有校内外实践教学基地多处，为教学和科研提供了有力支撑。

风景园林学科充分利用风景园林、环境设计、生态、旅游、园林植物等方面的学科与专业优势，多年来立足北京、面向全国，在城乡风景园林景观规划设计方面具备了一定的科研基础。并紧密结合城乡建设发展的实际需要，在各种尺度的城乡景观规划设计、乡村游憩规划设计以及园林植物应用等方面，为北京城乡环境建设和美丽乡村建设提供理论、方法、技术与实践推广及示范。2018 年继续积极组织教师申报科研项目，并采取经费鼓励等多种激励机制，激发教师科研的积极性。2018 年承担学科获首都科技平台创新券项目 3 项，科研项目 15 项，项目总经费 198.852 万元。发表相关研究论文 23 篇，获得专利授权 20 项。学院获得的北京创新券项目数量居全校前列。包括组织学术论坛活动、推选优秀科研工作者。与北京世界园艺博览会延庆管理局联系，进行室内场馆建设及室外科技生产园建设。

风景园林学科依托"北京市乡村景观规划设计工程技术研究中心"平台，将学科研发的理论和技术转化为规划设计项目或景观工程。进行了大量乡村景观理论与方法研究，2018 年承担了"基于空间信息技术的北京西山古村落空间格局与文脉研究"等市级研究项目，出版了《乡村景观规划设计》等有关乡村景观设计和旅游发展的著作，发表论文 20 余篇。在新农村景观规划、乡村旅游规划、乡村产业发展规划、农业观光园规划、沟域经济规划、风景区规划等方面承担项目 16 项，具有较高的影响力。北京市乡村景观规划设计工程研究技术中心坐落在园林楼，为风景园林专业学位研究生培养提供了重要支撑。

学科与北京景观园林设计有限公司、中城国合（北京）规划设计研究院、北京世纪立成园林绿化工程有限公司、北京麦田国际景观规划设计事务所、宝佳丰（北京）国际建筑景观规划设计有限公司等单位建立了研究生联合培养基地，为专业学位研究生提供了良好的校外专业实训场所。

2. 林学 根据国家及区域经济社会发生的新变化，从 2018 年起，林学一级学科的培养方向进行了调整，按一级学科招生。具体培养方向及内涵调整如下：

（1）林木遗传育种。收集、保存、评价温带地区林木资源，采用分子标记辅助育种技术结合常规育种技术培育新品种；利用分子生物学手段研究其发育、性状与品质形成机制。

（2）园林植物与观赏园艺。进行具有观赏价值的植物资源收集、评价、分析与育种研究，开展种苗产业化繁殖理论与技术、标准化优质高效栽培技术、花期调控技术等方面的研究。

（3）森林培育与管理。进行林木种苗培育、森林营造、植被生态修复与重建、森林质量精确提升等方面研究。

（4）城市林业。开展人居环境中城市森林植被建设与森林多样性保护研究，开展城市森林生态系统服务功能形成机制与调控技术、城市森林与人类福祉间的关系等研究。

林学一级学科硕士点共有专任教师 21 人，其中教授 6 人，副教授 9 人，中级 6 人。教授和副教授分别占总数的 28.6% 和 42.9%。具有博士学位 14 人，硕士学位 7 人，博士学位比例占总数的 66.7%。专任教师中 45 岁以下年轻教师 10 人，占专任教师人数的 47.6%。担任核心课程教师具有较丰富的实际工作经验，不但具有丰富的教学经验，而且具有较丰富的项目实践经验。拥有硕士生导师共 22 人，其中校内导师 19 人，校外导师 3 人。导师队伍中高级职称占 85.7%，其中教授以及教授级高级工程师 9 人。

林学一级学科硕士点现有园林植物种苗繁育实验室、园林植物栽培实验室、园林植物细胞生物学实验室、园林植物生理生化实验室、园林植物分子生物实验室、森林生态实验室等科学研究实验室；同时，还有植物学实验室、树木花卉实验室、林学种苗实验室、园林植物遗传育种实验室、组织培养实验室等本科实验室。实验室总面积达到 3 000 平方米，仪器设备值合计 2 820 万元。校内建有现代设施花卉实践基地 20 亩（其中含温室 6 000 平方米）、园林苗圃实践基地 20 亩、林业种苗实践基地 20 亩；校外建有万亩实习林场。这些为研究生的科学研究及专业实践技能训练提供了良好场所。同时，还与北京市黄垡苗圃、北京市大东流苗圃、北京市花木公司、北京市花乡花木集团顺义基地、北京市植物园等 20 余家企事业单位签订有校外实践基地或校外联合培养基地。上述基地将为本方向专业学位研究生提供良好的专业实训场所。

林学一级学科研究涉及的林木花卉有彩叶树种、观赏海棠、丁香、花楸、金露梅、百合、报春花、朱顶红、火鹤、菊花、景天、宿根花卉、芳香植物等。近 5 年来，承担国家自然科学基金项目、北京市自然科学基金项目、北京市教委项目、北京市科委项目、北京市农委项目、北京市园林绿化局项目及其他横向项目 40 余项，年均获纵向及横向科研经费 600 万元。

二、研究生日常工作情况概述

1. 在研究生招生方面的工作情况

（1）报名情况。学院严格执行教育部《2017 年全国硕士研究生招生工作管理规定》和北京农学院研究生招生录取工作会议精神，制订了招生录取工作方案，坚持"择优录取、宁缺毋滥"的原则，进一步加强复试考核，规范招录程序，深化信息公开，确保研究生招生录取工作科学规范、公平公正。

为了正确指导考研学生的志愿选择，学院在 2017 年 10 月初召开了考研学生考前冲刺动员会。会议由学院领导主持，参加会议的有学院的 70 多名考研学生。会上，首先由 2017 级研究生新生向大家分享了考研冲刺阶段的备考经验。然后，学院领导从志愿选择、备考技巧、备考心理、考试心理等方面作了详细的指导。动员会后，大家纷纷表示愿意继续在母校完成研究生的学业。

2017 年 10 月底报名结束后，第一志愿报考学院的考生有 82 人，其中风景园林学报名人数 12 人，林学报名人数 14 人，风景园林（规划设计）和风景园林（园林植物）专硕报名人数 56 人。风景园林（规划设计）方向非全日制报名人数 16 人。第一志愿报考学院的 82 人中，北京农学院的应届考生为 37 人，占 45.12％。

（2）复试情况。2018 年 3 月，研究生招生的国家统一录取分数线下来后，学院召开了招生工作会议，制订了招生录取工作方案，分配了导师指标，学院的风景园林学和风景园林、园林植物与观赏园艺专业的复试名额几乎全部招满，都是第一志愿考生，申请调剂的考生也非常多。从 2018 年 3 月 29 日第一批复试开始，到 4 月 19 日最后一次复试结束，总计安排了 9 场复试。参加复试人数 80 人，录取全日制研究生 48 人、在职研究生 13 人。

学院领导实时根据网上生源的动态变化，随时掌握调剂报名情况，争取从调剂网上把优秀生源调剂过来，在复试时再与导师进行筛选。加强名校复试淘汰后生源的储备，积极与周边省市的各大高校加强联系，将它们的优秀生源调剂到园林学院。

2. 研究生培养方面工作情况

（1）加强入学教育。在新生入学当天，学院研究生管理部门召开导师和研究生的见面会，让新生了解论文工作模式，将论文工作模式的 PPT 发给新生，强调了论文工作的重要性。导师与研究生一起，学习培养工作的各个环节，对评奖学金条件、毕业及获得学位的条件加以强调。

（2）重视课程建设。鼓励积极申请经费，进行研究生课程建设。2018 年，学院有 2 位研究生导师获得了研究生课程建设项目。

（3）重视论文开题。从 2016 级起，专业学位研究生开题时间提前到第二学期期初，学术型研究生提前到第二学期期末。并严格开题过程，注重开题质量。对于论文选题及其他方面存在问题的论文，需要再次开题。

（4）重视论文评阅。从 2016 年起，学院硕士论文全部送校外专家进行盲审，学位论文答辩前的专家评审全部采取双盲外审制度，即全部送校外 3 名专家进行双盲评审，有 2 名专家评审不合格即不能参加论文答辩。2018 年校外盲审，有 1 名未通过。上述措施有效地督促了导师及研究生注重论文工作的质量。

（5）学术交流。为培养学生的科技创新精神，提高学生的创新能力，学院坚持每年举办 8～10 次科技发展专题活动或举行学术讲座，邀请国内外知名专家和学者、高层次专业技术人员到学院内进行学术讲座。学科点鼓励研究生参加学术交流活动，参加国内重要学术会议。

为了加强研究生过程管理，进一步提高研究生的整体素质和科研能力，学院继续执行 Seminar 培养环节，要求各导师（组）每月举办一次，并制订出各学期详细的研究生学术专题研讨计划。专题研讨计划包括专题报告会主持人、报告人、主题、时间和地点，并上交学院。学术性研究生要求在学期间参加 15 次 Seminar，专业硕士研究生参加 12 次。

（6）注重研究生综合素质提高。持续开展"月读一本好书"活动，提高学生综合素质及适应社会的能力。读书种类丰富多样，涉及心灵提升、潜能开发、经营、管理、理财分析、心理学、人际关系处理、语言口才能力提升等多个方面。此活动从 2010 年春开始，已持续开展 28 期。

3. 研究生条件平台工作情况

（1）林学一级学科设立的研究生科研实验员为研究生科学实验提供了保证。研究生科研实验员掌握日常仪器的使用与维护，负责指导研究生使用日常仪器设备，负责从公司或其他学校聘请精通某仪器设备使用或某实验平台开发的人员给研究生进行培训。大大提升了研究生的科学研究水平及科研基本素质。

（2）注重校外实践基地的建设及参与科研项目。为了加强研究生实践教学，注重校外实践基地的建设，与北京景观园林设计有限公司、北京花乡花木集团有限公司共 2 家企业签订风景园林研究生校外实践基地合作协议，并完成基地挂牌。同时，也鼓励研究生积极参与科研项目，有 9 名研究生获批了2018 年的研究生教育改革与发展项目。

4. 研究生就业方面工作情况 学院对研究生就业工作高度重视，广泛拓宽就业信息传达渠道，学院领导及时掌握学生就业动态、加强思想引导，平常开展的读书活动提升了学生适应社会的能力。

2018 年学院共毕业 41 人，毕业研究生签约率达到 100%，就业率达到100%，就业单位质量较高。

5. 研究生培养存在问题和改进措施

（1）校外实践基地还需要进一步拓展。目前签订了 9 家校外企事业单位作为联合培养实践基地，随着每年风景园林专业硕士研究生数量的持续增加，还需要进一步拓展与校外实践基地的联系及合作，增强研究生的实践能力。

（2）国际交流少。目前，学科没有与国外高校建立长效的合作，今后将通过各种渠道加强这方面的交流与合作。

（3）新引进人才不足，还需要进一步加强师资队伍建设。风景园林学科从2013 年开始，仅引进 2 名博士研究生。这对于以后风景园林学科的可持续发展存在较大的发展隐患。今后，将重点加强这方面的师资建设。

（4）学科承担的重大项目少。风景园林学科目前申报纵向项目难，横向项目中的重大项目、有影响力的项目或者课题少，将来在这方面还需要进一步努力，从而加强科研对硕士授权点的带动作用。

2018 年食品科学与工程学院研究生培养质量报告

北京农学院食品科学与工程学院

　　2018 年，学院在学校的正确领导、职能部门的大力支持配合和全学院教职工的共同努力下，认真学习研读学校"十三五"发展规划和学校折子工程、内涵发展相关文件精神，按照学校的总体部署和工作要求，以京津冀协同发展为契机，学院齐心协力、抢抓机遇、不断开拓进取，确保研究生各项工作任务得到顺利完成。现总结如下：

一、研究生教学培养工作

　　1. 完成学位点培养方案、教学大纲修订的后续工作　进一步明确学院学科发展服务首都发展的主攻方向，完成学硕、专硕研究生培养方案以及教学大纲的修订，本年度新旧培养方案过渡，2018 级新生使用修订后的培养方案和教学大纲。本年度全日制研究生共开设 17 门专业课、非全日制研究生开设 7 门专业课。

　　2. 完成 2017 级全日制学硕、专硕及非全日制研究生的开题答辩工作2017 级共有 43 名研究生，以学院研究生导师为开题答辩评委，分为 5 组进行，所有研究生顺利通过开题答辩。

　　3. 进一步加强研究生校外联合培养实践基地建设　2018 年新增 2 个研究生校外实践基地：北京于府农业科技有限公司（校内导师：李德美）和北京朔方科技发展股份有限公司（校内导师：马挺军）。

　　4. 讨论、修订研究生社会实践记录本和考核表，学院成立研究生社会实践考核工作小组。

　　5. 完成 2018 年研究生培养档案归档工作，收集整理各项档案，按照研究生处工作安排，上交 2017 届毕业生培养档案。

二、研究生招生与授予学位工作

1. 2018 年研究生招生考试、研究生调剂、复试及录取工作　学院共招生 61 人。其中，食品科学与工程专业学硕 18 人，食品加工与安全领域专业全日制硕士研究生 33 人，食品加工与安全领域专业非全日制硕士研究生 10 人。第一志愿上线情况：学术型研究生 3 人，全日制专业硕士 33 人，非全日制专业硕士 7 人。学院成立复试小组，同时学院成立研究生复试巡视督查组，并根据学校工作要点制订学院复试方案和细则，于 3 月 27 日组织复试工作，复试共进行了 3 批，学院圆满完成了 2018 年的全日制研究生招生复试工作，非全日制研究生名额未招满。

2. 2018 年研究生学位授予情况　完成 2018 年夏季毕业学位授予相关事项，流程规范，审核严格。2018 届共毕业 47 人，其中学硕 17 人、专硕 18 人、在职 12 人。延期毕业 2 人。

3. 2019 年招生宣传　学院积极进行研究生招生宣传工作，报名开始前进行研究生校内和校外招生宣传；针对学硕一志愿报名人数少和往年一志愿上线人数不足的情况，学院在招生报名后积极准备招生调剂宣传，为接下来调剂工作做好准备。

三、学位与学科工作

1. 学位授权点自评估工作　学位授权点自评估：按照《学位授权点合格评估办法》（2014 年）的要求，在学校领导下全面开展现有硕士学位授权点的自评估工作，不断提高学位授权点建设水平。按照《学位授予和人才培养一级学科简介》（2013 年）和《学位授权审核申请基本条件（试行）》（2017 年）中相关硕士点的要求，以及全国第四次学科评估中反映出的问题，进一步完善现有学科方向、学科内涵和队伍建设等建设内容，并推进学科分级分类建设。

从 5 月 10 日至 11 月 30 日，学院完成自我评估总结报告的撰写、研究生培养方案的修订及相关资料的收集整理；专家组评审；完成自我评估总结报告的修改；面向社会公开。

2. 2018 年 4 月，完成学校内涵大讨论中的学科发展事项，确定食品科学与工程一级学科的学科队伍与方向。

3. 学习教育部关于研究生导师立德树人的文件，在学校的领导下做好 2018 年导师遴选、考核事项　根据学校相关研究生导师遴选办法，新增 3 位硕士生导师，进一步扩大导师队伍建设，组织新增导师参加由学校组织的2018年新导师培训会。同时，继续加大导师对研究生培养工作的指导力度，以团队为基础，强化"导师是研究生第一责任人"的观念和团队意识，让研究生积极融入团队、融入项目，以项目和团队带动研究生培养。2018年，学院遴选3名导师，完成导师考核，导师全部考核合格。

4. 研究生教改项目

（1）完成2017年研究生教改项目结题工作，收集结题材料。教师项目2项，学生项目6项，项目共申报经费12.8万元，全部顺利完成结题答辩。

（2）完成2018年研究生教改项目中期考核相关材料的整理上交工作。2018年教师项目1项，学生项目6项，合计申报金额9.8万元。

（3）完成2019年研究生教改项目申报工作，收集整理上报申报材料。动员学院研究生积极参与项目申报。本年度党建项目立2项，研究生创新科研项目立项4项，校外研究生联合培养实践基地建设项目立项1项。

四、研究生培养平台建设

学院现有研究生培养平台5个：农产品有害微生物及农残安全检测与控制北京市重点实验室、食品质量与安全北京实验室、蛋品安全生产与加工北京市工程研究中心、北京市食品安全免疫快速检测工程技术研究中心、微生态制剂关键技术开发北京市工程实验室。培养平台的建设有力推动了学院在研究生培养工作方面的提升。

五、存在的不足和问题

1. 研究生教育已进入新的发展时期，提高学科建设水平、提高研究生培养质量已成为学科建设与研究生教育的重要任务。学院研究生教育基础比较薄弱，学科建设水平整体不高，核心竞争力不强。

2. 全日制学生课堂中，课程讨论环节学生准备不充分，反映学生信息量不够；部分任课教师不按大纲内容进行授课，导致课堂随意性强。下学期起，将实行严格按照课表安排制订授课计划，学院检查后上交研究生处，并在上课期间随时检查教师的授课情况；学院组织论文开题学生答辩，导师关注度不高，有的甚至不到现场，将商讨是否纳入导师考核机制中。

3. 研究生工作记录机制需要进一步完善。工作记录是管理工作的重要依据，是监管环节的重要组成部分，在完成各项工作的同时，部分工作记录有待加强，工作记录保存、归档机制有待完善，记录内容有待进一步细化。

六、2019 年研究生培养工作重点

按照学校总体部署，落实"十三五"学科建设与研究生教育发展规划各项任务，推进学科资源整合和结构优化，结合学校总体发展目标和学院实际情况，提出 2019 年的工作思路，继续做好学院研究生工作。

1. 对照硕士点自评估和学科内涵发展规划，进一步深化研究生培养、课程教学等工作。

2. 落实北京农学院硕士生导师工作职责规定，强化导师第一责任的意识。

3. 进一步发挥学科方向和团队在研究生培养中的实质作用。

4. 进一步理顺学院研究生管理机制，强化培养环节管理。发挥学科带头人在学科建设和研究生教育中的带头作用，发挥研究生培养指导委员会在研究生培养环节中的积极作用，把研究生培养工作做细、做扎实。

5. 加快改革研究生培养模式，对全日制学术型、全日制/非全日制专业型研究生进行分类培养，促进课程学习和科研训练的有机结合，鼓励行业、企业全方位参与研究生培养。以培养研究生实践能力和创新精神为宗旨，加强研究生实践教学基地建设，以校外研究生联合培养实践基地和研究生工作站为抓手，深化研究生实践教学体系及教学方法、手段的改革，不断提高研究生实践教学水平。

6. 做好研究生学位论文答辩工作。根据学院发文《食品科学与工程学院关于全日制研究生毕业发表论文要求》，严把研究生毕业关，从学位论文上着实提高研究生培养质量。

7. 加强导师与研究生对外学术交流，举办研究生论坛 10 余次；研究生参加国内外学术会议 10 余人次，作会议报告 5 余人次；积极组织研究生参加萌番姬、盼盼杯、诺维信、白酒品评大赛各类学科竞赛，争取获得奖项 1～2 项。

2018 年计算机与信息工程学院研究生培养质量报告

北京农学院计算机与信息工程学院

　　2018 年，学院研究生培养工作在研究生处的领导和指导下以及学院教职工的共同努力下，按照学校的总体部署和工作要求，以京津冀协同发展为契机，进一步深化联合培养、实践基地建设，深化人才培养模式改革，加强研究生培养质量内部保障体系建设，确保了研究生培养的各项工作任务顺利完成，现将本年度工作总结如下：

一、研究生教育现状概述

　　农业硕士农业工程与信息技术领域现有校内硕士生导师 15 人。其中，教授 4 人，副教授 11 人，具有农业推广系列高级职称 6 人，北京农业信息化学会理事 1 人，北京物联网研究会理事 1 人，粮经作物产业技术体系北京市创新团队岗位专家 1 人，1 人入选北京高校"青年英才计划"。此外，硕士点外聘北京农业信息技术研究中心导师 7 人，北京市农林科学院农业经济与信息研究所导师 2 人，中国农业科学院导师 1 人，北京市国土资源局导师 1 人。外聘导师全部为研究员或高级工程师，2018 年硕士点邀请了 1 名校外导师进行领域发展和前沿技术报告，邀请 1 名校外实践基地专家为研究生讲授专业主干课，加大课程案例教学。2018 年，有 2 名校外导师在硕士点招收全日制硕士研究生。

　　2018 年学院师资队伍规模为 24 人，以青年教师为主，40 岁及以下的教师占 50%，年龄结构合理。2018 年，全院导师 15 人，在校研究生 67 人，师生比为 1∶4，无论是从数量还是结构上，都很好地满足了人才培养的需要（表 1）。

表 1　专任教师基本情况

单位：人

专业技术职务	人数合计	40 岁及以下	41～55 岁	55 岁及以上	涉农背景人员	外单位获得硕士以上学位	博士学位教师	硕士学位教师
正高级	3	0	0	0	3	3	1	2
副高级	15	7	8	2	12	14	5	10
中级	6	6	0	1	3	2	1	5
其他	0	0	0	0	0	0	0	0
总计	24	13	8	2	18	19	7	17
研究生导师人数			博士生导师人数			有海外经历教师人数		
15			0			2		

二、在研究生招生、培养、学位授予、导师管理、条件平台、学术交流、就业发展等方面开展的工作情况

1. 研究生招生情况　学院通过举行校内报考宣讲、参加校外招生活动、京津冀对口学校的精准宣传、制作网站、订阅号以及实施以师招生和以生招生的策略等方法加大宣传。

（1）全日制研究生。2018 年，学院农业工程与信息技术领域专业学位硕士点全日制研究生计划招生人数为 17 人，当年研究生报考人数共 18 人，11人为本校应届毕业生（其中有 2 人为经济管理学院应届毕业生）。最终参加考试成绩有效的考生有 16 人，16 人中上线人数为 9 人。报考人数较 2017 年相差不大，但一志愿上线率为 56.3%，较 2017 年的 78.9%下降较大。全日制研究生一志愿第一轮复试参加人数为 8 人，调剂考生参加人数为 7 人，共 15 人，最终录取 13 人。第二轮复试参加人数 3 人，全部为调剂考生，最终录取 2 人。第三轮复试参加人数 2 人，全部为调剂考生，最终录取 2 人。最终全日制研究生录取 17 人，完成了本年度招生计划。

（2）非全日制研究生。2018 年，学院农业工程与信息技术领域专业学位硕士点非全日制研究生计划招生人数为 7 人，当年研究生报考人数共 13 人，参加考试并成绩有效的考生为 5 人，但均未达到上线分数。报考人数较 2017年有所增加，但是最终上线人数较 2017 年有所下降。根据非全日制研究生与全日制研究生招生、考试、录取完全相同的录取方案，共进行了 3 轮复试。第

一轮复试参加人数为 2 人，后 1 人从全日制调剂成非全日制，最终录取 3 人。第二轮复试参加人数 1 人，录取 1 人。第三轮复试（即全部复试的第四轮，因第三轮复试没有非全日制考生参加）参加人数 1 人，录取 1 人。最终非全日制研究生 5 人，未完成招生计划。

2. 研究生培养情况

（1）课程设置。学院 2017—2018 学年第一学期为 2018 级全日制学生开设专业课 7 门，课程总学时 240；非全日制开设专业课 11 门，课程总学时 396。任课教师均具有高级职称。硕士点课程设置注重体系的合理性、完善性，注重内容的实践性、应用性。其中，学位点开设领域主干课 4 门、专业选修课（必修）3 门（表 2），主讲教师均具有高级职称，同时聘请了实践基地教师开设应用性较强的课程。本学年学院联合安博教育培训为在校全日制学生开设 JAVA和 Python 2 门专业培训课。其中，2017 级、2018 级全日制研究生报名 JAVA 课程 16 人，报名 Python 课程 25 人，通过学生反馈，培训课程的开设效果良好。

表 2　2018 年农业工程与信息技术硕士研究生课程设置

课程名称	课程性质	主讲教师
农业工程与信息技术案例	领域主干课	张娜、潘娟
软件开发与应用	领域主干课	张仁龙、廉世彬
现代农业概论	领域主干课	徐践、韩宝平
文献检索与论文写作	领域主干课	宁璐、邢燕丽
农业物联网技术与工程	专业选修课	石恒华、聂娟
农业电子商务	专业选修课	赵继春
农业信息分析与处理	专业选修课	刘飒、刘莹莹

按照硕士点培养方案要求，期中教学检查期间校院两级均对教师授课计划、授课内容、课堂反馈等情况进行检查。截至目前，督导和学生的反馈结果良好。所有课程运行顺畅，且达到开课目标。

（2）研究生培养进展情况。2016 级全日制专业学位研究生 1 人，已于2018 年冬季参加毕业答辩并顺利取得学位；2017 级全日制学生 15 人，其中 3人为校外导师，现都在进行科研工作或在相关领域公司做实践实习；2018 级全日制学生 17 人，2018 年秋季学期已修完全部课程，并已逐步跟随导师进入项目组进行实践科研活动。

非全日制研究生共有 34 人。其中，2017 级非全日制研究生目前已完成全部课程的学习，并完成毕业论文的开题答辩且通过；2018 级非全日制研究生已完成大部分公共课课程学习内容，准备开始专业必修课和专业选修课的教学及学习。通过期中检查工作统计，2017 级全日制研究生全部按期完成了开题，非全日制研究生各年级仍有未按期完成开题的情况。其中，2015 级在职研究生未开题 6 人，2016 级在职研究生未开题 2 人。学院针对 2014 级在职研究生仍未完成学位论文 9 人，以快递方式分别邮寄学院发的学业预警文件，督促研究生按期完成学业。

（3）研究生学位授予情况及优秀毕业论文。2018 年夏季硕士学位论文答辩工作，参加答辩研究生 16 人，其中全日制专硕 9 人通过，其中 2015 级研究生 1 人通过、2016 级研究生 8 人通过；非全日制硕士 7 人通过，其中 2013 级研究生 1 人通过、2014 级研究生 1 人通过、2015 级研究生 5 人通过。授予硕士学位 16 人，其中全日制专硕 9 人，非全日制硕士 7 人。评选优秀硕士论文 1 篇。不建议授予硕士学位 0 人。无申请延期毕业答辩情况。

2018 年冬季硕士学位论文答辩工作，参加答辩研究生 2 人，其中 2016 级全日制专硕 1 人通过，2015 级非全日制硕士 1 人未通过。

（4）研究生就业情况。2018 年学院研究生毕业生人数共计 9 人，均为农业信息化专业。其中，男生 3 人；北京生源 3 人，京外生源 6 人。截至 10 月 31 日，一次性就业率为 100％，签约率为 77.78％；截至 11 月 26 日，签约率和就业率全部达到 100％。其中，5 人签订三方协议，5 人签订劳动合同。

表 3　2018 年全日制研究生就业情况表

年度	总人数（人）	北京生源（人）	大学生"村官"（人）	升学（人）	工作派遣（人）	劳动合同（人）	在京待就业（人）	回省待就业（二分）（人）	涉专业就业（％）	签约率（％）	就业率（％）
2018	9	3	0	0	5	5	0	0	100	100	100

（5）研究生社会实践及科研情况。见表 4 至表 6。

表 4　研究生论文发表情况统计表

研究生姓名	导师姓名	发表论文题目	期刊名称/会议
赵思萌	徐　践	基于物联网的甘薯环境监控系统的研究	安徽农业科学
闫俊均	郭新宇	The Promotion of Virtual Reality Technology in Branded Agricultural Products	2018 4th International Conference on Education Science and Human Development

（续）

研究生姓名	导师姓名	发表论文题目	期刊名称/会议
刘菁	张娜	关于植物蒸腾仪器工业设计的浅谈	现代农业科技
吴晨楠	徐践	基于物联网的植物蒸腾在线监测仪的设计与实现	现代农业科技
洪歌	孙素芬韩宝平	甘薯智能储藏系统的设计与实现	现代农业科技

表5　研究生参加课题情况统计表

研究生姓名	课题（项目）名称	主持人	来源单位
赵思萌、刘菁、丰帅媛、于金桥、赵洋、吴晨楠、梅凯博、张继韬、赵华飞	2018科技创新服务能力建设-2018年北京市创新团队粮经作物团队岗位专家工作经费（科研类）	徐践	北京市农业局
赵思萌	2018创收-北京市农村残疾人（基地）科技服务网络平台服务	徐践	北京市残疾人社会保障和就业服务中心
赵思萌	京津冀地区农产品价格监测平台	吴晨楠	北京农学院创新项目
杨玉洲	基于无线通信的设施农业节水技术研究	杨玉洲	北京农学院
闫俊均	国家自然科学基金青年基金："基于原位测量点云的玉米群体三维重建方法研究"	温维亮	北京市农林科学院
闫俊均	国家重点研发计划："春玉米生长定量诊断与动态调控技术"	杜建军	北京市农林科学院
丰帅媛、赵华飞、于金桥、赵洋	北京市助残增收项目	徐践	北京市农业局
陶震宇	农业科技智能人机会话关键技术研究及京津冀服务应用	罗长寿	北京市农林科学院
陶震宇	"农科小智"果蔬咨询服务机器人及WebAPP在农业生产服务中的应用示范。	孙素芬	北京市农林科学院
洪歌	甘薯智能储藏系统的设计与实现	徐践	2018年北京市创新团队粮经作物团队
王乔、齐成林、王樱儒、刘玉娟、刘晓	蒲山源网站及微信公众号的建设	张娜	北京市科委

表6 参与软件著作权申请统计表

姓名	专利名称	专利号	类 型
杨玉洲	一种基于无线通信的农业节水与环境监控系统	201721182217.4	实用新型专利
杨玉洲	一种基于无线通信的农业节水与环境监控终端	201721265844.4	实用新型专利
刘 菁	一种植物蒸腾在线监测仪	201821096373.3	实用新型
刘 菁	温湿度数据采集展示平台	2018SR654726	软件著作权
刘 菁	植物蒸腾设备远程控制数据采集系统	2018SR652602	软件著作权
丰帅媛	苹果树冠层形态特征模型展示系统	2018SR654462	软件著作权
丰帅媛	温湿度数据采集展示平台	2018SR654726	软件著作权
丰帅媛	植物蒸腾设备远程控制数据采集系统	2018SR652602	软件著作权
丰帅媛	人工智能气候箱自动控制数据采集系统	2018SR652604	软件著作权
丰帅媛	"宠之家"智能宠物箱APP	2018SR654730	软件著作权
丰帅媛	鲜食玉米种植百科平台	2018SR654654	软件著作权
丰帅媛	鲜食玉米种植百科管理系统	2018SR654460	软件著作权
赵华飞	人工智能气候箱自动控制数据采集系统	2018SR652604	软件著作权
赵华飞	温湿度数据采集展示平台	2018SR654726	软件著作权
赵华飞	远程下位机通信及控制系统	2018SR652600	软件著作权
赵华飞	苹果树冠层形态特征模型展示系统	2018SR654462	软件著作权
赵华飞	"宠之家"智能宠物箱APP	2018SR654730	软件著作权
赵华飞	植物蒸腾设备远程控制数据采集系统	2018SR652602	软件著作权
赵 洋	鲜食玉米种植百科平台	2018SR654654	软件著作权
赵 洋	鲜食玉米种植百科管理系统	2018SR654460	软件著作权
吴晨楠	一种植物蒸腾在线监测仪	201821096373.3	实用新型
吴晨楠	温湿度数据采集展示平台	2018SR654726	软件著作权
吴晨楠	植物蒸腾设备远程控制数据采集系统	2018SR652602	软件著作权

三、本年度工作特色

1. 完成学位点自评估工作　自评估工作改进提升研究生教育质量，提升科技创新实力，全面推进学科专业建设、人才培养、科技创新、师资队伍以及教学管理改革。

2. 开展专业课的慕课和微课的制作工作　学院结合自身专业优势，以在职研究生的课程建设为契机，几年来持续探索专业课的在线课程和慕课、微课建设。2018 年，农业工程与信息技术进行了培养方案的改革，全日制与非全日制研究生的培养统一了培养方案，根据新培养方案中的课程要求，学院挑选了文件检索与论文写作课程首先进行了微课程的制作。目前，该课程已经完成了全部的录制和后期工作，计划在 2018 级的非全日制专业课中进行使用。

3. 制定（修订）各项规章制度和管理办法

（1）修订培养方案。根据农业硕士领域调整要求并紧密结合京津冀协同发展与北京建设国际一流和谐宜居之都的需求，修订 2018 版培养方案。将全日制和非全日制合并成统一的培养方案，新培养方案制订了更加灵活的学位申请成果表达形式和要求。

（2）修订硕士研究生课程教学大纲。根据学院学术委员会反馈意见，落实教学大纲修订工作，进一步优化研究生课程体系，进行教学内容和模式改革。

（3）制订《农业工程与信息技术专硕培养管理细则》。结合研究生处的《研究生手册》《农业工程与信息技术专硕培养方案》制订学院研究生培养管理细则，从而规范研究生培养流程，明确培养各环节的考核标准和责任主体。

（4）制订专业学位研究生院聘校外导师管理办法。实施以校内导师指导为主、校外导师为辅的双导师制培养方式，吸收实践经验丰富的行业和企业专家作为校外导师加强对研究生的培养。

（5）制订本领域实践训练环节考核办法。通过对各类实践工作、科研项目参与和科技成果表达三部分实践研究环节逐项设置，制订农业信息化领域实践训练环节考核办法。促进实践与课程教学和学位论文工作的紧密结合，培养学生的专业素养和行业背景，为更好地完成培养方案中规定的实践训练环节提供考核标准。

四、不足之处

1. 在职研究生的招生和培养工作有待加强 究其原因是从 2017 年开始，在职研究生的招考和培养方式在政策上发生了很大的变化，入学考试难度大幅度提高。同时，在职研究生和在校研究生统一培养方案，允许在职研究生调档等变化，导致在职研究生的管理亟须进一步加强。

2. 校外实践教学环节有待加强 按照培养方案的要求，学生需完成 6 个月的校外实践教学环节，虽然目前学位点现有校外实践基地较为稳定，但是数量较少，接纳实践学生的规模有限。

五、持续改进计划

1. 进一步挖掘和凝练学院的科研优势和学位点建设方向，充分利用现有的工程中心和联合实验室的科研平台，突出行业背景，强化专业技能，明确研究生培养的出口，并将明确后的培养理念贯穿到招生、培养、就业一系列工作中。

2. 在招生方面，拓宽在职研究生的招生思路，对可能报考并具有上线能力的考生群进行研判，加强招生宣传的精准性，继续在本校应届毕业的本科生中挖掘在职研究生招生生源；在制度方面，学院应进一步健全和完善在职研究生的各项管理工作，明确对任课教师和导师的要求，规范管理流程。

3. 完善校外实践教学环节。进一步明确导师对研究生的校外实践教学安排的主导地位，加大校外导师对实践的指导力度，探索能够实现校企共赢的校外实习基地合作模式，增加长期稳定的校外实践基地数量。

2018 年文法学院研究生培养质量报告

北京农学院文法学院

学院依托现有学科基础，结合培养目标，以提升研究生素质能力为核心，探索出了有文法学院特点的农业科技组织与服务研究生培养模式，2018 年调整为农村发展领域，同时社会工作专业硕士也开始招生。

一、农业科技组织与服务专业学位硕士点概述

农业科技组织与服务专业学位点依托学院的法学和社会工作学科建立发展，研究生培养上也分农业科技组织与服务法律保障和城乡社会工作方向。作为农业硕士的一个发展领域，农业科技组织与服务专业不同于园艺等农业生产和食品加工储藏等技术类专业，有突出的职业性、应用性的特点。现实中，这种文科类的专业很容易被边缘化。但同时它也有自己的优势，就是专业领域宽泛，涉及农业科技组织、农业技术传播、农业科技管理与经营、农业教育培训等领域之外的组织、服务、协调等方面的内容，都可以囊括之中。因此，这个领域的招生就业范围比较广泛，这对于专业的发展又是有利的方面。所以，农业科技组织与服务专业领域虽然有发展的难处，但人才培养仍然具有广泛的社会需求。

2012 年硕士点开始招收在职研究生，2013 年开始招收全日制研究生，目前全日制和非全日制研究生共有在校生 88 人。其中，非全日制研究生共 38 人，在校全日制研究生 50 人。从招生趋势上说，全日制招生人数逐年攀升，非全日制招生人数也有所上升。

硕士点目前有校内导师 17 人，校外导师 2 人，合计共有导师 19 人。其中教授有 4 人。

二、2018 年所做的工作

1. 招生工作

（1）充分重视招生工作，把招生工作常态化。招生是发展的基础，对于招生时间短、招生规模小的农业科技组织与服务专业来说，招生工作更具战略地位。

（2）学院把招生纳入常态化工作，全员发动教职工开展招生工作，以研究生秘书为联络站，将 2 个专业的系主任、本科生辅导员、班主任和导师联系起来，有重点、有针对性地埋种子，培养研究生生源，保证研究生招生的持续发展。

（3）以生招生。让在校研究生现身说法，使考生了解到本专业硕士点的优势，增强对本硕士点的认可度和信任度。

（4）打导师招牌，吸引考生。对在读及毕业研究生的问卷调查中显示，绝大多数研究生认为导师水平高，高水平的导师是报考的重要条件。

（5）2018 年招收非全日制研究生 10 人，招收全日制研究生 30 人，全日制录取人数达到历史新高。2018 年社会工作专业和农村发展专业有 86 名考生报考，报考人数创历史新高，

2. 就业工作

（1）落实导师责任制，招生之时谈就业。学院要求导师招生之初要与研究生谈就业，端正研究生就业态度。有些本科生找不到工作时把考研当出路，这就可能把就业难度延迟到研究生阶段。在招生之初引导研究生明确读研目的，理性定位读研预期，避免不切实际的就业心态，为研究生通畅就业打好基础。

（2）为研究生创造条件锻炼实践能力。文科专业应用范围宽泛，专业的独占性地位弱。所以，锻炼研究生广泛的适应能力是研究生培养的重要内容。从低处着手，为研究生创造参与学生管理工作、文案处理等办公事务的机会，熟悉常务办公内容，加强能力培养。结合课程教学，激发研究生实践热情，统筹课程实践内容，强化专业实践。2018 级的 30 名全日制研究生有 4 名在学校各部门从事"三助"工作。同时，利用实践基地平台和其他社会资源，创造条件加强研究生能力培养。

3. 培养管理

（1）以培养方案为根本，落实培养方案各项内容。学习借鉴其他单位的硕士培养经验，组织导师研讨，厘清研究生专业与本科专业的关联和区别，明确研究生论文立题等要符合农业科技组织与服务专业领域的培养目标。

（2）积极配合学校研究生处工作，规范研究生培养管理。每学期初，召开研究生导师和任课教师工作会，总结和布置研究生方面的工作，明确研究生工作要求，有序开展工作。认真开展期中教学检查，要求每一名研究生（包括全日制和非全日制研究生）和导师都接受检查。组织研究生座谈，了解研究生教学存在的问题，收集研究生的意见和建议，并及时给予反馈。召开期中教学检查总结会，总结研讨解决研究生教学及培养方面的问题，规范研究生培养管理。2018 年，研究生督导姬谦龙老师多次亲临研究生课堂和研究生开题报告答辩，在研究生培养管理等方面给予了多方面的指导和督查，使师生受益。

（3）调动导师积极性，充分发挥导师作用。每年研究生入学迎新之际组织研究生与导师见面会，包括在职研究生和全日制研究生都开见面会，进行入学之初的专业教育，为入学后的培养奠定基础。发挥小规模硕士点优势，对研究生进行精细化培养。文法学院只有这一个硕士点，所以全体导师的向心力可以集中在这一个学位点上，硕士点资源集中，生均资源优势突出。

（4）开拓国际交流项目，提升研究生素质。与日本岛根大学和札幌学院大学合作，了解日本发展现代农业方面先进的经验和做法，开阔了研究生的视野，提升了能力，并且为研究生的下一步发展奠定了基础。

4. 论文工作 加强研究生学位论文质量监控与管理。严把开题报告关、论文进度，研二第一学期完成开题，对初次开题不通过的研究生组织二次开题，二次开题不通过的，要求研究生延期毕业。2017 级非全日制研究生有 2 名学生开题不通过进行了二次开题答辩，非全日制研究生的培养方面需要导师进一步加强督促指导。毕业论文方面，要求研二学生在二年级上学期末上交毕业论文初稿，导师为自己所带的研究生提交查重检测论文稿，为毕业论文的评审答辩做好基础工作。规范执行论文评审和答辩流程，做到有条不紊、规范有序。2018 届全日制研究生 14 人通过论文答辩，剩余 2 名学生中一名学生已通过冬季答辩获得学位，另一名学生延期至 2019 年毕业；非全日制研究生 1 名学生提前毕业，15 名研究生因论文不达标准延期毕业。

三、本年度研究生教育工作中的亮点

1. 招生就业良好 2018 年招收非全日制研究生 10 人、全日制研究生 30人，保持了研究生规模的稳定发展。研究生就业良好，农业科技组织与服务专业研究生共有 6 届毕业生，就业率 100％。

2. 国际交流合作项目稳定发展 与日本岛根大学和札幌学院大学两所高校建立国际交流项目后，与美国班尼迪克大学签订了合作交流协议，为研究生开阔国际视野、提高实践能力创造了条件。

四、研究生教育的主要经验、存在的问题及今后的工作

1. 主要经验

（1）招生就业有机统一、相互促进，实现良好的工作预期。招生规模和研究生教育发展趋势相匹配，就业工作落实到位，研究生教育发展的关键点有了保证。

（2）培养管理逐步规范。无论是教学培养还是论文工作，研究生培养规范有序，保证了培养质量。

（3）导师队伍展示活力。规范的管理和热情的服务，为导师工作的积极开展奠定了基础。导师对研究生的培养指导精心细致，树立了良好的导师队伍形象，受到研究生肯定。

（4）小规模的"精雕细养"有利于研究生的个性化培养，研究生在综合素质提升方面大获裨益。

2. 存在的问题

（1）招生生源单一，生源规模小。2013 级、2014 级两个年级 9 名研究生全部是本校生源；2015 级 12 名研究生中有 4 名外校生源，本校生源超过60%；2016 级 16 名研究生全部为本校生源；2017 级 18 名全日制研究生仅有1 名外校生源；2018 级 30 名全日制研究生超过 2/3 为本校生源。外校生源数量虽有所增加，但仍需要扩大宣传范围，加大宣传力度，扩大硕士点的社会影响力。

（2）实践教学有待加强。专业学位重在实践性能力培养，而高校导师大多具有重理论学术化的教学传统，在研究生培养方面存在专业学位学术化的倾向。同时，由于缺少对导师的实践培训，包括国外访问考察、到先进地区、先进的企事业单位考察学习的机会，导师的社会实践能力也有局限。这方面需要导师主动应对，同时也需要为导师培训创造条件。

目前，研究生实践教学更多的是"师傅带徒弟"的形式，一位导师带 1～2 名研究生，通过参与导师科研项目、校内实习等灵活的实践形式让研究生进行实践锻炼。随着招生规模的扩大，应积极探索适应本专业领域的实践基地及实践教学规范建设。

（3）研究生管理人员严重不足。学院没有设置主管科研和研究生工作的副院长岗位，院长助理兼任科研秘书、研究生秘书。这在一定程度上影响了农业科技组织与服务领域专业学位点的建设。

3. 今后主要工作

（1）根据社会需求凝练学科特色，适时调整培养方案。自招生以来，农业科技组织与服务在确立了培养方案后，进行过一次全面的研讨修改。但随着社会人才需求形势的变化，适时调整培养方案是客观需求。

（2）加强招生宣传，提高研究生招生数量和质量。研究生招生虽取得了较好的成绩，但长远来看，研究生招生工作机制的改革完善应当是加强研究生招生工作的重点内容。

（3）加强研究生就业工作，稳定就业率。加强研究生实践能力培养，提高人才培养质量是根本。但加强就业指导，落实导师责任制，仍然是就业工作的重要内容。

（4）加强研究生课程建设，保障教学质量。组织课程建设研讨，建设有专业领域特色的专业课程，继续发挥小班研讨式教学，保障课程教学质量。

（5）加强实践教学，提高研究生实践能力。依托实践基地建设，发挥"双导师制"优势，强化研究生实践能力培养，是贯穿研究生培养始终的主线。

（6）加强导师队伍建设，为研究生培养提供保障。建立导师激励机制，发挥现有导师团队优势，加强对导师的服务和管理，落实导师责任制，保障研究生培养质量。

（7）加强研究生管理制度建设，实现培养过程规范化。规范研究生培养是保障研究生培养质量的必然要求。学校的研究生管理制度日趋完善，针对二级学院操作执行层面的制度需要结合实际工作，逐步规范。

（8）加强研究生管理队伍建设，适时增加管理人员。人员到位是开展工作的基础，力争增设一名研究生管理人员。

五、对学校研究生教育的政策建议

学校研究生教育管理日趋科学规范，展示了良好的发展趋势，为二级学院研究生工作的开展搭建了良好的平台，希望学校在导师和管理人员的海外实践培训方面能够提供更多的学习机会。

农业科技组织与服务专业在学校领导、研究生处的指导和各兄弟学院的帮助下，进入了稳步发展的阶段。但要把本专业领域办出特色、办出水平，尚有诸多的问题需要克服和解决。相信在全院教职员工的努力下，文法学院研究生教育必将取得更好的发展，为社会输送更多优质的高级应用型人才。

2018 年北京农学院研究生招生质量分析报告

北京农学院研究生处

一、招生情况

1. 学院、学科分布

（1）全日制研究生。2018 年度研究生招生学科专业共 17 个（其中学术型 7 个，专业型 10 个），实际招生人数 424 人，比 2017 年增加 71 个招生指标，增长 20.11%。其中，学术型硕士和专业型硕士分别占招生总人数的 19.29% 和 80.71%。

近 3 年学校整体招生情况良好，各学院录取人数稳步提升（图 1），呈现了一个良好的发展态势。但一志愿生源所占比例较低（表 1），尤其是学术型专业，生源严重紧缺，部分专业全部依靠调剂生源。

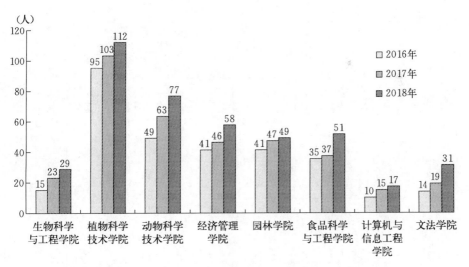

图 1 2016—2018 年全日制研究生录取学院分布图

表 1　近 3 年全日制硕士研究生录取统计表

学院	学位类别	专业		2018 年			2017 年			2016 年		
				一志愿上线人数（人）	录取人数（人）	一志愿录取率（%）	一志愿上线人数（人）	录取人数（人）	一志愿录取率（%）	一志愿上线人数（人）	录取人数（人）	一志愿录取率（%）
生物科学与工程学院	专业型	生物工程	作物学	27	29	93.10	28	23	121.74	19	15	126.67
植物科学技术学院	学术型	园艺学	果树学	1	8	12.50	1	9	11.11	0	8	0.00
			蔬菜学	2	28	7.14	2	19	10.53	1	17	5.88
	专业型	农艺与种业	作物	45	45	100.00	0	7	0.00	1	9	11.11
			园艺				4	10	40.00	5	8	62.50
			种业				25	28	89.29	21	25	84.00
	专业型	资源利用与植物保护	植物保护	33	31	106.45	4	8	50.00	4	8	50.00
			农业资源利用				12	14	85.71	7	10	70.00
动物科学技术学院	学术型	兽医学	基础兽医学	5	20	25.00	4	8	50.00	10	10	100.00
			临床兽医学				4	9	44.44	2	7	28.57
	专业型	畜牧	养殖	16	17	88.89	13	9	144.44	3	11	27.27
	专业型	兽医	兽医	39	39	100.00	15	15	100.00	14	13	107.69
经济管理学院	学术型	农林经济管理	农林经济管理	0	9	0.00	33	30	110.00	15	18	83.33
							0	8	0.00	1	9	11.11
	专业型	农业管理	农村区域与发展	60	49	122.45	41	38	107.89	52	32	162.50

（续）

学院	学位类别	专业	2018年 一志愿上线人数（人）	2018年 录取人数（人）	2018年 一志愿录取率（%）	2017年 一志愿上线人数（人）	2017年 录取人数（人）	2017年 一志愿录取率（%）	2016年 一志愿上线人数（人）	2016年 录取人数（人）	2016年 一志愿录取率（%）
园林学院	学术型	风景园林学	4	5	80.00	3	6	50.00	10	6	166.67
	学术型	林学 园林植物与观赏园艺	10	10	100.00	1	7	14.29	6	6	100.00
		森林培育				0	3	0.00	3	4	75.00
	专业型	风景园林	23	34	67.65	21	18	116.67	12	12	100.00
食品科学与工程学院	学术型	农产品加工及贮藏工程 食品科学	4	18	22.22	1	8	12.50	2	8	25.00
	专业型	食品加工与安全	33	33	100.00	2	8	25.00	1	8	12.50
计算机与信息工程学院	专业型	农业信息化 农业工程与信息技术	13	17	76.47	20	21	95.24	27	19	142.11
文法学院	专业型	农业科技组织与服务	30	31	96.77	15	15	100.00	7	10	70.00
		农村发展				19	19	100.00	13	14	92.86
合计			345	424	81.37	271	353	76.77	241	300	80.33

（2）非全日制研究生。2018 年非全日制硕士研究生招生指标为 92 人，实际录取人数为 84 人，与 2017 年相比略微增长，但仍然存在部分专业招生人数过少，增加了培养的成本，不利于研究生教学正常运行，具体情况见图 2 和表 2。

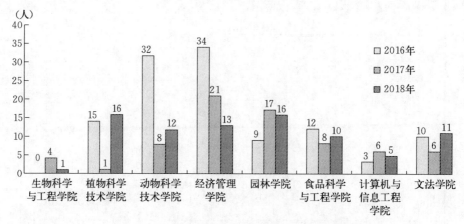

图 2　近 3 年非全日制研究生录取各学院分布图

表 2　近 3 年非全日制硕士研究生录取统计表

学　院	专业领域		2018 年	2017 年	2016 年
生物科学与工程学院	生物工程		1	4	—
植物科学技术学院	作物	农艺与种业	6	—	1
	园艺			1	8
	植物保护	资源利用与植物保护	10	—	4
	农业资源利用			—	1
动物科学技术学院	养殖	畜牧	0		6
	兽医		12	8	26
经济管理学院	农村区域与发展	农业管理	13	21	34
园林学院	风景园林		16	17	—
	林业		—		9
食品科学与工程学院	食品加工与安全		10	8	12
计算机与信息工程学院	农业信息化	农业工程与信息技术	5	6	3
文法学院	农业科技组织与服务	农村发展	11	6	10
合计			84	71	114

2. 考生来源成分分析

（1）全日制研究生。2018 年在考生生源成分方面，应届本科毕业生共 345 人，占总人数的 81.36％；在职人员共 18 人，占总人数的 4.25％；其他人员共 61 人，占总数的 14.39％（表 3）。

表 3　近 3 年全日制硕士研究生录取统计表（考生生源成分）

类　型	2018 年	2017 年	2016 年
应届本科毕业生	345	303	257
成人应届本科毕业生	0	0	1
科学研究人员	1	0	0
中等教育教师	0	0	0
其他在职人员	17	13	42
其他人员	61	37	0
合计	424	353	300

在录取的考生中，423 人通过普通全日制学习完成本科学历，占总人数的 99.76％；通过自学考试取得最后学历的考生有 1 人，占总人数的 0.24％（表 4）。

表 4　近 3 年全日制硕士研究生录取统计表（取得最后学历的学习形式）

类　型	2018 年	2017 年	2016 年
普通全日制	423	351	296
成人教育	0	0	1
获境外学历或学位证书者	0	0	0
网络教育	0	0	0
自学考试	1	2	3
合计	424	353	300

2018 年录取的全日制研究生中一志愿生源为 316 人，占总录取人数的 74.53％；其中学术型研究生一志愿生源 24 人，占学术型招生总数的 24.49％；专业型研究生一志愿生源 292 人，占专业型招生总数的 89.57％。一志愿录取率较 2017 年呈上升趋势（表 5）。

表 5　近 3 年全日制硕士研究生一志愿生录取率

年份	录取率（％）
2018	74.53
2017	71.10
2016	67.67

（2）非全日制研究生。2018 年共录取了 84 名非全日制硕士研究生，其中 5 人为定向就业。在考生生源成分方面，应届本科毕业生共 19 人，占总人数的 22.62%；在职人员共 47 人，占总人数的 55.95%；其他人员共 18 人，占总数的 21.43%（表 6）。

在录取的考生中，78 人通过普通全日制学习完成本科学历，占总人数的 92.86%；通过成人教育取得最后学历的考生有 3 人，占总人数的 3.57%；通过网络教育取得最后学历的考生有 1 人，占总人数的 1.19%；通过自学考试取得最后学历的考生有 2 人，占总人数的 2.38%（表 7）。

表 6　2018 年非全日制硕士研究生录取统计表（考生生源成分）

类　型	人数（人）
应届本科毕业生	19
科学研究人员	4
高等教育教师	1
其他在职人员	42
其他人员	18
合计	84

表 7　2018 年非全日制硕士研究生录取统计表（取得最后学历的学习形式）

类　型	人数（人）
普通全日制	78
成人教育	3
网络教育	1
自学考试	2
合计	84

3. 考生来源地区分布

（1）全日制研究生。从考生来源地区来看，2018 年录取的 424 名全日制硕士研究生考生中，共来自 24 个省份，来源最多的是北京考生，共 286 人，占 67.45%；其他考生来源比较多的地区是山东、河北、山西、河南（图 3）。

（2）非全日制研究生。从考生来源地区来看，2018 年录取的 84 名非全日制硕士研究生考生中，共来自 17 个省份，来源最多的是北京考生，共 48 人，占 57.14%；其他考生来源比较多的地区是河北，其他省份考生来源较少（图 4）。

4. 考生来源院校分布

（1）全日制研究生。2018 年录取的全日制硕士研究生考生从来源院校分

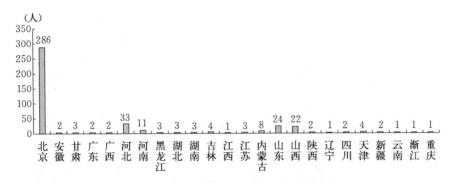

图 3   2018 年全日制研究生录取来源地区分布图

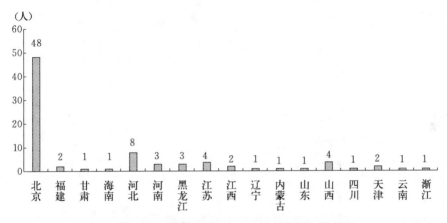

图 4   2018 年非全日制研究生录取来源地区分布图

布来看，本科毕业于北京农学院的考生共 271 人，占总人数的 63.92%，相比 2017 年下降 2.65%；外校生源人数为 153 人，占总人数的 36.08%。其中，来自"985""211"院校的考生共 15 人，占总人数的 3.54%，与 2017 年相比增长 0.71 个百分点；来自省市级大学的考生共 72 人，占总人数的 16.98%，与 2017 年相比下降 1.43 个百分点；来自省市级学院的考生共 66 人，占总人数的 15.57%，与 2017 年相比增加 2.54 个百分点（表 8）。在以后的研究生招生宣传过程中，需继续加强招生宣传力度，吸引优质生源，提高生源质量。

表 8   近 3 年全日制硕士研究生院校分布

院校分布	2018 年		2017 年		2016 年	
	人数（人）	比例（%）	人数（人）	比例（%）	人数（人）	比例（%）
北京农学院	271	63.92	232	65.72	185	61.67
"985""211"院校	15	3.54	10	2.83	8	2.67

（续）

院校分布	2018 年		2017 年		2016 年	
	人数（人）	比例（%）	人数（人）	比例（%）	人数（人）	比例（%）
省市级大学级院校	72	16.98	65	18.41	72	24.00
省市级学院级院校	66	15.57	46	13.03	35	11.67

（2）非全日制研究生。2018 年录取的非全日制硕士研究生考生从来源院校分布来看，本科毕业于北京农学院的考生共 32 人，占总人数的 38.10%；外校生源人数为 52 人，占总人数的 61.90%。其中，来自"985""211"院校的考生共 13 人，占总人数的 15.48%；来自省市级大学的考生共 15 人，占总人数的 17.86%；来自省市级学院的考生共 24 人，占总人数的 28.57%（表 9）。

表 9　2018 年非全日制硕士研究生院校分布

院校分布	人数（人）	比例（%）
北京农学院	32	38.10
"985""211"院校	13	15.48
省市级大学级院校	15	17.86
省市级学院级院校	24	28.57

5. 考生性别比例

（1）全日制研究生。2018 年录取的全日制研究生中，男生 138 人，占 32.55%；女生 286 人，占 67.45%。近 3 年所录取的考生中，男女所占比例失调且基本保持不变（图 5）。

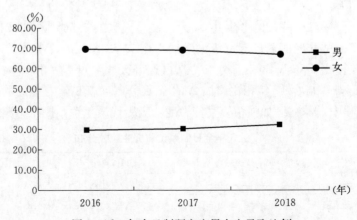

图 5　近 3 年全日制研究生男女生录取比例

（2）非全日制研究生。相比于全日制研究生，近 3 年在职研究生录取男女比例基本持平（表10），本年度略微向女生倾斜。

表 10　近 3 年在职研究生录取考生性别比例

性别	2018 年	2017 年	2016 年
男	40.48％	45.07％	45.61％
女	59.52％	54.93％	54.39％

6. 以生招生政策成效显著　2018 年继续实行以生招生政策，利用在校研究生宣传研究生招生的相关政策，发动在校考生推荐师弟、师妹、同学等报考学校研究生，从而吸引考生报考，由此可以很好地提高一志愿报考率，并在提高生源质量上起到了一定的作用。

二、存在问题

1. 一志愿生源需要改善　2018 年一志愿报考人数、上线人数和录取人数显著增加。据教育部公布的数据，2018 年研究生报名人数与 2017 年相比继续上升，但一志愿录取率仍有待提高，学术型与非全日制第一志愿生源不足，本年度学术型指标 98 个，但上线人数仅有 26 人，剩余生源需要依靠调剂；非全日制指标 92 个，上线人数仅有 32 人，也需要大量调剂。

2. 性别比例不均衡　研究生考生男女比例持续失衡，目前全国高校普遍存在这一问题。在以后的研究生招生宣传和就业过程中，应采取积极的措施，避免产生就业难等问题。

3. 生源质量有待提高　2018 年全日制硕士研究生虽然数量有所上升，但来自"985""211"高校的考生仅占到 3.54％，所占比例较低；在以后的研究生招生宣传中，需进一步发掘"985""211"高校以及研究生院高校等综合类院校的高质量生源，加大对推免生相关工作的宣传力度，提高研究生生源质量。

4. 考场建设需进一步加大投入　目前，共有标准化考场 23 个，在本年度招生考试中已全部投入使用，备用考场已经超出标准化考场范围，为非标准化考场。为应对未来发展趋势，本年度需要结合学校实际情况，争取经费支持，努力将标准化考场建设完备。

5. 非全日制研究生生源数量有待进一步提高　与往年相比，2018 年非全日制研究生考生数量有所增加，但一志愿上线率仍然较低，仅为 25.40％。本年度由全日制调剂非全日制人数有所上升，实际招生数与招生限额之间距离相比 2017 年有所下降，但上线人数过低仍然是非全日制生源最大的难题。在日后的研究生招生宣传工作中，要加大对非全日制研究生的宣传力度，正确引导考生，使考生对相关招生政策有一个全面的了解，从而提高非全日制研究生生源数量。

三、工作建议

1. 规范招生工作各环节，做好顶层设计，加强工作培训、监督与管理，规范各项档案，严格执行制度，为考生创造公平、公正、公开的环境。

2. 进一步发挥各二级学院、各学科、专业的主动性与积极性，让学院、学科主动地参与到研究生招生的过程中来。

3. 继续推广以生招生政策，积极发动在校学生推荐师弟、师妹、同学以及校外考生等报考研究生。

4. 加大宣传力度，精确投放宣传资料，重点针对学术型与非全日制进行宣传；规范非全日制招生宣传和正确引导，加强学籍管理，强化培养过程管理及质量保障体系建设，确保非全日制研究生培养质量。

5. 继续发挥微信、微博、手机网站等新媒体作用，通过教师、学生等微信圈、朋友圈，让考生能够更好地了解研究生招生政策。

6. 加强对外交流，鼓励各学院、学科与兄弟院校加强联系，及时获得调剂生信息，组织生源尽早进行复试。在京津冀协同发展的大形势下，农林高校之间可以在推免生生源互推、调剂生源互荐等方面加强合作，构建一个资源共享的招生大平台，促进优质生源的良性流动。

7. 扩建标准化考场，目前共有 23 个标准化考场，在 2018 年招生考试中已全部投入使用，而备用考场已经超出标准化考场范围，为非标准化考场，存一定隐患。为应对未来发展趋势，需要增加标准化考场数量以满足生源需求。

2018 年度学校研究生招生工作已经落幕，通过总结经验，完善制度，使招生工作思路更加清晰。将再接再厉，齐心协力，认真做好生源工程，为学校研究生质量把好第一关，为学校建设高水平都市型农林大学贡献力量！

2018 年北京农学院研究生就业工作质量报告

北京农学院研究生工作部

在学校党委、行政的高度重视下，研究生工作部、二级学院、研究生导师共同努力，克服了各种困难，顺利完成学校 2018 届研究生毕业生就业工作，达到了学校预期目标。

一、研究生就业基本情况

1. 毕业生基本情况 2018 年研究生毕业生共有 290 人，分布在 25 个专业（领域）。其中，学术型硕士 89 人，专业学位硕士 201 人；男生 94 人，女生 196 人；北京生源 90 人，京外生源 200 人（表 1）。毕业生来自全国 26 个省份，5 个民族。其中，汉族 267 人，占总数 92.07%；回族 5 人，满族 16 人，蒙古族 1 人，土家族 1 人。

表 1　2018 年毕业研究生基本情况一览表

单位：人

学院名称	专业名称	人数	生源地		女生数
			北京生源	京外生源	
生物科学与工程学院	生物工程	15	10	5	7
小计		15	10	5	7
植物科学技术学院	作物遗传育种	6	1	5	3
	果树学	19	2	17	12
	蔬菜学	8	0	8	6
	园艺	23	9	14	13
	植物保护	10	5	5	8

（续）

学院名称	专业名称	人数	生源地		女生数
			北京生源	京外生源	
植物科学技术学院	作物	8	6	2	5
	种业	8	3	5	7
	农业资源与利用	10	2	8	8
小计		92	28	64	62
动物科学技术学院	基础兽医学	8	0	8	4
	临床兽医学	10	1	9	7
	养殖	11	3	8	7
	兽医	19	12	7	11
小计		48	16	32	29
经济管理学院	农业经济管理	5	0	5	2
	农村与区域发展	31	8	23	23
小计		36	8	28	25
园林学院	风景园林学	7	0	7	3
	园林植物与观赏园艺	6	1	5	5
	森林培育	3	1	2	3
	林业	13	1	12	9
	风景园林	14	5	9	11
小计		43	8	35	31
食品科学与工程学院	农产品加工及贮藏工程	7	0	7	4
	食品科学	10	1	9	9
	食品加工与安全	18	7	11	13
小计		35	8	27	26
计算机信息工程与学院	农业信息化	9	3	6	6
小计		9	3	6	6
文法学院	农业科技组织与服务	12	9	3	10
小计		12	9	3	10
学术型硕士合计		89	7	82	58
专业型硕士合计		201	82	119	138
总计		290	90	200	196

2. 毕业生就业率和签约率　由于学校研究生毕业生的专业以农口专业为

主,就业形势相对严峻,但是经过不懈的努力,截至 2018 年 10 月 30 日,学校研究生毕业生全员就业率达到 98.63%,签约率达到 91.38%(表2)。

表2 2018 年毕业研究生就业情况

单位:%

学院名称	专业名称	签约率	就业率
生物科学与工程学院	生物工程	93.33	100.00
	小计	93.33	100.00
植物科学技术学院	作物遗传育种	100.00	100.00
	果树学	94.74	100.00
	蔬菜学	100.00	100.00
	园艺	95.65	100.00
	植物保护	90.00	100.00
	作物	100.00	100.00
	种业	100.00	100.00
	农业资源与利用	100.00	100.00
	小计	96.74	100.00
动物科学技术学院	基础兽医学	75.00	100.00
	临床兽医学	100.00	100.00
	养殖	81.82	100.00
	兽医	94.74	100.00
	小计	89.58	100.00
经济管理学院	农业经济管理	100.00	100.00
	农村区域与发展	74.19	87.10
	小计	77.78	88.89
园林学院	风景园林学	100.00	100.00
	园林植物与观赏园艺	83.33	100.00
	森林培育	100.00	100.00
	林业	92.31	100.00
	风景园林	100.00	100.00
	小计	95.35	100.00
食品科学与工程学院	农产品加工及贮藏工程	100.00	100.00
	食品科学	100.00	100.00
	食品加工与安全	100.00	100.00
	小计	100.00	100.00
计算机信息工程学院	农业信息化	77.78	100.00
	小计	77.78	100.00

（续）

学院名称	专业名称	签约率	就业率
文法学院	农业科技组织与服务	66.67	100.00
	小计	66.67	100.00
学术型硕士合计		95.51	100.00
专业型硕士合计		89.55	98.01
合计		91.38	98.63

注：签约率＝（签订协议＋签订劳动合同＋升学）/总数。

就业率＝（签订协议＋签订劳动合同＋升学＋工作证明＋创业）/总数。

3. 毕业生就业流向

（1）**按就业单位性质划分。** 由表3和图1可见，考取博士研究生、出国留学21人，占毕业生总数的7.24％；到高等教育和研究院所就业26人，占毕业生总数的8.97％；到机关事业单位就业49人，占毕业生总数的16.90％，其中，担任大学生"村官"9人；到涉农企业单位就业95人，占毕业生总数的32.76％；到其他企业单位就业95人，占毕业生总数的32.76％。

表3　2018年毕业研究生就业单位性质流向

单位性质	考取博士研究生、出国留学	高等教育和研究院所	机关事业单位	涉农企业单位	其他企业单位	合计
人数（人）	21	26	49	95	95	286
比例（％）	7.24	8.97	16.90	32.76	32.76	98.63

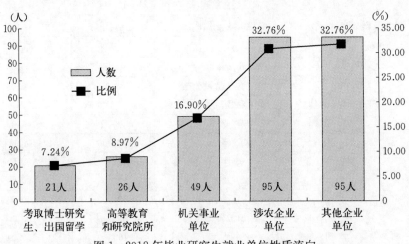

图1　2018年毕业研究生就业单位性质流向

（2）**按就业形式划分。** 由表4和图2可见，按就业形式来看，21人继续深造，占毕业生总数 7.24%；109 人签订了就业协议，占毕业生总数 37.59%；135 人签订劳动合同，占毕业生总数 46.56%；19 人出具用人单位证明，占毕业生总数 6.55%；2 人自主创业，占毕业生总数 0.69%。

表 4　2018 年毕业研究生就业形式流向

就业形式	升学	签就业协议	签劳动合同	用人单位证明	自主创业	合计
人数（人）	21	109	135	19	2	286
比例（%）	7.24	37.59	46.56	6.55	0.69	98.63

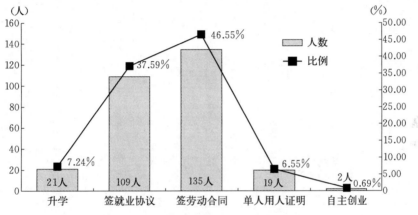

图 2　2018 年毕业研究生就业形式流向

（3）按专业匹配程度划分。由表 5 和图 3 可见，除去考取博士研究生、出国留学的 21 人外，学校 2018 年毕业研究生有 265 人已经就业。按照所学专业与就业单位所属行业性质匹配度统计情况，2018 年学校毕业研究生专业与就业对口人数共计 194 人，专业与就业不对口人数共计 71 人，专业与就业匹配比例为 73.21%。

表 5　2018 年毕业研究生各学院专业与就业匹配程度

学院名称	就业人数（人）	专业对口（人）	专业不对口（人）	匹配比例（%）
生物科学与工程学院	14	11	3	78.57
植物科学技术学院	81	52	29	64.20
动物科学技术学院	44	34	10	77.27
经济管理学院	31	26	5	83.87
园林学院	42	29	13	69.05
食品科学与工程学院	32	22	10	68.75

（续）

学院名称	就业人数（人）	专业对口（人）	专业不对口（人）	匹配比例（%）
计算机与信息工程学院	9	8	1	88.89
文法学院	12	12	0	100.00
合计	265	194	71	73.21

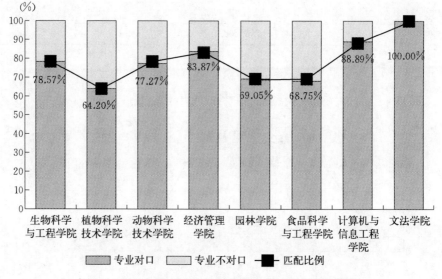

图3　2018年毕业研究生各学院专业与就业匹配程度

二、研究生近5年就业情况分析

1. 毕业生就业率、签约率分析　表6和图4数据显示，近5年研究生毕业人数呈现逐年上升的趋势，学校毕业生中女生和京外生源占比较大，留京就业人员较多，在京签约压力较大。从2014年开始，在就业形势日趋严峻、毕业生人数不断增加的情况下，毕业研究生就业率与签约率依然保持较高水平，就业率一直保持在98%以上。

表6　2014—2018年毕业研究生就业率、签约率对比

项　目	2014年	2015年	2016年	2017年	2018年
毕业生人数（人）	209	205	220	261	290
就业率（%）	99.52	100.00	99.55	100.00	98.62
签约率（%）	90.43	96.59	93.18	95.02	91.38

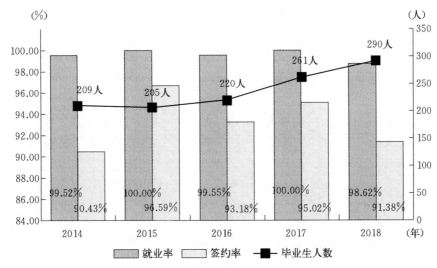

图 4　2014—2018 年毕业研究生就业率、签约率对比

2. 毕业生考博情况分析　由表 7 和图 5 可见，2018 年有 20 名研究生考取了博士。其中，学术型硕士毕业生考博 17 人，专业学位硕士毕业生考博 3 人。学术型硕士毕业生中考取人数比往年提升明显。

表 7　2014—2018 年学术型硕士毕业生考博情况对比

项　　目	2014 年	2015 年	2016 年	2017 年	2018 年
学硕考博人数（人）	6	10	6	12	17
学硕总人数（人）	96	92	89	85	89
比例（％）	6.25	10.87	6.74	14.12	19.10

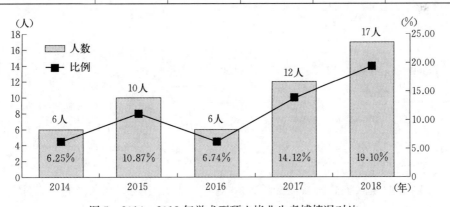

图 5　2014—2018 年学术型硕士毕业生考博情况对比

3. 毕业生就业单位性质分析 根据北京市有关就业政策，结合学校服务社会的定位和人才培养的目标，从 4 个方面来考察研究生毕业生的就业质量：一是继续深造（考博）的人数；二是到高校、科研院所工作的人数；三是到机关事业单位工作的人数；四是到涉农企业单位工作的人数。

为便于与往年就业单位流向进行对比，将 2018 年到机关事业单位工作的毕业生，按照往年（2017 年之前，不含 2017 年）的统计分类重新归类，具体见表 8。

表 8　2018 年毕业研究生就业单位性质流向

单位性质	考取博士研究生、出国留学	高等教育和研究院所	涉农企事业单位	其他企事业单位	合计
人数（人）	21	26	114	125	286
比例（%）	7.24	8.97	39.31	43.11	98.63

表 9 和图 6 显示，2018 年继续深造（考博）的人数比例比 2017 年略有下降；到高校、科研院所工作的人数比例比 2017 年有所下降；到涉农企事业单位工作的人数比 2017 年有所下降；到其他企事业单位工作的人数比 2017 年有较大上升。

表 9　2014—2018 年毕业研究生就业流向对比

单位：%

年份	考取博士研究生、出国留学	高等教育和研究院所	涉农企事业单位	其他企事业单位
2014	3.8	8.1	66	22
2015	5.4	3.9	74.6	16.1
2016	4.5	2.2	75.0	17.3
2017	8.05	11.49	45.59	34.87
2018	7.24	8.97	39.31	43.11

按照往年的就业单位流向性质统计，2017 年在前 3 个领域就业的毕业生比例为 65.13%，与 2017 年相比下降了 9.61 个百分点。毕业生到涉农企事业单位就业的比例低于前 4 年。

4. 毕业生服务基层情况分析 2018 年，北京市发布《关于进一步引导和鼓励高校毕业生到基层工作的实施意见》，拓宽了毕业生到基层工作的渠道，

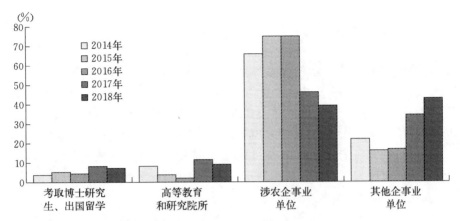

图 6 2014—2018 年毕业研究生就业流向对比

具体包括大学生"村官"（选调生）、乡村教师特岗计划、"三支一扶"计划和志愿服务西部计划等，还有到基层机关事业单位、中小微企业就业、参军入伍等。

由表 10 和图 7 可见，2014—2018 年研究生共计 90 人担任大学生"村官"（选调生），2018 年任大学生"村官"占毕业生人数的 3.10％。学校 2018 年毕业研究生从事大学生"村官"（选调生）工作的比例有一定程度下降。

表 10 2014—2018 年毕业研究生"村官"情况对比

项 目		2014 年	2015 年	2016 年	2017 年	2018 年
大学生"村官"（选调生）	人数（人）	21	23	22	15	9
	比例（％）	10	11.2	10	5.75	3.10

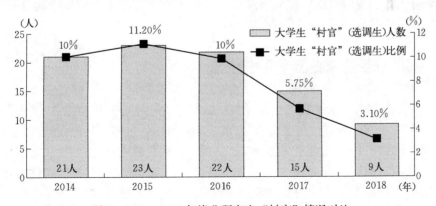

图 7 2014—2018 年毕业研究生"村官"情况对比

三、主要经验做法

1. 领导高度重视　学校、二级学院对研究生就业工作的重视，学校党委书记、校长为就业第一负责人，主管领导亲力亲为，学校划拨专门经费确保研究生就业工作顺利开展，多次参与到就业工作中，听取毕业生和在校研究生的意见，并给予实际指导。各二级学院把研究生就业工作作为一项重要工作做早、做细、做实，定期安排研究生就业进展通报会；配专职的研究生辅导员做好研究生就业服务与指导；从 4 月开始进行就业情况周报制度，及时准确地掌握毕业生就业动向。

2. 制度不断健全　随着学校研究生教育工作的逐渐完善，教育管理机制全程化，研究生培养质量有了长足的提升。学校为研究生在"素质课堂"中专门安排了就业政策及形势解读、就业技能与技巧等相关教育和培训。

3. 导师主动参与　坚持充分发挥导师在研究生培养中第一责任人的作用，引导研究生顺利、高质量地就业。研究生毕业生中，大部分工作单位都是通过导师直接或间接的推荐而落实的，效果明显。

4. 就业信息互通　充分利用网络资源，发掘各种就业信息。开辟、建立包括就业信息专栏、公共邮箱、校内网、微信公众号等网络平台在内的多渠道发布信息途径，通过新媒体平台，及时将招聘信息传达到每一位毕业生，做到信息畅通无阻、互通有无。

5. 精准帮扶就业　注重学生的专业化教育，培养学生对专业的认同感和对专业就业前景的了解。针对毕业班学生进行就业意向摸底，实施合理的分类指导，通过分析每位学生的实际情况，细化指导方案，结合本人的就业意向开展辅导工作。定时反馈未就业毕业生情况，对重点人群逐个分析未就业原因，利用学院资源及时帮扶、点对点解决。

四、研究生就业工作存在的问题

通过分析 2018 年研究生就业情况，目前在研究生的就业工作中存在以下 3 个方面的问题，是需要着力改进和加强的：一是非京生源人数占比较大，留京工作手续办理流程较长，一定程度上影响就业进度。二是随着非首都功能疏解，行业在京岗位数量减少，导致毕业生到行业就业的比例与往年比较有所下降。三是研究生到基层工作如大学生"村官"等的人数比例偏低。

五、加强研究生就业工作的措施

在中共十九大报告中，突出强调了就业创业的内容，要"提供全方位公共就业服务，促进高校毕业生等青年群体、农民工多渠道就业创业"，同时"实行更加积极、更加开放、更加有效的人才政策"，作为首都高等院校，要认真学习中央、北京市有关就业政策文件，落实好、解决好毕业研究生的就业工作。重点从以下 6 个方面开展工作：一是进一步加强研究生培养，提高研究生创业与就业能力。二是树立全程就业服务理念，构建就业指导长效机制。三是进一步加强对毕业研究生就业技能和择业心态的教育和培训，提高毕业研究生专业与就业岗位匹配程度。四是进一步加强对毕业研究生就业观念的正确引导。组织专场就业指导会，让毕业研究生认识到目前就业形势的严峻以及社会对农业人才的需求，积极动员、组织毕业研究生深入到基层工作。五是进一步加强就业政策宣传，为毕业生择业定位打好基础，放弃观望态度，以免错失良机。六是研究生处与二级学院畅通联系，进一步争取导师对研究生就业工作的广泛参与和指导，拓展研究生在专业相关领域内就业的渠道。

2018 年北京农学院研究生思想政治教育管理工作总结

北京农学院研究生工作部

2018 年，研究生工作部在校党委的正确领导下、在各部门的大力支持和部门全体工作人员的共同努力下，深入宣传学习、贯彻落实中共十九大和十九届三中全会精神，贯彻落实全国、北京市高校思想政治工作会议部署，紧紧围绕学校的发展目标，进一步加强和改进研究生思想政治教育与管理服务工作，努力构建全员育人、全方位育人、全过程育人的良好局面，为培养研究生拔尖创新人才，不断提高研究生培养质量提供强有力的思想保证。现将 2018 年研究生思想政治教育管理工作总结如下，并对新一年工作要点提出构想。

一、深入开展研究生思想理论教育和价值引领工作

1. 开展研究生思想状况调研，加强思政管理队伍建设　研究生教育是我国高层次人才培养的主要方面，研究生思想政治教育贯穿于研究生培养的全过程和各个环节。在本年度秋季和春季学期初，研究生工作部对在校研究生进行思想动态调研，通过对研究生思想状况的摸底建立信息沟通机制，调动各学院研究生辅导员，充分把握研究生的思想动态状况。自调查实施以来，参与研究生人数共计 3 000 余人。

为了加强学校研究生思政管理队伍建设，研究生工作部组织相关学院研究生工作队伍到中央民族大学进行调研，双方分别就少数民族学生思想政治教育、学生管理、就业指导等方面的工作和特色活动进行了交流，加强了研究生思政管理队伍的沟通合作，共同推动了研究生日常管理、就业、心理健康教育等方面工作的有序开展。

2. 组织开展学习宣传各类思想政治教育活动　为了更好地学习宣传中共十九大精神和我国改革开放 40 周年伟大变革，研究生工作部开展"纪念马克

思 200 周年诞辰主题展览""改革开放 40 周年大型展览"参观,依托各学院开展形式多样的学习活动。如植物科学技术学院开展了"唱响国际歌、党员亮身份、学好十九大、争做双先锋"系列活动,园林学院开展学习中共十九大精神读书汇报会等,通过组织专家报告、主题活动、党建知识竞赛、参观、座谈会、集中学习等方式学习党在新时代的新思想。做好新时期的宣传工作,不仅使广大青年学生能迅速了解党的有关路线、方针和政策,而且为学校及社会各界掌握我们工作的开展情况和青年思想的新变化开辟了渠道,从而使思想教育工作的开展达到事半功倍的效果。

同时,各相关学院开展"导师立德树人"培训活动,推进了研究生思想政治教育取得实效。如植物科学技术学院开展的"导师培训活动月"系列活动,通过此次"导师培训活动月"系列活动,提高了植物科学技术学院研究生导师管理工作的规范性,使导师们真正做到"立德树人,做研究生成长成才的引路人",对研究生管理工作起到积极的推动作用。

3. 关注研究生培养过程重要环节,开展有针对性的教育引导 研究生思想政治教育贯穿研究生培养全过程,对重点环节的把握可对研究生思政教育起到推进与促进的作用。研究生工作部精心组织安排研究生入学、寒暑假及法定节假日、毕业离校等关键环节,对在校研究生进行针对性的教育引导。对 2018 级研究生开展新生入学教育,共举办 6 次专题教育活动,内容涉及入学引导与学籍教育、健康教育和医疗政策解读、图书资源与利用、NSTL 资源与服务、安全教育、化学品安全管理培训等方面;组建研究生实践课题团队赴山西参加由团中央学校部、共青团山西省委、中共长治市委共同举办的"筑梦新时代 奋斗新征程"百所高校上党行大学生暑期社会实践课题活动;组织在校研究生参加"科学素质促进农业可持续发展论坛";组织研究生参加了"全国科学道德和学风建设宣讲教育报告会";各类假期针对所有在校生进行假期安全教育及敏感时期思想教育,以及组织 2018 届毕业生安全有序离校及毕业典礼工作。

4. 建设"尚农大讲堂"教育平台,提高研究生综合素质 研究生素质课堂自从开设以来,经过不懈的努力,目前已经发展成为一个研究生综合素质教育的有效平台。为提升研究生综合素质,定期开展研究生素质课堂,2018 年秋季学期更名为"尚农大讲堂"。本年度共开设讲座 16 次,涉及法律教育、心理健康、科研学习、传统文化、职业发展、金融知识、国家形势与政策、学术道德等内容,得到研究生的好评。截至目前,学校"尚农大讲堂"邀请校外专家共计 51 人,涉及 18 所高校及科研院所。

5. 完善组织建设,扎实开展各项日常工作 加强研究生自我管理、自我教育、自我服务和自我监督，完善了研究生会校院二级组织，所有学院均成立了研究生党支部，所有在校研究生均纳入班团管理。协同各学院、校研究生会组织研究生认真学习贯彻习近平总书记系列重要讲话及习近平新时代中国特色社会主义思想，以自学、集体学习等形式定期组织学习研讨，成立了学校"习近平新时代中国特色社会主义思想研习社"。

目前研究生共有党支部15个，分布在8个学院。2018年各学院研究生党支部共发展党员28人，为党组织提供了新鲜血液。结合研究生党支部红色"1＋1"实践活动，将理论学习运用于实践，研究生思想政治教育工作成效显著。2018年，共有生物科学与工程学院等4个研究生党支部参与红色"1＋1"评选活动，在2018年北京高校红色"1＋1"示范活动评审中，植物科学技术学院园艺研究生1支部获得北京高校红色"1＋1"展示评选活动三等奖，生物科学与工程学院研究生党支部、食品科学与工程学院研究生第一党支部获得北京高校红色"1＋1"展示评选活动优秀奖。

二、鼓励先进，落实研究生奖助制度，提升研究生创新实践能力

1. 结合学校实际继续开展研究生"三助一辅"工作 研究生工作部始终坚持"以研究生为本"，继续推进研究生培养机制改革工作，科学合理地设置研究生"三助一辅"岗位，有效调动研究生参与学校教育、管理、科研工作的积极性，帮助其顺利地完成研究生学业。2018年度共有210名研究生从事"三助一辅"工作。

2. 关注困难研究生，开展特困资助 根据教育部、财政部有关文件精神，结合学校实际，研究生工作部继续依照《北京农学院研究生困难补助管理办法》，对有特殊困难的研究生给予困难补助。秋季学期共有23名研究生新生通过学校绿色通道办理了入学手续，为研究生的顺利入学提供了保障。同时，对有特殊困难的研究生给予困难补助，共资助5名生活困难研究生，发放补助3 000元。本年度没有因经济困难原因无法毕业的研究生。

3. 奖助学金评定工作 2018年研究生工作部继续根据学校相关规定及实际需求，落实研究生奖助学金、评奖评优等各项规定，公平、公正、公开地完成了与研究生切身利益相关的奖学金评审、表彰等工作，树立了榜样群体。本年度完成了853名研究生学业奖学金评定工作，覆盖率达100％；评选出国家奖学金16人，学术创新奖24人，优秀研究生34人，优秀研究生干部21人，百伯瑞科研奖学金25人。为表彰先进、树立榜样，更好地发挥示范群体的带

动和引领作用，研究生工作部对国家奖学金获得者进行了风采展示专题宣传活动，并举办了研究生国家奖学金、百伯瑞科研奖学金颁奖仪式，邀请学校、企业领导出席，进一步激发了研究生努力学习、超越自我的动力。

2018年，按照《科研奖励办法》共进行三季度研究生科研奖励，学校研究生共发表论文188篇，其中核心及以上期刊发表72篇，一般期刊99篇，专利、软件著作15项，国家级学术竞赛优秀奖2人。北京市优秀毕业生13人，校级优秀毕业生24人。北京市优秀毕业生13人，校级优秀毕业生24人。

4. 鼓励研究生开展党建和社会实践项目研究　党建与社会实践项目是锻炼研究生实践及科研能力的有效途径。2018年研究生工作部继续鼓励研究生将专业知识与社会实践相结合，动员广大研究生积极参与党建和社会实践项目申报。本年度党建项目立项7项，社会实践项目立项13项。4月下旬，研究生处联合计划财务处开展了"2018年项目管理和经费使用工作培训"，承担2018年研究生党建项目、创新科研项目、社会实践项目的55位研究生对学校财务管理制度、流程有了更为深入的了解，为规范项目有效管理、保证项目顺利执行打下了坚实的基础。

在正式立项后，5月下旬专门组织了项目的开题工作，邀请经验丰富的教师组成专家组，为项目的进一步开展把关，确保研究的质量。2018年10月底至11月初，分别召开了党建与社会实践项目中期考核答辩会，会上所有项目负责人针对各项目的执行进度、经费进度、预期成果及现阶段成果等方面作了汇报，评审专家详细听取了各项目的汇报，并结合项目执行中的问题提出改进建议。为加强2019年研究生教育改革与发展项目规范管理，研究生工作部还将继续组织开展新一年度的项目管理培训工作。

三、实施多措并举，服务研究生心理及就业指导

1. 开展研究生心理预防工作　为加强研究生自我教育和自我心理调节，结合学校当前研究生心理健康状况的实际情况，在招生工作阶段，开展2018年招生心理健康状况筛查，形成北京农学院研究生心理测查MMPI报告1篇；春季学期，开展研究生春、秋季心理问题排查，分析研究生出现心理健康问题的内外在原因，及时把握在校生心理动态，及时发现问题并解决。继续开展研究生"阅读悦心"计划，继续依托各学院举办了研究生心理沙龙活动，2018年各学院共计举办研究生心理沙龙11期；研究生工作部在6号楼326房间开设了心理悦谈室，帮助研究生做好心理疏导，本年度接待研究生7人次。

2. 针对毕业生特点，开展一对一就业指导服务　年初，研究生工作部召

开研究生就业工作研判会，组织各学院主管学生副院长、研究生辅导员对2018年研究生就业工作进行了分析梳理。2018届研究生毕业生共有290人，分布在8个学院，25个专业、领域。其中，学术型硕士89人，专业学位硕士201人。经过研究生工作部与各学院的积极配合和不懈努力，截至2018年10月31日，2018届研究生毕业生就业率达到了98.63%，签约率达到91.38%，达到了学校折子工程目标。

2018年是2019届研究生毕业启动之年，学校2019届毕业研究生共计355人，分布在8个学院，25个专业、领域。根据2019届毕业生特点开展就业服务及就业指导，组织研究生参加大学生"村官"（选调生）、事业单位招聘等就业相关政策宣讲，定期通过研究生处网站和"尚农研工"微信公众号发布就业信息、就业政策、双选会信息及就业技巧等内容，共推送就业信息150余条，为毕业生提供毕业信息的服务。

四、重视校园安稳，积极建设平安校园

1. 举办各类安全稳定相关主题讲座 充分利用讲座进行安全稳定教育，涉及金融安全防范、非法校园贷、非法集资、网络诈骗、电信诈骗、保护个人隐私等。

10月，开展2018级研究生新生的校园安全防范教育讲座，讲解如何预防电信诈骗、盗窃、扒窃、人身侵害、消防安全、校园贷等各项安全隐患；讲解实验室化学品安全的相关注意事项，要求研究生新生细心研究相关条例，注意实验室安全，发现问题及时反映、及时处理。

2. 加强少数民族学生思想动态工作 为了加强对少数民族学生的思想政治教育管理，研究生工作部还与部分高校进行了交流调研，分别与中央民族大学藏学研究院、维语系等单位同仁针对少数民族学生思想政治教育、学生管理工作进行了工作交流。2018年11月，研究生工作部组织了7名新疆籍少数民族研究生观看教育警示专题片。贯彻中央和北京市关于加强大学生思想政治教育的精神及部署，落实自治区教育厅内学办关于开展组织内地高校新疆籍少数民族学生观看教育警示专题片活动的通知要求。

五、2019年工作要点

在总结成绩的过程中，要更清醒地认识到工作中的不足，同时也是今后工作中要努力改进的方向，主要有以下6点：

1. 深入贯彻落实全国高校思想政治工作会议、北京高校思想政治工作会议精神，做好 2019 年研究生思想政治教育各项工作。

2. 继续开展研究生"尚农大讲堂"，打造学校研究生素质教育精品品牌。

3. 继续开展研究生心理健康教育、心理状况筛查工作。

4. 继续完善与研究生培养制度改革相适应的奖助体系，完成 2019 年研究生奖助学金的评定和发放工作，组织开展"三助一辅"招聘、培训及考核工作。

5. 继续加强和规范对研究生党建、创新科研和社会实践项目过程管理及指导。

6. 继续加强和改进研究生就业指导及服务工作，做好 2019 届毕业生的就业推进工作，顺利完成 2019 年学校折子工程的相关目标。

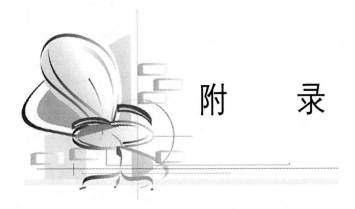

附　　录

附录 1　2018 年度研究生发表论文统计表

序号	姓名	所在院系	专业、领域	导师姓名	发表论文题目	报刊名称/会议
1	刘彩月	生物科学与工程学院	生物工程	赵福宽	解淀粉芽孢杆菌 YC16 筛选及其防治向日葵菌核病的效果研究	
2	黄天珑	生物科学与工程学院	生物工程	郭　蔼	解脂亚罗酵母遗传转化体系的建立及 eyk1 的敲除研究	
3	项　晨	生物科学与工程学院	生物工程	杨明峰	融合基因 4CL-3a-STS 在烟草中的过表达研究	
4	杨　祎	生物科学与工程学院	生物工程	靳永胜	用于城市垃圾臭味去除的脱氮除硫微生物筛选与鉴定	
5	闫俊迪	生物科学与工程学院	生物工程	曹庆芹	不同树龄板栗根部细菌群落分析及菌根建立机制的初步研究	
6	胡泊洋	生物科学与工程学院	生物工程	赵建庄	Efficient Synthesis and Bioactivity of Novel Triazole Derivatives	*Molecules*
7	胡泊洋	生物科学与工程学院	生物工程	赵建庄	齐墩果酸肟醚类化合物的合成及杀菌活性	农药学报
8	王　硕	生物科学与工程学院	生物工程	葛秀秀	基于高通量测序的一串红基因组 SSR 标记开发及品种聚类分析	

（续）

序号	姓名	所在院系	专业、领域	导师姓名	发表论文题目	报刊名称/会议
9	胡勃洋	生物科学与工程学院	生物工程	张国庆	一种白腐真菌的分离、鉴定、培养条件及产漆酶研究	应用与环境生物学报
10	胡勃洋	生物科学与工程学院	生物工程	张国庆	4种常见农药的耐受真菌筛选、鉴定及降解作用初探	北京农学院学报
11	周称旭	生物科学与工程学院	生物工程	李奕松	稻中小豆间作小豆铁营养的影响探析	南方农业
12	于跃	生物科学与工程学院	生物工程	薛飞燕	黏红酵母PAL基因分离及其表达体系的研究	北京农学院学报
13	孔繁蒂	生物科学与工程学院	生物工程	张国庆	北京灵山野生侧耳的分离鉴定与人工驯化	北京农学院学报
14	袁雪	生物科学与工程学院	生物工程	刘悦萍	苹果腐烂病病原菌的鉴定与拮抗菌筛选	中国农学通报
15	袁雪	生物科学与工程学院	生物工程	刘悦萍	高产桃园土壤中拮抗菌的筛选及其生防机制研究	北京农学院学报
16	秦新月	植物科学技术学院	作物	魏建华	Genome-wide identification, phylogeny and expression analysis of eIF5A gene family in foxtail millet (Setaria italica)	2017 Cold Spring Harbor Meeting: Plant Genomes & Biotechnology: From Genes to Networks
17	陈梦晨	植物科学技术学院	果树学	姚允聪	Characteristics of dihydroflavonol 4 - reductase gene promoters from different leaf colored Malus crabapple cultivars	Horticulture Research
18	刘然	植物科学技术学院	蔬菜学	韩莹琰	不同清洗方式对叶用莴苣中毒死蜱残留水平的影响	北京农学院学报
19	尚超	植物科学技术学院	蔬菜学	郭文忠	我国光伏设施园艺发展现状及趋势	农业工程
20	秦新月	植物科学技术学院	作物	魏建华	谷子eIF5A基因家族分析鉴定与分析	西南农业学报

（续）

序号	姓名	所在院系	专业、领域	导师姓名	发表论文题目	报刊名称/会议
21	罗容丽	植物科学技术学院	果树学	张　杰	观赏海棠中 McmiR160a 的克隆及调控红叶着色的功能分析	北京农学院学报
22	罗容丽	植物科学技术学院	果树学	张　杰	观赏海棠叶片 McmiR159a 克隆及功能验证	北京农学院学报
23	张　涵	植物科学技术学院	果树学	沈元月	ABA 及其抑制剂对无花果实实成熟的影响	北京农学院学报
24	张　涵	植物科学技术学院	果树学	沈元月	McMYB10 Modulates the Expression of a Ubiquitin Ligase, McCOP1 During Leaf Coloration in Crabapple	Frontiers in Plant Science
25	郝　帅	植物科学技术学院	园艺	王顺利	Effects of Different Horticultural Substrates Composition and Depth on Runoff Water Quality	EI
26	张惠真	植物科学技术学院	农艺与种业	秦　岭	板栗正反交后代坚果性状遗传倾向研究	北京农学院学报
27	王　璐	植物科学技术学院	蔬菜学	范双喜	紫色叶用莴苣中花青素含量与色差指标的相关性	北京农学院学报
28	王　璐	植物科学技术学院	蔬菜学	范双喜	Evaluation of nutritional quality in different varieties of green and purple leaf lettuces	IOP Conference Series: Earth and Environmental Science (EES)
29	王　璐	植物科学技术学院	蔬菜学	范双喜	Cloning and Expression of Mitogen-Activated Protein Kinase 4 (MAPK4) in Response to High Temperature in Lettuce (Lactuca sativa L.)	International Journal of Agriculture and Biology
30	段学粉	植物科学技术学院	蔬菜学	张喜春	Virus-induced gene silencing (VIGS) for functional analysis of MYB80 gene involved in Solanum lycopersicum cold tolerance	Protoplasma

（续）

序号	姓名	所在院系	专业、领域	导师姓名	发表论文题目	报刊名称/会议
31	齐正阳	植物科学技术学院	蔬菜学	郝敬虹	Cloning and Expression Analysis of Auxin Response Factor 8（ARF8）Gene from Lettuce（*Lactuca sativa* L.）	ACM
32	齐正阳	植物科学技术学院	蔬菜学	郝敬虹	Effects of Grafting on Free Fatty Acid Contents and Related Synthetic Enzyme Activities in Peel and Flesh Tissues of Oriental Sweet Melon during the Different Development Period	IOP Conf. Series: Earth and Environmental Science
33	齐正阳	植物科学技术学院	蔬菜学	郝敬虹	Cloning of Auxin Response Factor 2（ARF2）Gene and its Expression Analysis in Lettuce（*Lactuca sativa* L.）During Bolting	*International Journal of Agriculture and Biology*
34	张明月	植物科学技术学院	蔬菜学	范双喜	北京地区冬季不同品种生菜的品质分析	北京农学院学报
35	张明月	植物科学技术学院	蔬菜学	范双喜	Beneficial Phytochemicals with Anti-Tumor Potential Revealed through Metabolic Profiling of New Red Pigmented Lettuces（*Lactuca sativa* L.）	*International Journal of Molecular Sciences*
36	黄倩	植物科学技术学院	蔬菜学	韩莹琰	北京地区不同品种甜瓜营养品质分析	北京农学院学报
37	王浩然	植物科学技术学院	园艺	范双喜	Effects of different types of polyamine on growth, physiological and biochemical nature of lettuce under drought stress	IOP Conference Series: Earth and Environmental Science（EI）
38	段雨琳	植物科学技术学院	园艺	范双喜	Comprehensive Evaluation of Drought Stress Tolerance of Twenty Species of Lettuce at the Seed Germination Stage During PEG 6000 Stress	*Atlantis Press*

（续）

序号	姓名	所在院系	专业、领域	导师姓名	发表论文题目	报刊名称/会议
39	阿布来提·托合提热结甫	植物科学技术学院	园艺	陈青君	近红外光谱技术在双孢蘑菇生产上的应用进展	食药用菌
40	果禹鑫	植物科学技术学院	园艺	陈青君	北京地区野生羊肚菌分离与鉴定	北方园艺
41	果禹鑫	植物科学技术学院	园艺	陈青君	播期、覆盖物对北京地区人工栽培羊肚菌生长状况	食药用菌
42	杨拓	植物科学技术学院	果树学	姚允聪	The Use of RNA Sequencing and Correlation Network Analysis to Study Potential Regulators of Leaf Color Transformation	*Plant cell Physiol*
43	孙轩	植物科学技术学院	作物遗传育种	赵久然	The Plant Infection Test: Spray and Wound-Mediated Inoculation with the Plant Pathogen *Magnaporthe Grisea*	*Journal of Visualized Experiments*
44	张梦玉	植物科学技术学院	作物	王维香	The Plant Infection Test: Spray and Wound-Mediated Inoculation with the Plant Pathogen *Magnaporthe Grisea*	*Journal of Visualized Experiments*
45	孙轩	植物科学技术学院	作物遗传育种	赵久然	玉米自交系京92遗传改良研究	北京农学院学报
46	赵阳佳	植物科学技术学院	种业	李润枝	氮肥与种植密度对玉米籽粒产量和品质的影响	吉林农业科学
47	张桂军	植物科学技术学院	植物保护	毕扬	适于 *Pilidium lythri* 菌丝生长和产孢的培养基	植物保护
48	卢蝶	植物科学技术学院	植物保护	尚巧霞	北京市昌平区不同生菜品种病害调查与病原鉴定	植物保护

（续）

序号	姓名	所在院系	专业、领域	导师姓名	发表论文题目	报刊名称/会议
49	卢蝶	植物科学技术学院	植物保护	尚巧霞	北京昌平地区生柰不同品种的抗病性比较	2018年植物病理学学术年会论文集
50	管丹	植物科学技术学院	果树学	刘悦萍	桃果实PpARF1蛋白的原核表达及多克隆抗体制备	北京农学院学报
51	刘静	植物科学技术学院	果树学	姚允聪	苹果砧木"SH6"中RGLs基因的克隆及生物信息学分析	北京农学院学报
52	王美玲	植物科学技术学院	蔬菜学	张喜春	番茄再生体系优化及PrODH干扰载体的遗传转化	中国农业通报
53	谢小垩	植物科学技术学院	园艺	张喜春	不同遮阴处理对温室栽培蒲公英总黄酮含量及生长发育的影响	北京农学院学报
54	贾安宁	植物科学技术学院	植物保护	李永强	Virome analysis of lily plants reveals a new potyvirus	Archives of Virology
55	贾静怡	植物科学技术学院	植物保护	李兴红/魏艳敏	北京城市园林病害发生与防控现状分析与实践	华北现代农业研究与实践
56	李草梅	植物科学技术学院	植物保护	魏艳敏/赵晓燕	北京地区小豆白粉病的病原鉴定	中国植物病理学会第十一届全国会员代表大会暨2018年学术年会
57	张桂军	植物科学技术学院	植物保护	毕扬	草莓褐色叶斑病防治药剂的筛选	第十一届中国植物病害化学防治学术研讨会
58	温浩	植物科学技术学院	资源利用与植物保护	毕扬	草莓褐色叶斑病防治药剂的筛选	第十一届中国植物病害化学防治学术研讨会

（续）

序号	姓名	所在院系	专业、领域	导师姓名	发表论文题目	报刊名称/会议
59	王滔	植物科学技术学院	资源利用与植物保护	贾月慧	不同热解温度生物炭对 Pb（Ⅱ）的吸附研究	农业环境科学学报
60	丛心宇	动物科学技术学院	临床兽医学	陈武	大鼠椎间盘退变模型 MRI 与组织病理学观察及电针对其的影响	兽医导刊
61	黄小萌	动物科学技术学院	临床兽医学	高建明	小樊碱对猪卵母细胞体外成熟过程 miRNA 及脂质代谢相关基因的影响	中国畜牧杂志
62	朱雯宇	动物科学技术学院	临床兽医学	穆祥	不同中药对中性粒细胞迁移微血管内皮细胞后溶菌酶的影响	中国畜牧兽医
63	朱雯宇	动物科学技术学院	临床兽医学	穆祥	不同浓度促透剂对绿原酸体外透皮吸收的影响	中兽医医药杂志
64	吴明谦	动物科学技术学院	临床兽医学	任晓明	益生菌和中草药添加剂组合对断奶仔猪生长性能和肠道菌群的影响	黑龙江畜牧兽医
65	王芸	动物科学技术学院	临床兽医学	董虹	按摩背育区对小鼠免疫功能的影响	北京农学院学报
66	王芸	动物科学技术学院	临床兽医学	董虹	大鼠外周血脊中性粒细胞分离方法的优化改良	中国兽医杂志
67	卫盼莹	动物科学技术学院	基础兽医学	胡格	Anti-inflammatory and antiviral activities of cynanversicoside A and cynanversicoside C isolated from Cynanchun paniculatum in influenza A virus-infected mice pulmonary microvascular endothelial cells	*Phytomedicine*

（续）

序号	姓名	所在院系	专业、领域	导师姓名	发表论文题目	报刊名称/会议
68	卫盼莹	动物科学技术学院	基础兽医学	胡格	黄芩苷对H9N2亚型禽流感病毒感染的上皮分泌Ⅰ型IFN的影响	中国畜牧兽医学会动物解剖及组织胚胎学分会
69	卫盼莹	动物科学技术学院	基础兽医学	胡格	连翘酯苷对PMVECs分泌IFN-α和IFN-γ的影响	中国畜牧兽医学会中兽医学分会
70	邱思奇	动物科学技术学院	基础兽医学	沈红	脱氧雪腐镰刀菌烯醇和玉米赤霉烯酮对癌细胞的促增殖和促迁移作用	动物营养学报
71	邱思奇	动物科学技术学院	基础兽医学	沈红	基于体外细胞模型的霉菌毒素毒性评价	动物营养学报
72	邱思奇	动物科学技术学院	基础兽医学	沈红	地鳖肽对四氯化碳诱导小鼠急性肝损伤的保护作用	北京农学院学报
73	邱思奇	动物科学技术学院	基础兽医学	沈红	霉菌毒素对不同细胞的毒性评价	中国畜牧兽医学会兽医药理毒理学分会第十四次学术讨论会论文集
74	邱思奇	动物科学技术学院	基础兽医学	沈红	地鳖多糖提取及其对免疫抑制小鼠免疫功能的影响	第十一届北京畜牧兽医青年科技工作者"新思想、新观念、新方法"论文集
75	石宁	动物科学技术学院	养殖	李艳玲	植物提取物对奶牛免疫机能及产奶性能的影响	中国草食动物科学
76	石宁	动物科学技术学院	养殖	李艳玲	茴香油在动物生产性能、健康免疫机能方面的研究进展	中国草食动物科学

（续）

序号	姓名	所在院系	专业、领域	导师姓名	发表论文题目	报刊名称/会议
77	宋文华	动物科学技术学院	兽医	姚华	L-肉碱对大猫心脏功能的影响	2017兽医内科与临床诊疗学分会学术研讨会
78	郑新枫	动物科学技术学院	基础兽医学	安健	间接共培养下柔嫩艾美耳球虫对MDBK细胞凋亡抑制的研究	中国兽医杂志
79	卢文瑾	动物科学技术学院	农学硕士	郭勇	溶菌酶1在小鼠超数排卵前后孵化及休眠囊胚中差异表达的研究	中国实验动物学报
80	陈秀竹	动物科学技术学院	兽医	倪和民	IL1RAP在健康奶牛与患子宫内膜炎奶牛间表达差异的研究	北京农学院学报
81	孟伯龙	动物科学技术学院	兽医专硕	任晓明	Construction of PRRSV pFBD-ORF5-ORF7-His plasmids and expression it in Sf9 cells	第25届国际猪病大会 2018国际猪繁殖与呼吸综合征学术研讨会
82	冯宇航	动物科学技术学院	养殖硕士	郭勇	复合酶制剂对产蛋鸡生产性能、蛋品质、氮磷及氨气排放的影响	北京农学院学报
83	栗云鹏	动物科学技术学院	兽医硕士	孙英健	气调包装保鲜技术对猪肉冷藏保鲜效果的影响	北京农学院学报
84	栗云鹏	动物科学技术学院	兽医硕士	孙英健	牛角地黄汤对金葡菌增殖和毒素表达的影响	中国畜牧兽医学会中兽医学分会2016年学术研讨会
85	栗云鹏	动物科学技术学院	兽医硕士	孙英健	赤芍水提物对金葡菌诱导内皮细胞损伤的影响	中国畜牧兽医学会中兽医学分会2017年学术研讨会

（续）

序号	姓名	所在院系	专业、领域	导师姓名	发表论文题目	报刊名称/会议
86	许晓凯	动物科学技术学院	养殖	郭玉琴	提高玉米秸秆利用率的研究技术进展	农学学报
87	杨健	动物科学技术学院	临床兽医学	倪和民	不同因素对牛 IVF 胚胎体外发育影响的研究	中国农学通报
88	杨健	动物科学技术学院	临床兽医学	倪和民	3 种中药对牛乳房炎金葡菌抑菌效果的 Meta 分析	北京农学院学报
89	杨健	动物科学技术学院	临床兽医学	倪和民	中药治疗奶牛乳房炎的系统评价与 Meta 分析	南方农业学报
90	杨宁	动物科学技术学院	基础兽医学	李焕荣	Change in the immune function of porcine iliac artery endothelial cells infected with porcine circovirus type 2 and its inhibition on monocyte derived dendritic cells maturation	Plos One
91	杨宁	动物科学技术学院	基础兽医学	李焕荣	Reduced antigen presentation capability and modified inflammatory/immunosuppressive cytokine expression of induced monocyte-derived dendritic cells from peripheral blood of piglets infected with porcine circovirus type 2	Archives of Virology
92	陈吉铭	经济管理学院	农业经济管理	刘芳	基于京津冀一体化的乳制品冷链物流发展研究	中国畜牧杂志
93	陈吉铭	经济管理学院	农业经济管理	刘芳	北京奶牛产业链利润分配机制研究	中国畜牧杂志
94	陈吉铭	经济管理学院	农业经济管理	刘芳	消费者对冷链乳制品的态度、购买意愿及影响因素研究——基于京津冀地区的调研	农业展望
95	陈吉铭	经济管理学院	农业经济管理	刘芳	新澳奶业冷链物流发展经验及借鉴研究	世界农业
96	陈吉铭	经济管理学院	农业经济管理	刘芳	京津冀地区物流发展水平与物流效率研究	科技和产业

（续）

序号	姓名	所在院系	专业、领域	导师姓名	发表论文题目	报刊名称/会议
97	陈吉铭	经济管理学院	农业经济管理	刘芳	京津冀乳制品冷链物流技术效率与影响因素研究	中国畜牧杂志
98	何向育	经济管理学院	农业经济管理	刘芳	中新自由贸易区对中国奶业损害预警研究	世界农业
99	何向育	经济管理学院	农业经济管理	刘芳	澳大利亚金融支持奶业发展的经验借鉴	世界农业
100	何向育	经济管理学院	农业经济管理	刘芳	中澳自贸区建立对中国奶业损害的预测预警	中国畜牧杂志
101	何向育	经济管理学院	农业经济管理	刘芳	中新自贸区对中国生鲜乳价格波动的传导机制研究	农业展望
102	何向育	经济管理学院	农业经济管理	刘芳	北京市奶牛养殖融资问题研究	中国食物与营养
103	栗卫清	经济管理学院	农业经济管理	何忠伟	北京沟域经济发展趋势分析	科技和产业
104	栗卫清	经济管理学院	农业经济管理	何忠伟	北京农业土地产出率分析与对策	科技和产业
105	栗卫清	经济管理学院	农业经济管理	何忠伟	北京门头沟区环境监测现状及其对策研究	科技和产业
106	栗卫清	经济管理学院	农业经济管理	何忠伟	我国农村乳制品需求的影响因素研究	中国奶牛
107	栗卫清	经济管理学院	农业经济管理	何忠伟	京津冀城市居民乳制品消费现状与影响因素研究	中国食物与营养
108	栗卫清	经济管理学院	农业经济管理	何忠伟	发达国家环境监测的特点及其启示	世界农业
109	栗卫清	经济管理学院	农业经济管理	何忠伟	供给侧改革背景下加强我国奶业监管体系建设的对策	南方农村
110	高运安	经济管理学院	农业经济管理	胡宝贵	北京市生鲜产品电子商务SWOT分析	安徽农业科学
111	高运安	经济管理学院	农业经济管理	胡宝贵	北京市西瓜种植收益的回归分析——以844户农户调查为例	湖南农业科学

（续）

序号	姓名	所在院系	专业、领域	导师姓名	发表论文题目	报刊名称/会议
112	高运安	经济管理学院	农业经济管理	胡宝贵	北京市西瓜产业发展策略探析	农业展望
113	高运安	经济管理学院	农业经济管理	胡宝贵	基于Translog生产函数的北京市西瓜最优种植规模研究	中国蔬菜
114	孔阿飞	经济管理学院	农村与区域发展	刘芳	北京市畜禽遗传资源发展现状	农业展望
115	王彩	经济管理学院	农村与区域发展	李瑞芬	京津冀种植业协作模式的优化	北京农学院学报
116	李潇	经济管理学院	农村与区域发展	徐广才	台湾休闲农业的发展及其对北京的启示	台湾农业探索
117	李潇	经济管理学院	农村与区域发展	徐广才	北京市郊区重点小城镇可持续发展评价	北京农学院学报
118	黄穗羽	经济管理学院	农村与区域发展	何忠伟	北京山区生态保护对策探析	科技和产业
119	黄穗羽	经济管理学院	农村与区域发展	何忠伟	北京山区生态环境保护政策演变及趋势	农业展望
120	杨碧波	经济管理学院	农村与区域发展	李华	我国农业文化遗产保护现状分析	农业展望
121	田明	经济管理学院	农村与区域发展	刘芳	北京奶业文化的发展与变迁	农业展望
122	孙玥	经济管理学院	农村与区域发展	荀天来	互联网农业众筹成功的项目展示因素分析——以"大家种""农业众筹平台"为例	北京农学院学报
123	姚茹格	经济管理学院	农村与区域发展	刘瑞涵	塔沟村低收入户生活现状调查	北京农学院学报
124	崔倩	经济管理学院	农村与区域发展	李瑞芬	以基于产业链升级的京津冀生猪养殖业协作模式研究	北京农学院学报
125	郭王晓潇	经济管理学院	农村与区域发展	邓蓉	"互联网＋农业"背景下农产品电子商务案例分析	经济师
126	郭王晓潇	经济管理学院	农村与区域发展	邓蓉	发达国家农村区域规划的经验与启示	经济师
127	郭王晓潇	经济管理学院	农村与区域发展	邓蓉	河南省粮食生产情况调查研究	经济师

（续）

序号	姓名	所在院系	专业、领域	导师姓名	发表论文题目	报刊名称/会议
128	裴丽荣	经济管理学院	农村与区域发展	黄映晖	论农资电商监管存在的问题及对策	北京农学院学报
129	裴丽荣	经济管理学院	农村与区域发展	黄映晖	北京市循环农业发展方向探析——以平谷区为例	农业展望
130	高艺紊	经济管理学院	农村与区域发展	吕晓英	当代大学生主观幸福感实证研究——以北京农学院为例	高教论坛
131	王赢	经济管理学院	农村与区域发展	徐广才	基于IDE的台湾休闲农业发展分析	农学学报
132	李春乔	经济管理学院	农村与区域发展	赵海燕	我国农村劳动力转移培训中的问题与对策	农村经济与科技
133	白宏伟	经济管理学院	农村与区域发展	肖红波	京津冀三地农业生产优势的比较分析——基于区位商法	农业技术经济
134	郭蓓	经济管理学院	农村与区域发展	华玉武	农业院校学生绿色教育调查及培养策略研究	教育教学论坛
135	郭蓓	经济管理学院	农村与区域发展	华玉武	绿色旅游产业可持续发展探析——以北京市门头沟区为例	农业展望
136	郭蓓	经济管理学院	农村与区域发展	华玉武	北京市农业生态环境保护现状及对策——以门头沟区为例	农业展望
137	郭蓓	经济管理学院	农村与区域发展	华玉武	北京农业绿色发展评价指标体系构建及推进方向	农业展望
138	王家骥	经济管理学院	农村与区域发展	赵连静	我国小微企业融资困境刍议	中国农业会计
139	何临	经济管理学院	农村与区域发展	李华	农产品电商发展现状及建议	农业展望
140	何临	经济管理学院	农村与区域发展	李华	北京休闲农业众筹融资现状与发展探析	农业展望
141	何临	经济管理学院	农村与区域发展	李华	中国农业众筹现状与风险防范	农民日报

（续）

序号	姓名	所在院系	专业、领域	导师姓名	发表论文题目	报刊名称/会议
142	何临	经济管理学院	农村与区域发展	李华	北京农业众筹发展现状及风险研究	农业展望
143	何临	经济管理学院	农村与区域发展	李华	农业众筹平台规范化建设研究	经济师
144	何临	经济管理学院	农村与区域发展	李华	农业众筹风险防范及其案例研究——以北京为例	2018第三届经济、金融与管理科学国际会议（ICEFMS2018）
145	王萌	园林学院	森林培育	刘云	北京城市森林公园不同树种吸附大气颗粒物能力	北京农学院学报
146	丁格	园林学院	森林培育	赵和文	月季遗传多样性和杂交亲本的选择	北京农学院学报
147	丁格	园林学院	森林培育	赵和文	百合 S RNase 基因 cDNA 全长克隆及表达分析	山西农业大学学报
148	刘红	园林学院	森林培育	张克	山丹 miR396a 和 miR396f 表达载体构建及农杆菌的转化	植物学研究
149	曹磊	园林学院	园林植物与观赏园艺	冷平生	城市污泥与建筑垃圾混合基质在边坡植物恢复中的应用研究	观赏园艺年会
150	于金平	园林学院	园林植物与观赏园艺	王文和	百合不同品种同花粉萌发活力检测分析	沈阳农业大学学报
151	曹潇	园林学院	园林植物与观赏园艺	张克中	三倍体 OT 百合与二倍体东方百合组间杂交育种	分子植物育种
152	吴琦	园林学院	园林植物与观赏园艺	冷平生	茉莉酸甲酯（MeJA）处理时长对"西伯利亚"百合花香的影响	中国园艺学会会议论文集
153	陈志新	园林学院	园林植物与观赏园艺	胡增辉	外源氯化钙对盐胁迫下冰叶日中花种子萌发的影响	中国观赏园艺学术研讨会

（续）

序号	姓名	所在院系	专业、领域	导师姓名	发表论文题目	报刊名称/会议
154	陈志新	园林学院	园林植物与观赏园艺	胡增辉	一氧化氮对盐胁迫下八棱海棠叶片生理特性的影响	北京农学院学报
155	刘聪聪	园林学院	园林植物与观赏园艺	郑健	De novo transcriptomic analysis and development of EST-SSRs for *Sorbus pohuashanensis* （Hance） Hedl.	*Plos One*
156	母玉婷	园林学院	风景园林学	张维妮	国家矿山公园景观现状及可持续发展建议	绿色科技
157	李红斌	园林学院	风景园林学	卢圣	Discussion on the application of VR, AR and MR technology in landscape architecture	Proceedings of 2nd International Conference on Computer Engineering, Information Science & Application Technology （ICCIA 2017）
158	李红斌	园林学院	风景园林学	卢圣	"画中游"建筑群地形与景观空间营造	现代园林
159	高阳	园林学院	风景园林学	马晓燕	乡镇水生态修复改造研究——以单县东舜河为例	北京农学院学报
160	靳远	园林学院	风景园林学	付军	浅析农林高校校园植物景观营造——以北京农学院校园为例	北京农学院学报
161	靳远	园林学院	风景园林学	付军	绿道慢行空间景观设计浅析——以三山五园绿道为例	北京农学院学报
162	乔博	园林学院	风景园林学	付军	景观照明的文化性研究	农技服务

（续）

序号	姓名	所在院系	专业、领域	导师姓名	发表论文题目	报刊名称/会议
163	乔博	园林学院	风景园林学	付军	北欧国家的现代园林景观	基层建设
164	乔博	园林学院	风景园林学	付军	基于场所精神的棚改集中安置区景观设计研究	中国绿色画报
165	乔博	园林学院	风景园林学	付军	张家口滑雪场景观设计初步研究——以崇礼区长城岭滑雪场为例	北京农学院学报
166	乔博	园林学院	风景园林学	付军	基于场所记忆的北京棚改集中安置区景观设计研究	现代园林
167	毕鹏伟	园林学院	风景园林学	韩丽莉	校园雨水花园景观改造与分析——以北京农学院为例	安徽农业科学
168	高擎	园林学院	风景园林学	韩丽莉	北京市雨水花园景观的调查与评价	现代园林
169	鲍俊辰	园林学院	风景园林学	马晓燕	基于GIS绿地景观格局的怀柔区生态休闲小镇发展研究	现代园林
170	梁晶	园林学院	林业	张克中	百合类胡萝卜素代谢途径关键酶基因的分析及LoLcyB的克隆	分子植物育种
171	吴思琪	食品科学与工程学院	食品科学	张红星	Synergistic Effect of Plantaricin BM‑1 Combined with Physicochemical Treatments on the Control of Listeria monocytogenes in Cooked Ham	Journal of Food Protection
172	吴思琪	食品科学与工程学院	食品科学	张红星	一种高效稳定的微生物总RNA提取方法	江苏农业学报
173	胡彦周	食品科学与工程学院	食品科学	丁轲	酸枣仁微量生物碱成分的筛选方法研究	天然产物研究与开发
174	胡彦周	食品科学与工程学院	食品科学	丁轲	基于高效液相色谱——三重四极杆质谱分析番石榴叶中多酚组分提取方法的研究	食品安全质量检测学报

（续）

序号	姓名	所在院系	专业、领域	导师姓名	发表论文题目	报刊名称/会议
175	胡彦周	食品科学与工程学院	食品科学	丁轲	具有改善睡眠功能的中草药研究进展	食品与营养科学
176	胡彦周	食品科学与工程学院	食品科学	丁轲	基于液质联用分析方法对酸枣仁中欧鼠李叶碱（frangufoline）提取方法的研究	天然产物研究与开发
177	刘静媛	食品科学与工程学院	食品科学	吕莹	Effects of freezing and thawing treatment on the rheological and textural characteristics and microstructure of heat-induced egg yolk gels	*Journal of Food Engineering*
178	李嘉懿	食品科学与工程学院	食品科学	刘慧	凝结芽孢杆菌微生态制剂对北京油鸡产蛋鸡抗脂质过氧化能力的影响	动物营养学报
179	李嘉懿	食品科学与工程学院	食品科学	刘慧	益生菌发酵复方中草药产多糖的工艺优化	北京农学院学报
180	张羽灵	食品科学与工程学院	食品科学	秦菁华	Anthraquinones isolated from the browned Chinese chestnut kernels (*Castanea mollissima Blume*)	2016 International Conference on Agricultural and Biological Sciences
181	杨菁鸿	食品科学与工程学院	食品科学	贾明宏（刘慧君）	6种清洗方法对果蔬中2种甲氧基丙烯酯类农药残留的去除效果	食品工业科技
182	杨菁鸿	食品科学与工程学院	食品科学	贾明宏（刘慧君）	38%唑醚·啶酰菌 SC 在草莓和土壤中的残留及消解动态	农药学报
183	董雨馨	食品科学与工程学院	食品科学	张红星	1株产细菌素植物乳杆菌的筛选及其细菌素抑菌性质研究	食品与发酵工业
184	董雨馨	食品科学与工程学院	食品科学	张红星	瑞士乳杆菌 M14-1 所产细菌素的分离纯化及抑菌特性分析	天然产物研究与开发

（续）

序号	姓名	所在院系	专业、领域	导师姓名	发表论文题目	报刊名称/会议
185	李晓霞	食品科学与工程学院	食品科学	谢远红	原料乳中金黄色葡萄球菌 LAMP 检测方法的建立及应用	江苏农业学报
186	李晓霞	食品科学与工程学院	食品科学	谢远红	不同碳源对 manA 基因突变大肠杆菌代谢的影响	中国食品学报
187	于弘慧	食品科学与工程学院	食品科学	李红卫	果蔬中农药残留降解方法研究进展	食品安全质量检测学报
188	于弘慧	食品科学与工程学院	食品科学	李红卫	臭氧气体处理对甜瓜和雪花梨果实储藏品质及效果的影响	北京农学院学报
189	于弘慧	食品科学与工程学院	食品科学	李红卫	低温等离子体杀菌梨汁工艺参数的优化及对品质和抗氧化性的影响	食品工业科技学报
190	张乙博	食品科学与工程学院	农产品加工与贮藏	陈湘宁	不同气调包装对菠菜冷藏保鲜效果的影响	食品工业科技
191	张乙博	食品科学与工程学院	农产品加工与贮藏	陈湘宁	北京地区主要菠菜品种储藏性的比较分析	食品工业科技
192	马涌航	食品科学与工程学院	农产品加工及贮藏工程	陈湘宁	不同阻隔性包装材料对生菜保鲜效果的影响	食品与机械
193	马涌航	食品科学与工程学院	农产品加工与贮藏	陈湘宁	Proteomic and biochemical analysis reveals the molecular mechanism of modified atmosphere packaging underlying the quality of lettuce during storage	International Agricultural Engineering Journal
194	李小卫	食品科学与工程学院	农产品贮藏与加工工程	谭锋	次氯酸钠、酸性电解水和二氧化氯对鲜切蔬菜中大肠杆菌的杀菌效果	食品工业科技

（续）

序号	姓名	所在院系	专业、领域	导师姓名	发表论文题目	报刊名称/会议
195	李小卫	食品科学与工程学院	农产品贮藏与加工工程	谭　锋	不同温度对大肠杆菌在黄瓜上生长与残留的影响	食品科技
196	郭晓蒙	食品科学与工程学院	农产品加工及贮藏工程	马挺军	响应面法优化柠檬酸胁迫藜麦富集γ-氨基丁酸的培养条件及体外降血压活性研究	食品科学
197	郭晓蒙	食品科学与工程学院	农产品加工及贮藏工程	马挺军	Optimization of germination buckwheat for alkaloid extracted using response surface methodology	Journal of Chemical and Pharmaceutical Research
198	王国庆	食品科学与工程学院	农产品加工及贮藏工程	王宗义	冷冻除脂-气相色谱-串联质谱法检测食用植物油中30种多环芳烃	食品科学
199	王国庆	食品科学与工程学院	农产品加工及贮藏工程	王宗义	气相色谱串联质谱法检测食用植物油中4种欧盟限量多环芳烃	现代食品科技
200	寇莹莹	食品科学与工程学院	农产品加工及贮藏工程	仝其根	响应面法优化桂皮胶的提取工艺	食品工业科技
201	刘晓雪	食品科学与工程学院	农产品加工及贮藏工程	卢大新	1/2及5/6肾切除大鼠的肾脏病变规律	中国奶牛
202	刘晓雪	食品科学与工程学院	农产品加工及贮藏工程	卢大新	洗肠液与抗生素联用对大鼠肠道微生物的清除作用	中国奶牛
203	申霄婵	食品科学与工程学院	食品科学	裴菁华	Simultaneous determination of 9 heterocyclic aromatic amines in pork products by liquid chromatography coupled with triple quadrupole tandem mass spectrometry	IOP Conference Series: Earth and Environmental Science

（续）

序号	姓名	所在院系	专业、领域	导师姓名	发表论文题目	报刊名称/会议
204	申霄婵	食品科学与工程学院	食品科学	綦菁华	常见香辛料对酱猪肉中杂环胺生成的影响	食品工业科技
205	彭锡钰	食品科学与工程学院	食品加工与安全	吕莹	分级糟粑粉的理化性质及风味特性研究	中国粮油学报
206	陈仪婷	食品科学与工程学院	食品加工与安全	张红星	降胆固醇乳酸菌的筛选鉴定及其耐酸耐胆盐性能研究	食品与发酵工业杂志社
207	程怡然	食品科学与工程学院	食品加工与安全	赵晓燕	超高压处理对番茄酱流变学性质的影响	食品科技
208	李娜	食品科学与工程学院	食品加工与安全	伍军	预制鸡丁复合保鲜剂配方优化及保鲜效果	食品工业科技
209	张子蒙	食品科学与工程学院	食品加工与安全	高秀芝	高效抑制大肠杆菌的芽孢杆菌的筛选及培养条件优化	食品工业科技
210	郭旭	食品科学与工程学院	食品加工与安全	易欣欣	Bacterial community structure in rape soil are shifted by cultivation times	微生物学通报
211	常菁	食品科学与工程学院	食品加工与安全	易欣欣	生菜–菠菜轮作对土壤酶活性的影响	北京农学院学报
212	王姬宇	食品科学与工程学院	食品加工与安全	谢远红	植物乳杆菌 Zhang-LL 抑制 α–葡萄糖苷酶活性及耐胃肠道逆环境特性研究	北京农学院学报
213	裴彦芬	食品科学与工程学院	食品加工与安全	刘慧	藏灵菇源副干酪乳杆菌 KL1 对蛋鸡脂质过氧化的研究	食品科学
214	辛闻	食品科学与工程学院	食品加工与安全	李德美	不同封口材料对美乐瓶装葡萄酒储存品质的影响	中外葡与葡萄酒
215	杨雯珂	食品科学与工程学院	食品加工与安全	谢远红	乳酸菌素复合抗菌薄膜的制备及其在冷鲜猪肉保鲜中的应用	北京农学院学报

（续）

序号	姓名	所在院系	专业、领域	导师姓名	发表论文题目	报刊名称/会议
216	张欣瑶	食品科学与工程学院	食品加工与安全	陈湘宁	1-mcp 对罗勒保鲜效果的研究	食品工业科技
217	巩翰颖	食品科学与工程学院	食品加工与安全	卢大新	小麦制粉不同组分中铁锌含量的影响因素探析	核农学报
218	翟孟婷	食品科学与工程学院	食品加工与安全	王宗义	碱液处理-活性炭固相萃取结合 GC-MS/MS 法测鱼干、虾皮和虾仁中 8 种 N-亚硝胺	质谱学报
219	马蒙蒙	食品科学与工程学院	食品加工与安全	贾明宏	超低温冷冻脂-气相色谱串联质谱检测食用植物油中 21 种邻苯二甲酸酯	食品工业科技
220	孙毅蒙	食品科学与工程学院	食品加工与安全	丁　轲	以金属有机框架材料为基质的免疫磁珠的制备及应用	中国粮油学报
221	华苗爽	食品科学与工程学院	食品加工与安全	仝其根	蛋黄油对小鼠消化性胃溃疡促进愈合作用的研究	中国食品学报
222	李明璟	计算机与信息工程学院	农业信息化	徐　践	Study on the factors affecting grain yield measurement system	*Service Science, Technology Enginering*
223	李明璟	计算机与信息工程学院	农业信息化	徐　践	两种谷物质量流量传感器的适用性研究	现代农业科技
224	胡　洁	计算机与信息工程学院	农业信息化	徐　践	Study on the current situation and application of fresh agricultural products sales model Science	*Journal of Business and Management*
225	胡　洁	计算机与信息工程学院	农业信息化	徐　践	草莓无损检测和品质分级现状及技术应用的进展研究	现代农业科技
226	闫　敏	计算机与信息工程学院	农业信息化	徐　践	新媒体技术在农业信息传播中的应用	现代农业科技
227	姚瑞奇	计算机与信息工程学院	农业信息化	张仁龙	The Management System of Beef Cattle Breeding based on the Data Record of Whole Industry Chain	第五届信息科学与云计算国际会议

（续）

序号	姓名	所在院系	专业、领域	导师姓名	发表论文题目	报刊名称/会议
228	蔡国健	计算机与信息工程学院	农业信息化	张娜	基于安卓平台的草莓知识专家教学APP的设计与实现	安徽农业科学
229	蔡国健	计算机与信息工程学院	农业信息化	张娜	Design and Implementation of Information Display Platform about Grain Economy Team Based on ASP. NET	WCNE 2016
230	蔡国健	计算机与信息工程学院	农业信息化	张娜	Greenhouse Equipment Data Acquisition and Display Platform Based on Socket Java	ICESEE 2017
231	张倩怡	计算机与信息工程学院	农业信息化	徐践	基于物联网的计算机实验室智能管理系统研究	软件工程
232	张倩怡	计算机与信息工程学院	农业信息化	徐践	The analysis and Design Research of school enterprise cooperation innovation entrepreneurship training management system	国际会议
233	李蕾梦	计算机与信息工程学院	农业信息化	徐践	Design and Implementation of Information Display Platform about Grain Economy Team Based on ASP. NET	2016 International Conference on Wireless Communication and Network Engineering
234	邹清	文法学院	农村发展	胡勇	浅谈高龄者福祉教育国外经验及启示	学园

附录 2　2018 年度研究生承担或参与科研项目表

序号	姓名	所在院系	专业、领域	导师姓名	课题（项目）名称	课题（项目）起止年
1	黄天珑	生物科学与工程学院	生物工程	郭　蓓	北京农学院学位与研究生教育改革与发展项目	2017—2018
2	项　晨	生物科学与工程学院	生物工程	杨明峰	13—纵向—国家自然科学基金—麻树胚乳胚风油脂积累调控因子的鉴定和功能研究	2013—2018
3	姜梦嫣	生物科学与工程学院	生物工程	薛飞燕	基于尿苷二磷酸葡萄糖原位再构建酵母合成红景天苷体系的研究	2016—2019
4	杨　祎	生物科学与工程学院	生物工程	靳承胜	生物技术除臭研究	2016.9 至 2018.5
5	闫俊迪	生物科学与工程学院	生物工程	曹庆芹	16—纵向—国家自然科学基金—不同类型菌根中板栗 PHt1 家族菌根磷转运蛋白基因的功能	2017—2020
6	胡渤洋	生物科学与工程学院	生物工程	张国庆	基于 RNA-Seq 研究—色齿毛菌漆酶铜离子诱导表达的分子机制	2016—2018
7	孔繁浴	生物科学与工程学院	生物工程	张国庆	基于 RNA-Seq 研究—色齿毛菌漆酶铜离子诱导表达的分子机制	2016—2018
8	袁　雪	生物科学与工程学院	生物工程	刘悦萍	生长素响应因子 ARF 和 Aux/IAA 调控桃果实成熟软化的机理	2018.2.26 至 2019.2.26

（续）

序号	姓名	所在院系	专业、领域	导师姓名	课题（项目）名称	课题（项目）起止年
9	赵家宝	植物科学技术学院	作物遗传育种	潘金豹	青贮玉米新品种产业化关键技术研究	2016.1至2018.12
10	赵家宝	植物科学技术学院	作物遗传育种	潘金豹	优质高产青贮玉米品种筛选与机械化高效生产技术	2016.1至2020.12
11	张明明	植物科学技术学院	作物遗传育种	赵昌平	小麦、棉花品种DNA指纹分子鉴定技术研究	2017.7至2020.12
12	吕金东	植物科学技术学院	作物遗传育种	郭蓓	大豆种质资源保护	2018.1至2019.12
13	单云鹏	植物科学技术学院	作物遗传育种	李奕松	高产抗病优质小豆新品种"京农26号"中试与示范	2018.1至2019.6
14	杜萌莹	植物科学技术学院	作物遗传育种	杨凯	小豆矮秆矮叶突变基因的图位克隆和功能分析	2016.1至2019.12
15	张凌霄	植物科学技术学院	作物遗传育种	郑军	玉米逆境、高效性状的功能基因组与调控网络	2016.1至2020.12
16	侯亚楠	植物科学技术学院	作物遗传育种	万平	小豆全基因组关联分析鉴定重要农艺性状基因	2017.1至2019.12
17	赵璞	植物科学技术学院	作物遗传育种	李奕松	高产抗病优质小豆新品种"京农26号"中试与示范	2018.1至2019.6
18	葛新	植物科学技术学院	作物遗传育种	万平	小豆全基因组关联分析鉴定重要农艺性状基因	2017.1至2019.12
19	林淼	植物科学技术学院	作物遗传育种	潘金豹	优质高效节水青贮玉米新品种选育与示范推广	2017.1至2019.12

（续）

序号	姓名	所在院系	专业、领域	导师姓名	课题（项目）名称	课题（项目）起止年
20	林森	植物科学技术学院	作物遗传育种	潘金豹	青贮玉米新品种产业化关键技术研究	2016.1至2018.12
21	林森	植物科学技术学院	作物遗传育种	潘金豹	优质高产青贮玉米品种筛选与机械化高效生产技术	2016.1至2020.12
22	吉玉龙	植物科学技术学院	作物遗传育种	赵久然	玉米黄改系优良性状研究及改良创制	2016.1至2018.12
23	吉玉龙	植物科学技术学院	作物遗传育种	赵久然	玉米优良纯系创制与鉴定利用	2016.7至2020.12
24	郝小聪	植物科学技术学院	作物遗传育种	赵昌平	抗逆转基因小麦新品种培育	2016.1至2020.12
25	郝小聪	植物科学技术学院	作物遗传育种	赵昌平	小麦花药特异表达光温敏雄性不育相关基因的克隆与功能分析	2016.1至2018.12
26	刘媛媛	植物科学技术学院	作物遗传育种	郭岩	大豆种质资源保护	2018.1至2019.12
27	孙轩	植物科学技术学院	作物遗传育种	赵久然	玉米黄改系优良性状研究及改良创制	2016.1至2018.12
28	孙轩	植物科学技术学院	作物遗传育种	赵久然	玉米优良纯系创制与鉴定利用	2016.7至2020.12
29	赵家宝	植物科学技术学院	作物遗传育种	潘金豹	优质高效节水青贮玉米新品种选育与示范推广	2017.1至2019.12
30	张雪	植物科学技术学院	作物学	潘金豹	优质高效节水青贮玉米新品种选育与示范推广	2017.1至2019.12
31	张雪	植物科学技术学院	作物学	潘金豹	青贮玉米新品种产业化关键技术研究	2016.1至2018.12
32	张雪	植物科学技术学院	作物学	潘金豹	优质高产青贮玉米品种筛选与机械化高效生产技术	2016.1至2020.12
33	肖蓬	植物科学技术学院	作物学	万平	小豆粒色基因克隆及调控网络和进化分析	2019.1至2022.12

（续）

序号	姓名	所在院系	专业、领域	导师姓名	课题（项目）名称	课题（项目）起止年
34	刘子放	植物科学技术学院	作物学	潘金豹	优质高效节水青贮玉米新品种选育与示范推广	2017.1 至 2019.12
35	刘子放	植物科学技术学院	作物学	潘金豹	青贮玉米新品种产业化关键技术研究	2016.1 至 2018.12
36	刘子放	植物科学技术学院	作物学	潘金豹	优质高产青贮玉米品种筛选与机械化高效生产技术	2016.1 至 2020.12
37	王旖璇	植物科学技术学院	作物学	万平	小豆全基因组关联分析鉴定重要农艺性状基因	2017.1 至 2019.12
38	岳洁茹	植物科学技术学院	作物学	张立平	小麦杂交种子活力的形成及保持技术研究	2018.1 至 2020.12
39	冯乐乐	植物科学技术学院	作物学	郭蔷	大豆种质资源保护	2018.1 至 2019.12
40	兑兴晨	植物科学技术学院	作物学	李奕松	高产抗病优质小豆新品种"京农26号"中试与示范	2018.1 至 2019.12
41	周又杰	植物科学技术学院	果树学	马兰青	树莓叶生代谢通路探究	2017.9 至 2021.9
42	张伟	植物科学技术学院	果树学	郭魏	"化学肥料和农药减施增效综合技术研发"试点专项1.4"活体生物农药增效及有害生物生态调控机制"；甜菜夜蛾几丁质酶乙酰胺脱酶抵御病毒侵染的分子机制研究	2017—2020；2015.1 至 2018.12
43	代丽珍	植物科学技术学院	果树学	王进忠	片突菱纹叶蝉传播枣疯病植原体特性及机制研究	2018—2020

（续）

序号	姓名	所在院系	专业、领域	导师姓名	课题（项目）名称	课题（项目）起止年
44	李晓	植物科学技术学院	果树学	曹庆芹	不同类型菌根中板栗 pht1 家族菌根磷转运蛋白基因的功能及互作机制研究	2017.1 至 2020.12
45	韩远芳	植物科学技术学院	果树学	邢宇	促分裂原活化蛋白激酶调控果实着色和成熟软化的分子机理	2015.4 至 2018.12
46	刘士峰	植物科学技术学院	果树学	张志勇	苹果上农药减施参数与活性关系	2017.9 至 2022.9
47	李旭锐	植物科学技术学院	果树学	姚允聪	苹果园间作减效应研究与趋避植物选择技术	2016.1 至 2020.12
48	张涵	植物科学技术学院	果树学	沈元月	设施无花果栽培技术应用	2017.9 至 2020.9
49	李华	植物科学技术学院	果树学	姚允聪	观赏海棠叶片转色过程中 DNA 去甲基化途径修饰花色素苷代谢途径研究	2018.1.1 至 2021.12.31
50	陈梦晨	植物科学技术学院	果树学	姚允聪	观赏海棠叶片转色过程中 DNA 去甲基化途径修饰花色素苷代谢途径研究	2018.1.1 至 2021.12.31
51	孙梦潇	植物科学技术学院	果树学	姚允聪	苹果园间作趋避效应研究与趋避植物选择技术	2016.1 至 2020.12
52	陈新红	植物科学技术学院	果树学	沈元月	ABA 调控草莓成熟的分子机理	2017.9 至 2020.9
53	段玉丹	植物科学技术学院	果树学	姚允聪	坑塘荒弃区老旧果园改造技术集成与示范	2016.1 至 2018.12
54	王玉龙	植物科学技术学院	果树学	秦岭	18 教师队伍建设-创新团队	2018—2020
55	蔡雯婷	植物科学技术学院	果树学	董清华	设施草莓新品种优选及无土栽培	2017.9—2020.9
56	谷思	植物科学技术学院	果树学	邢宇	转录因子 FvWRKY16 通过果胶裂解酶 Fv-PLC 调整草莓果实软化的分子机理	2018.1 至 2019.12

（续）

序号	姓名	所在院系	专业、领域	导师姓名	课题（项目）名称	课题（项目）起止年
57	谷晓娇	植物科学技术学院	果树学	沈元月	ABA调控草莓果实成熟的分子机制	2017.1至2020.12
58	管　丹	植物科学技术学院	果树学	刘悦萍	生长素影响因子 ARF 和 Aux/IAA 调整桃果实成熟软化的机理研究	2018.1至2020.12
59	韩明政	植物科学技术学院	果树学	田　佶	苹果园间作物焗避效应研究与焗避植物选择技术	2016.1至2020.12
60	黄丹丹	植物科学技术学院	果树学	姚允聪	苹果园间作物焗避效应研究与焗避植物选择技术	2016.1至2020.12
61	寇弘儒	植物科学技术学院	果树学	张志勇	苹果上农药减施参数与活性关系	2017.9至2022.9
62	李靖同	植物科学技术学院	果树学	秦　岭	18教师队伍建设-创新团队	2018—2020
63	刘　静	植物科学技术学院	果树学	姚允聪	苹果 mRNA 结合蛋白 MhRBP 调控脱落酸和干旱胁迫信号转导的功能	2019.1至2022.12
64	马华鹰	植物科学技术学院	果树学	张　杰	长城学者项目	2017.4至2020.12
65	莫翱玮	植物科学技术学院	果树学	沈元月	ABA调控草莓果实成熟的分子机制	2017.1至2020.12
66	聂兴华	植物科学技术学院	果树学	秦　岭	18教师队伍建设-创新团队	2018—2020
67	孙佳晨	植物科学技术学院	果树学	秦　岭	18教师队伍建设-创新团队	2018—2020
68	孙芝林	植物科学技术学院	果树学	曹庆芹	不同类型菌根中板栗 PHt1 家族菌根磷转运蛋白基因的功能及互作机制研究	2017.1至2020.12
69	许鹏昊	植物科学技术学院	果树学	沈元月	ABA调控草莓果实成熟的分子机制	2017.1至2020.12
70	杨　拓	植物科学技术学院	果树学	姚允聪	果园智慧化管理服务平台建设与示范应用	2018.7至2020.12

（续）

序号	姓名	所在院系	专业、领域	导师姓名	课题（项目）名称	课题（项目）起止年
71	张　洁	植物科学技术学院	果树学	张　杰	长城学者项目	2017.4 至 2020.12
72	宗召莉	植物科学技术学院	果树学	郭　魏	"化学肥料和农药减施增效综合技术研发"试点专项1.4 "活体生物农药增效及有害生物生态调控机制"	2017—2020
73	段学粉	植物科学技术学院	蔬菜学	张喜春	中俄主要蔬菜基因资源遗传多样性比较研究	2012.5 至 2018.12
74	张倩倩	植物科学技术学院	蔬菜学	许　勇	油菜、蔬菜重要性状的功能基因组与调控网络	2016.7 至 2020.12
75	齐正阳	植物科学技术学院	蔬菜学	郝敬虹	生长素响应因子 ARF 调控叶用莴苣高温抽薹的作用机制	2018.1 至 2020.12
76	高英健	植物科学技术学院	蔬菜学	王绍辉	番茄 JAZ7 调控根结线虫抗生物学机制的研究	2017.1 至 2019.12
77	蔡盼盼	植物科学技术学院	蔬菜学	陈青君	现代农业产业技术体系创新团队岗位专家—食用菌团队项目	2017.1 至 2019.12
78	尚　超	植物科学技术学院	蔬菜学	郭文忠	封闭式岩棉栽培番茄营养液精准调控机理与模型构建	2017.1 至 2019.12
79	冯加平	植物科学技术学院	蔬菜学	赵福宽	2017年北京市创新团队果类蔬菜团队岗位专家工作经费（科研类）	2017—2018
80	杨进山	植物科学技术学院	蔬菜学	王绍辉	LoxD 基因调控的番茄根系分泌物对根结线虫致病力的影响	2017.1 至 2019.12

（续）

序号	姓名	所在院系	专业、领域	导师姓名	课题（项目）名称	课题（项目）起止年
81	魏婧薇	植物科学技术学院	蔬菜学	赵文超	CITRX调控番茄对根结线虫抗性的机理初探	2017.1至2019.12
82	王美玲	植物科学技术学院	蔬菜学	张蓓春	中俄主要蔬菜基因资源遗传多样性比较研究	2012.5.1至2018.12.25
83	张明月	植物科学技术学院	蔬菜学	范双喜	18科技创新服务能力建设-2018年北京市创新团队叶菜类蔬菜团队本单位岗位专家工作经费（科研类）	2018.3~11
84	孙洪宝	植物科学技术学院	蔬菜学	许勇	CLSWEET11基因介导西瓜细菌性果斑病感病的分子机制	2017.1至2019.12
85	张文强	植物科学技术学院	蔬菜学	陈青君	现代农业产业技术体系创新团队岗位专家-食用菌团队项目	2017.1至2019.12
86	黄倩	植物科学技术学院	蔬菜学	韩莹琰	GA信号转导因子LsRGL1在叶用莴苣高温抽薹中的作用机制研究	2017—2020
87	孙艳超	植物科学技术学院	园艺学	张志勇	苹果上农药减施参数与活性关系	2017.9至2022.9
88	边慧慧	植物科学技术学院	园艺学	赵福宽	2017年北京市创新团队创新团队果类蔬菜团队岗位专家工作经费（科研类）	2017—2018
89	于佳玄	植物科学技术学院	园艺学	田信	观赏海棠叶片转色过程中DNA去甲基化途径修饰花色素苷代谢途径研究	2018.1至2021.12
90	范斯然	植物科学技术学院	园艺学	郭魏	"化学肥料和农药减施增效综合技术研发"试点专项1.4"活体生物农药增效及有害生物生态调控机制"	2017.1至2020.12

（续）

序号	姓名	所在院系	专业、领域	导师姓名	课题（项目）名称	课题（项目）起止年
91	郝 娟	植物科学技术学院	园艺学	张蓉蓉	中俄主要蔬菜基因资源遗传多样性比较研究	2012.5.1至2018.12.25
92	刘宁伟	植物科学技术学院	园艺学	曹庆芹	不同类型菌根中板栗PHt1家族菌根磷转运蛋白基因的功能及互作机制研究	2017.1至2020.12
93	潘高扬	植物科学技术学院	园艺学	郝敬虹	北京市教委联合资助重点项目—生长素响应因子ARF调控用莴苣高温抽薹的作用机制	2018.1至2020.12
94	李政荣	植物科学技术学院	园艺学	姚允聪	苹果园间作物遮避效应研究与遮避植物选择技术	2016.1至2020.12
95	乔 菡	植物科学技术学院	园艺学	沈元月	ABA调控草莓果实成熟的分子机制	2017.1至2020.12
96	齐轩艺	植物科学技术学院	园艺学	韩莹琰	叶类蔬菜产业技术体系北京市创新团队	2017.1至2020.12
97	曹 娜	植物科学技术学院	园艺学	陈青君	现代农业产业技术体系北京市食用菌创新团队项目	2017.1至2019.12
98	彭 轶	植物科学技术学院	园艺学	赵文超	2017年北京市创新团队果类蔬菜团队岗位专家工作经费（科研类）	2017—2018
99	刘 璐	植物科学技术学院	园艺学	邢 宇	转录因子FvWRKY46通过果胶裂解酶Fv-PLC调控草莓果实软化的分子机理	2018.1至2020.12
100	程 昊	植物科学技术学院	园艺学	张 杰	长城学者项目	2017.4至2020.12
101	丁双玉	植物科学技术学院	园艺学	许 勇	瓜类蔬菜优质多抗适应性强新品种培育	2018.6至2020.12
102	郭家洛	植物科学技术学院	园艺学	王进忠	片叶菱纹叶蝉传播枣疯病植原体特性及机制研究	2018.1至2020.12

（续）

序号	姓名	所在院系	专业、领域	导师姓名	课题（项目）名称	课题（项目）起止年
103	韩德峰	植物科学技术学院	园艺学	刘悦萍	平谷区"生态桥"工程关键技术集成与示范子课题	2018.1 至 2020.12
104	孔慢慢	植物科学技术学院	园艺学	王绍辉	2017年北京市创新团队果菜类蔬菜团队岗位专家工作经费（科研类）	2017—2018
105	王恩莹	植物科学技术学院	园艺学	姚允聪	苹果 mRNA 结合蛋白 MhRBP 调控脱落酸和干旱胁迫信号转导的功能	2019.1 至 2022.12
106	李承洁	植物科学技术学院	园艺学	刘超杰	外源亚精胺对生菜高温胁迫下多胺代谢的影响	2019.1 至 2021.12
107	武 扬	植物科学技术学院	园艺学	范双喜	18科技创新服务能力建设-2018年北京市创新团队叶类蔬菜团队本单位岗位专家工作经费（科研类）	2017.1 至 2019.12
108	张 建	植物科学技术学院	园艺学	沈元月	ABA 调控草莓果实成熟的分子机制	2017.1 至 2020.12
109	李安然	植物科学技术学院	园艺学	邢 宇	果园节水管理模式与示范	2018.1 至 2018.12
110	晁琳珂	植物科学技术学院	园艺学	张 杰	苹果 mRNA 结合蛋白 MhRBP 调控脱落酸和干旱胁迫信号转导的功能	2019.1 至 2022.12
111	王 科	植物科学技术学院	园艺学	董清华	设施草莓新品种优选及无土栽培	2017.9 至 2020.9
112	周思达	植物科学技术学院	农艺与种业	王维香	转座子诱发 ZmCCT 玉米茎腐病数量抗性的表观遗传调控研究	2016.1 至 2018.12

（续）

序号	姓名	所在院系	专业、领域	导师姓名	课题（项目）名称	课题（项目）起止年
113	朱皎姣	植物科学技术学院	农艺与种业	韩　俊	小麦 5AS 染色体特异 KASP 标记的开发	2017.1 至 2018.12
114	阮国希	植物科学技术学院	农艺与种业	杨　凯	小豆矮秆叶基因图位克隆和功能验证	2018.1 至 2020.12
115	李　蕊	植物科学技术学院	农艺与种业	杨　凯	多小叶小豆突变体复叶发育调控基因的图位克隆和功能分析	2018.1 至 2020.12
116	安炳静	植物科学技术学院	农艺与种业	谢　皓	小麦 5AS 染色体特异 KASP 标记的开发	2017.1 至 2018.12
117	冯　震	植物科学技术学院	农艺与种业	孙清鹏	玉米 NSS 八亲本 MAGIC 群体遗传结构分析和全基因组选择育种	2019.1～12
118	鲁可新	植物科学技术学院	农艺与种业	卢　敏	玉米 ZmSNAC1 基因调控植物耐旱的机制研究	2016.1 至 2018.12
119	赵新玉	植物科学技术学院	农艺与种业	王维香	玉米转录因子 ZmCCT 逆境应答的表观调控机制及抗逆作用机理研究	2019.1 至 2022.12
120	何泽明	植物科学技术学院	农艺与种业	谢　皓	不同颜色大豆籽粒营养品质及粒色相关调控基因分析	2018.1 至 2020.12
121	尚瓦瓦	植物科学技术学院	农艺与种业	潘金豹	基于连锁-关联分析剖析玉米茎秆糖相关性状遗传基础	2017.1 至 2020.12
122	麻玲源	植物科学技术学院	农艺与种业	李润枝	小麦群体耐深播性状评价及全基因组关联分析	2017.1 至 2019.12
123	张晓丰	植物科学技术学院	农艺与种业	王　晔	棉花不同根冠互作类型钾吸收的长距离信号调控机制	2018.1 至 2020.12

（续）

序号	姓名	所在院系	专业、领域	导师姓名	课题（项目）名称	课题（项目）起止年
124	张佳祺	植物科学技术学院	农艺与种业	韩　俊	小麦5AS染色体特异KASP标记的开发	2017.1至2018.12
125	王凯欣	植物科学技术学院	农艺与种业	史利玉	青贮玉米淀粉品质的全基因组关联分析	2018.1至2019.12
126	周佳星	植物科学技术学院	农艺与种业	卢　敏	玉米$ZmSNAC1$基因调控植物耐旱的机制研究	2016.1至2018.12
127	海迪丽亚·居马洪	植物科学技术学院	农艺与种业	万　平	小豆全基因组关联分析鉴定重要农艺性状基因	2017.1至2019.12
128	哈丽代·阿卜力米提	植物科学技术学院	农艺与种业	张喜春	设施番茄节水栽培技术集成及示范	2012.5.1至2018.12.25
129	牛淑庆	植物科学技术学院	农艺与种业	张　杰	长城学者项目	2017.4至2020.12
130	李　昱	植物科学技术学院	农艺与种业	田　佶	观赏海棠叶片转色过程中DNA去甲基化途径修饰花色素苷代谢途径研究	2018.1至2021.12
131	鲍小祠	植物科学技术学院	农艺与种业	韩莹琰	现代农业产业技术体系北京市叶类蔬菜创新团队	2017.1至2020.12
132	姜　曼	植物科学技术学院	农艺与种业	王邵辉	2017年北京市创新团队果类蔬菜团队岗位专家工作经费（科研类）	2017—2018
133	杨小雨	植物科学技术学院	农艺与种业	范双喜	现代农业产业技术体系北京市叶类蔬菜创新团队	2017.1至2020.12
134	宋梦妮	植物科学技术学院	农艺与种业	张　杰	苹果园间作物趋避效应研究与趋避植物选择技术	2016.1至2020.12

（续）

序号	姓名	所在院系	专业、领域	导师姓名	课题（项目）名称	课题（项目）起止年
135	王祎璠	植物科学技术学院	农艺与种业	陈青君	杏鲍菇菌渣种植草菇、双孢蘑菇循环再利用技术	2017.1 至 2019.12
136	王思凡	植物科学技术学院	农艺与种业	姚允聪	观赏海棠叶片转色过程中 DNA 去甲基化途径修饰花色素苷代谢途径研究	2018.1 至 2021.12
137	丁红伟	植物科学技术学院	农艺与种业	陈菁君	平谷生态桥工程	2017.1 至 2019.12
138	张　晗	植物科学技术学院	农艺与种业	沈元月	ABA 调控草莓果实成熟的分子机制	2017.1 至 2020.12
139	张　晗	植物科学技术学院	农艺与种业	沈元月	ABA 调控草莓果实成熟的分子机制	2017.1 至 2020.12
140	唐汉程	植物科学技术学院	农艺与种业	范双喜	现代农业产业技术体系北京市叶类蔬菜创新团队	2017.1 至 2020.12
141	邸　璇	植物科学技术学院	农艺与种业	张铁强	门头沟山区野生果树利用技术研究与示范	2018.1 至 2019.12
142	陈　晨	植物科学技术学院	农艺与种业	郝敬虹	生长素响应因子 ARF 调控叶用莴苣高温抽薹的作用机制	2018.1 至 2020.12
143	谷丽侠	植物科学技术学院	农艺与种业	赵文超	2017 年北京市创新团队团队岗位专家工作经费（科研类）	2017—2018
144	杜凯凯	植物科学技术学院	农艺与种业	范双喜	设施叶类蔬菜化肥农药减施增效建设模式的建立与应用	2016.1 至 2020.12
145	刘红星	植物科学技术学院	农艺与种业	邢　宇	果园节水管理模式与示范	2018.1 至 2018.12
146	孟宇航	植物科学技术学院	农艺与种业	张喜春	设施番茄节水栽培技术集成及示范	2012.5.1 至 2018.12.25

（续）

序号	姓名	所在院系	专业、领域	导师姓名	课题（项目）名称	课题（项目）起止年
147	董文华	植物科学技术学院	农艺与种业	董清华	设施蓝莓新品种优选及无土栽培	2017.7至2020.7
148	陈思宇	植物科学技术学院	农艺与种业	姚允聪	苹果园间作物趋避效应研究与趋避植物选择技术	2016.1至2020.12
149	路天宇	植物科学技术学院	农艺与种业	王顺利	蚯蚓粪基质化关键技术研究与示范	2018.1至2018.12
150	车明迪	植物科学技术学院	农艺与种业	沈元月	ABA调控草莓果实成熟的分子机制	2017.1至2020.12
151	贾雯惠	植物科学技术学院	农艺与种业	张杰	智慧果园精准技术集成研发与应用示范	2018.1至2021.12
152	梁媛	植物科学技术学院	农艺与种业	沈元月	ABA调控草莓成熟的分子机理	2017.1至2020.12
153	马越	植物科学技术学院	园艺	田佶	果园智慧管理服务平台建设与示范应用	2018.1至2021.12
154	程诺	植物科学技术学院	园艺	邹国元	叶类蔬菜产业技术体系北京市创新团队	2016.1至2020.12
155	吴健健	植物科学技术学院	园艺	张杰	苹果园间作物趋避效应研究与趋避植物选择技术	2016.1至2020.12
156	穆嘉琳	植物科学技术学院	园艺	沈漫	苹果园间作物趋避效应研究与趋避植物选择技术	2016.1至2020.12
157	郝帅	植物科学技术学院	园艺	王顺利	蚯蚓粪基质化关键技术研究与示范	2018.1至2018.12
158	曹小艳	植物科学技术学院	园艺	邢宇	转录因子FvWRKY46通过果胶裂解酶Fv-PLC调控草莓果软化的分子机理	2018.1至2019.12
159	王斌	植物科学技术学院	园艺	张凤兰	蔬菜商业化育种技术研究与示范 科技部科技支撑	2014—2018
160	司蕊	植物科学技术学院	园艺	韩莹琰	叶类蔬菜产业化技术体系北京市创新团队	2018.3～11

（续）

序号	姓名	所在院系	专业、领域	导师姓名	课题（项目）名称	课题（项目）起止年
161	段雨琳	植物科学技术学院	园艺	范双喜	2018年北京市创新团队叶类蔬菜团队本单位岗位专家工作经费	2018.3～11
162	王浩然	植物科学技术学院	园艺	范双喜	2018年北京市创新团队叶类蔬菜团队本单位岗位专家工作经费	2018.3～11
163	朱　旭	植物科学技术学院	园艺	韩莹琰	设施叶类蔬菜化肥农药减施增效建设模式的建立与应用	2016.1至2020.12
164	李秉妍	植物科学技术学院	园艺	范双喜	2018年北京市创新团队叶类蔬菜团队本单位岗位专家工作经费	2018.3～11
165	于晓婷	植物科学技术学院	园艺	李常保	番茄 Sp-0 基因调控系统素/茉莉酸介导的植物免疫反应的分子机理	2015.1至2018.12
166	郭显亮	植物科学技术学院	园艺	董清华	莘县中原现代农业嘉年华规划设计	2017.11至2018.4
167	于佳欣	植物科学技术学院	园艺	陈青君	现代农业产业技术体系创新团队专家—食用菌团队项目	2017.1至2018.4
168	安起佳	植物科学技术学院	园艺	谷建田 董清华	海淀区果树发展调研	2017.11至2018.4
169	果禹鑫	植物科学技术学院	园艺	陈青华	现代农业产业技术体系创新团队岗位专家—食用菌团队项目	2017.11至2018.4
170	刘　洁	植物科学技术学院	园艺	王绍辉	2017年北京市创新团队果类蔬菜团队岗位专家工作经费（科研类）	2017—2018

（续）

序号	姓名	所在院系	专业、领域	导师姓名	课题（项目）名称	课题（项目）起止年
171	代月星	植物科学技术学院	园艺	秦岭	18教师队伍建设-创新团队	2018—2020
172	申艳卿	植物科学技术学院	园艺	张喜春	北京市主要作物节水品种评价与展示项目	2016.3.3至2019.6.25
173	陈丽	植物科学技术学院	园艺	田佶	观赏海棠叶片特色过程中DNA去甲基化途径修饰花色素苷代谢途径研究	2018.1.1至2021.12.31
174	位素青	植物科学技术学院	园艺	张杰	苹果园间作物培避效应研究与培避植物选择技术	2016.1至2020.12
175	阿布来提·托合提提热结甫	植物科学技术学院	园艺	陈青君	杏鲍菇菌渣种植草菇、双孢蘑菇循环再利用技术	2017.11至2018.4
176	李岩	植物科学技术学院	园艺	陈洪伟	几种鼠尾草属花卉良种创制、快繁及世园会应用效果研究	2016.1至2018.12
177	崔璨	植物科学技术学院	园艺	张喜春	北京市主要作物节水品种评价与展示项目	2016.3.3至2019.6.25
178	孙娟	植物科学技术学院	园艺	沈元月 董清华	设施草莓新品种优选及无土栽培	2017.9至2020.9
179	焦春至	植物科学技术学院	园艺	张铁强	北京市残联扶贫助残基地科技服务	2017.4至2018.4
180	刘杨	植物科学技术学院	园艺	王绍辉	2017年北京市创新团队果类蔬菜团队岗位专家工作经费（科研类）	2017—2018
181	谢小翌	植物科学技术学院	园艺	张喜春	北京市主要作物节水品种评价与展示项目	2016.3.3至2019.6.25
182	孔淼	植物科学技术学院	园艺	姚允聪	中国海棠历史文化研究	2017.10至2018.10

（续）

序号	姓名	所在院系	专业、领域	导师姓名	课题（项目）名称	课题（项目）起止年
183	吕浩	植物科学技术学院	园艺	张运涛	中欧草莓新品种合作研发与区域化试验	2016.12至2020.12
184	谢心悦	植物科学技术学院	植物保护	魏艳敏	国家葡萄产业体系病虫害防控横向子课题	2009.1至2017.12
185	谷昊婧	植物科学技术学院	植物保护	张爱环	北京延庆区蝴蝶多样性观测	2016.1至2025.12
186	张伟琪	植物科学技术学院	植物保护	张志勇	苹果上农药减施参数与活性关系	2017.9至2020.9
187	任豆豆	植物科学技术学院	植物保护	张志勇	苹果上农药减施参数与活性关系	2017.9至2020.9
188	邢海风	植物科学技术学院	植物保护	郭魏	国家现代农业产业技术体系	2016—2020
189	刘杰	植物科学技术学院	植物保护	杜艳丽	京津冀作物新品种推广服务云平台建设应用	2017.1至2018.12
190	尹小花	植物科学技术学院	植物保护	郭魏	活体生物农药增效及有害生物生态调控机制	2017.7至2020.12
191	孟莉	植物科学技术学院	植物保护	杜艳丽	挥发物介导的青霉素-苹果-桃蛀螟互作关系研究	2017.1至2018.12
192	张桂军	植物科学技术学院	植物保护	毕扬	17科创-科研水平提高-科研计划（市级）（科研类）（其他商品和服务支出）——草莓炭疽病病原的多样性及其对杀菌剂的抗性风险研究（2016YFF0203200）	2016.1至2018.12
					种子、种苗与土壤处理技术及配套装备研发（2015BAD08B01-4）	2017.7至2020.12
193	贾安宁	植物科学技术学院	植物保护	李永强	高频跨境生物多目标高精准检测技术研究	2016.7至2020.12
					重要外来有害生物传入风险及监测技术研究	2015.4至2019.12
194	李茸梅	植物科学技术学院	植物保护	魏艳敏 赵晓燕	小豆白粉病的病原鉴定和小豆品种抗病性评价	2017.1至2018.12

（续）

序号	姓名	所在院系	专业、领域	导师姓名	课题（项目）名称	课题（项目）起止年
195	杨静	植物科学技术学院	植物保护	任争光	枣疯植原体候选效应蛋白PHYL-J1的鉴定与致病功能的研究	2018.1至2020.12
196	王琪	植物科学技术学院	植物保护	郭巍	活体生物农药增效及有害生物生态调控机制	2017.7至2020.12
197	卢蝶	植物科学技术学院	植物保护	尚巧霞	北京农学院蔬菜产业技术提升协同创新中心资助项目（XT201701）北京市粮经作物产业创新团队项目BAIC09-2019	2016.6至2019.12 2018.1至2019.12
198	杜津钊	植物科学技术学院	植物保护	陈艳	2018新型生产经营主体科技能力提升工程项目	2018.1至2020.12
199	贾静怡	植物科学技术学院	植物保护	李兴红 魏艳敏	京津冀林业有害生物绿色防控 北京市农林科学院林果蔬病虫害绿色防控协同创新专项	2017.1至2019.12 2019.1至2023.12
200	夏爱爱	植物科学技术学院	植物保护	陈艳	2018新型生产经营主体科技能力提升工程项目	2018.1至2020.12
201	王焕雪	植物科学技术学院	种业	李润枝	小麦种子活力性状基因定位与克隆	2016.1至2020.12
202	赵阳佳	植物科学技术学院	种业	李润枝	2018年北京市粮田休耕轮作推进项目至技术模式集成与示范	2017.1至2018.12
203	马恩泽	植物科学技术学院	种业	谢皓	小豆及野生资源繁殖更新与入库	2016.1至2018.12
204	孙佳慧	植物科学技术学院	种业	李云伏	非编码RNA参与光照调控小麦光温敏不育机理初步研究	2018.1至2021.12

（续）

序号	姓名	所在院系	专业、领域	导师姓名	课题（项目）名称	课题（项目）起止年
205	吴寒	植物科学技术学院	种业	杨凯	小豆矮秆矮叶突变基因的图位克隆和功能分析	2016.1至2019.12
206	赵超琦	植物科学技术学院	种业	杨凯	多小叶小豆突变体复叶发育调控基因的图位克隆和功能分析	2018.1至2020.12
207	邢玉姣	植物科学技术学院	资源利用与植物保护	郭魏	国家重点研发项目子课题	2018—2020
208	李妍	植物科学技术学院	资源利用与植物保护	魏艳敏	国家葡萄产业体系病虫害防控横向子课题	2009.1至2017.12
209	李成	植物科学技术学院	资源利用与植物保护	张志勇	苹果上农药减施参数与活性关系	2017.9至2022.9
210	王松	植物科学技术学院	资源利用与植物保护	张帆	国家桃产业技术体系	2018.9至2020.7
211	李杨	植物科学技术学院	资源利用与植物保护	尚巧霞	北京农学院蔬菜产业技术提升协同创新中心资助项目（XTZ201701）	2016.6至2019.12
					北京市粮经作物产业创新团队项目（BAIC09—2019）	2018.1至2019.12
212	李梦涵	植物科学技术学院	资源利用与植物保护	魏艳敏 任争光	核桃病虫害防治及农药减量技术研究横向子课题	2018.1至2019.10
213	闫晨鸽	植物科学技术学院	资源利用与植物保护	李永强	高频跨境生物多目标高精准检测技术研究（2016YFF0203200）	2016.7至2020.12
					重要外来有害生物传入风险及监测技术研究（2015BAD08B01-4）	2015.4至2019.12
214	温浩	植物科学技术学院	资源利用与植物保护	毕扬	草莓炭疽病对双苯菌胺的抗性风险评估及抗性分子机制研究	2017.7至2020.12

（续）

序号	姓名	所在院系	专业、领域	导师姓名	课题（项目）名称	课题（项目）起止年
215	周　宇	植物科学技术学院	资源利用与植物保护	尚巧霞	北京农学院蔬菜产业技术提升协同创新中心资助项目（XT201701） 北京市粮经作物产业创新团队项目（BAIC09—2019）	2016.6至2019.12 2018.1至2019.12
216	宁钧晖	植物科学技术学院	资源利用与植物保护	任争光	枣疯植原体候选效应蛋白PHYL1-J1的鉴定与致病功能研究	2018.1至2020.12
217	冯玉环	植物科学技术学院	资源利用与植物保护	王进忠	片突菱纹叶蝉传播枣疯病植原体特性及机制研究	2018—2020
218	韩春雨	植物科学技术学院	资源利用与植物保护	杜艳丽	挥发物介导的青霉菌-苹果-桃蛀螟互作关系的研究	2017.8至2020
219	刘海同	植物科学技术学院	资源利用与植物保护	王进忠	片突菱纹叶蝉传播枣疯病植原体特性及机制研究	2018—2020
220	刘路路	植物科学技术学院	资源利用与植物保护	张爱环	北京延庆祥区蝴蝶多样性观测	2016.1至2025.12
221	李春娜	植物科学技术学院	资源利用与植物保护	张志勇	苹果上农药减施参数与活性关系	2017.9至2022.9
222	李亚萌	植物科学技术学院	资源利用与植物保护	郭　魏	国家重点研发项目子课题	2018—2020
223	任千惠	植物科学技术学院	资源利用与植物保护	杜艳丽	挥发物介导的青霉菌-苹果-桃蛀螟互作关系研究	2017.8至2020
224	蓝　岚	植物科学技术学院	资源利用与植物保护	魏艳敏	国家葡萄产业体系病虫害防控横向子课题	2009.1至2017.12
225	吕梦洁	植物科学技术学院	资源利用与植物保护	尚巧霞	北京市粮经作物产业创新团队项目（BAIC09—2019）	2018.1至2019.12

（续）

序号	姓名	所在院系	专业、领域	导师姓名	课题（项目）名称	课题（项目）起止年
226	冯洁昕	植物科学技术学院	资源利用与植物保护	尚巧霞	北京农学院蔬菜产业技术提升协同创新中心资助项目（XT201701）	2016.6 至 2019.12
227	张诗婉	植物科学技术学院	资源利用与植物保护	杜艳丽	挥发物介导的青霉菌－苹果－桃蛀螟互作关系研究	2017.8 至 2020
228	刘　衎	植物科学技术学院	资源利用与植物保护	石生伟	设施蔬菜地氨排放状况及强化治理方案研究	2017.10 至 2019.12
229	王　滔	植物科学技术学院	资源利用与植物保护	贾月慧	海河流域污灌农田重金属污染综合防治技术示范与推广	2018.7 至 2021.12
230	黄艳虹	植物科学技术学院	资源利用与植物保护	高　凡	北京市延庆区野生高等植物物种多样性本底调查与评估	2017.8 至 2019.12
231	王兴宇	植物科学技术学院	资源利用与植物保护	刘　杰	耕地地力与化肥利用率关系及时空变化规律	2016.1 至 2020.12
232	郑　然	植物科学技术学院	资源利用与植物保护	郭家选	北京市延庆区野生高等植物物种多样性本底调查与评估	2017.1 至 2018.12
233	王洪鑫	植物科学技术学院	资源利用与植物保护	贾月慧	油菜秸秆、磷灰石及其复合体对土壤镉的钝化机制研究	2017.1 至 2019.12
234	李加彭	植物科学技术学院	资源利用与植物保护	郭家选	北京市延庆区野生高等植物物种多样性本底调查与评估	2017.1 至 2018.12
235	王海洋	植物科学技术学院	资源利用与植物保护	段碧华	土壤次生盐渍化对土传真菌病害发生的影响机制	2017.7 至 2020.12
236	郭　明	植物科学技术学院	资源利用与植物保护	刘　云	京郊不同尺度生态绿地格局及其对调洪净污功能的影响研究	2018.1 至 2020.12

（续）

序号	姓名	所在院系	专业、领域	导师姓名	课题（项目）名称	课题（项目）起止年
237	张可馨	植物科学技术学院	资源利用与植物保护	梁琼	生物质炭输入对土壤团聚体碳氮固持的影响机制研究	2017.1至2019.12
238	刘续婷	植物科学技术学院	资源利用与植物保护	刘云	京郊不同尺度生态绿地格局极其对调洪净污功能的影响研究	2018.1至2020.12
239	张磊	植物科学技术学院	资源利用与植物保护	段碧华	海南省烟草公司重点项目	2018.1至2020.12
240	郭书豪	植物科学技术学院	资源利用与植物保护	段碧华	全国农村可再生资源利用发展现状与趋势	2018.1至2020.12
241	韩秋	植物科学技术学院	资源利用与植物保护	段碧华	全国农村太阳能资源利用发展现状	2018.1至2020.12
242	王路路	植物科学技术学院	资源利用与植物保护	邵长亮	基于全生命周期分析的多尺度草甸草原经营景观碳收支研究	2018.1至2021.12
243	郭利娜	植物科学技术学院	资源利用与植物保护	石生伟	北京城市下垫面覆土厚度和植被对渗滤液通量和水质的影响	2017.10至2019.12
244	杨艺	植物科学技术学院	作物	潘金豹	优质高效节水青贮玉米新选育种与示范推广	2017.1至2019.12
245	杨艺	植物科学技术学院	作物	潘金豹	青贮玉米新品种产业化关键技术研究	2016.1至2018.12
246	杨艺	植物科学技术学院	作物	潘金豹	优质高产青贮玉米品种筛选与机械化高效生产技术	2016.1至2020.12
247	史冬梅	植物科学技术学院	作物	潘金豹	优质高效节水青贮玉米新品种选育种与示范推广	2017.1至2019.12
248	史冬梅	植物科学技术学院	作物	潘金豹	青贮玉米新品种产业化关键技术研究	2016.1至2018.12

（续）

序号	姓名	所在院系	专业、领域	导师姓名	课题（项目）名称	课题（项目）起止年
249	史冬梅	植物科学技术学院	作物	潘金豹	优质高产青贮玉米品种筛选与机械化高效生产技术	2016.1至2020.12
250	赵孟月	植物科学技术学院	作物	万平	小麦5AS染色体特异KASP标记的开发	2017.1至2018.12
251	芮美华	植物科学技术学院	作物	卢敏	玉米ZmSNAC1基因调控植物耐旱的机制研究	2016.1至2018.12
252	樊若希	植物科学技术学院	作物	万平	小豆及野生资源繁殖更新与入库	2016.1至2018.12
253	任雪妮	植物科学技术学院	作物	潘金豹	优质高效节水青贮玉米新品种选育与示范推广	2017.1至2019.12
254	任雪妮	植物科学技术学院	作物	潘金豹	青贮玉米新品种产业化关键技术研究	2016.1至2018.12
255	任雪妮	植物科学技术学院	作物	潘金豹	优质高产青贮玉米品种筛选与机械化高效生产技术	2016.1至2020.12
256	秦新月	植物科学技术学院	作物	魏建华	优质高产抗病谷子种质创制与新品种联合选育	2016.1至2018.12
257	崔丽娥	植物科学技术学院	作物	王维香	玉米转录因子ZmCCT逆境应答的表观调控机制及抗逆作用机理研究	2019.1至2022.12
258	郭晓明	植物科学技术学院	作物	张立平	非编码RNA参与光照调控小麦光温敏不育机理初步研究	2018.1至2021.12
259	张梦玉	植物科学技术学院	作物	王维香	玉米茎腐病抗病基因ZmCCT调控下游靶标基因鉴定	2018.1～12

（续）

序号	姓名	所在院系	专业、领域	导师姓名	课题（项目）名称	课题（项目）起止年
260	张梦玉	植物科学技术学院	作物	王维香	转座子诱发ZmCCT玉米茎腐病数量抗性的表观遗传调控研究	2016.1至2018.12
261	田宇	植物科学技术学院	作物	万平	小豆全基因组关联分析鉴定重要农艺性状基因	2017.1至2019.12
262	邱思奇	动物科学技术学院	基础兽医学	沈红	国家自然科学基金青年科学基金项目（31401666）	2015—2018
263	石宁	动物科学技术学院	养殖	李艳玲	京郊奶公牛项目	2017—2018
264	宋文华	动物科学技术学院	兽医	姚华	宠物同粮营养技术及产品研发	2017—2019
265	黄小萌	动物科学技术学院	临床兽医学	高建明	miRNA-192/PPARγ对猪体外成熟卵母细胞脂滴代谢的调控机制	2016.1至2019.12
266	孟伯龙	动物科学技术学院	兽医专硕	任晓明	服务于京津冀协同发展的健康养猪关键技术创新集成示范应用/北京市创新产业技术体系生猪团队项目	2015—2017/2016—2018
267	冯宇航	动物科学技术学院	养殖硕士	郭勇	北京市家禽产业创新团队（BAIC04—2018）	2018
268	王芸	动物科学技术学院	临床兽医学	董虹	国家自然科学基金（31572558）	2016—2019
269	杨健	动物科学技术学院	临床兽医学	倪和民	国家自然科学基金（31470118）	2015—2018
270	杨宁	动物科学技术学院	基础兽医学	李焕荣	PCV2诱导的猪内皮源IL-8调控单核细胞源树突状细胞分化及其信号机制	2015—2018
271	朱雯宇	动物科学技术学院	临床兽医学	穆祥	农业部公益性行业专项	2016—2018
272	陈吉铭	经济管理学院	农业经济管理	刘芳	京津冀乳制品冷链物流系统化研究	2016—2019

（续）

序号	姓名	所在院系	专业、领域	导师姓名	课题（项目）名称	课题（项目）起止年
273	郭世娟	经济管理学院	农业经济管理	李　华	家禽产业技术体系北京市创新团队	2016—2020
274	何间育	经济管理学院	农业经济管理	刘　芳	乳制品进口对中国奶业影响机理：国际传导、产业链冲击及对策研究	2015—2018
275	栗卫清	经济管理学院	农业经济管理	何忠伟	国家自然科学基金项目	2015.5至今
276	栗卫清	经济管理学院	农业经济管理	何忠伟	现代农业产业技术体系北京市创新团队绩效评估	2017.8至今
277	李　悦	经济管理学院	农村与区域发展	曹　暕	北京城市副中心农业农村政策研究与制定（通州）	2017—2018
278	杨碧波	经济管理学院	农村与区域发展	李　华	北京油鸡申请农业文化遗产保护	2016—2020
279	宋文君	经济管理学院	农村与区域发展	李　嘉	北农新型生产经营主体科技能力提升项目（科研类）（其他商品和服务支出）-门头沟区清水镇梁家庄村	2017—2019
280	白宏伟	经济管理学院	农村与区域发展	肖红波	京津冀现代农业协同发展机制研究	2017.1至2019.12
281	郭　蕾	经济管理学院	农村与区域发展	华玉武	北京农学院"菜篮子"新型生产经营主体提升项目	2016.9至2018.12
282	郭　蕾	经济管理学院	农村与区域发展	华玉武	门头沟生态环境保护评价指标体系构建及实证研究	2017.4至2018.12
283	何　临	经济管理学院	农村与区域发展、农业与农村金融	李　华	北京市社会科学基金项目——北京农业众筹风险防范机制研究（16JDYJB016）	2016—2018

（续）

序号	姓名	所在院系	专业、领域	导师姓名	课题（项目）名称	课题（项目）起止年
284	何临	经济管理学院	农村与区域发展、农业与农村金融	李华	2017北京农学院研究生科研创新项目——北京闲农业众筹融资模式研究（5056516005/035）	2017—2018
285	何临	经济管理学院	农村与区域发展、农业与农村金融	李华	家禽产业技术体系北京市创新团队专项（BAIC04—2018）	2018.1～12
286	王萌	园林学院	森林培育	刘云	国家公益性行业（气象）科研专项（GYHY201406035）：气候和土地利用变化对森林的影响及适应对策第一子课题森林景观格局与服务功能时空差异研究	2014.1至2019.12
287	刘红	园林学院	森林培育	张克	北京世园会观赏园艺技术集成应用与科技示范工程	2016—2018
288	于金平	园林学院	园林植物与观赏园艺	王文和	北京世园会观赏园艺技术集成应用与科技示范工程	2016—2018
289	李红斌	园林学院	风景园林学	卢圣	沉浸式虚拟现实景观与现实环境差异性研究——以北京农学院为例	2017—2018
290	高阳	园林学院	风景园林学	马晓燕	河北衡水康达基产业园规划设计	2017—2018
291	靳远	园林学院	风景园林学	付军	国家林业局房山区平原造林植物景观规划设计（国家林业局京张铁路沿线植物景观设计）	2017—2018
292	乔博	园林学院	风景园林学	付军	国家林业局房山区平原造林植物景观规划设计（国家林业局京张铁路沿线植物景观设计）	2017—2018

（续）

序号	姓名	所在院系	专业、领域	导师姓名	课题（项目）名称	课题（项目）起止年
293	毕鹏伟	园林学院	风景园林学	韩丽莉	北京市科技计划课题——北京市建成区海绵城市关键技术研发及示范（D16110005916002）	2017—2018
294	毕鹏伟	园林学院	风景园林学	韩丽莉	园林绿地生态功能评价与调控技术北京市重点实验室开放课题——园林绿地雨水花园改造关键技术研究（ST201703）	2017—2018
295	唐　睿	园林学院	风景园林	黄　凯	天池峡谷红色旅游基地建设研究	2016—2018
296	蒋怡水	园林学院	风景园林	黄　凯	天池峡谷红色旅游基地建设研究	2016—2018
297	刘韫喆	园林学院	风景园林	冯　丽	北京市怀柔区市级绿道选线规划	2017.12 至 2018.12
298	张丹霞	园林学院	林业	王文和	北京世园会观赏园艺技术集成应用与科技示范工程	2016—2018
299	敖地秀	园林学院	林业	黄丛林	四类中国传统名花良种繁育及花期调控技术研究	2016.1 至 2018.12
300	敖地秀	园林学院	林业	黄丛林	万寿菊产业化关键技术研究与集成示范	2016.11 至 2018.10
301	敖地秀	园林学院	林业	黄丛林	菊花特色资源的收集保存与评价利用	2017.1 至 2019.12
302	郭　宁	园林学院	林业	张　克	三千花谷	2017.10 至 2019
303	高　擎	园林学院	风景园林学	韩丽莉	北京市科技计划课题——北京市建成区海绵城市关键技术研发及示范（D16110005916002）	2017—2018
304	高　擎	园林学院	风景园林学	韩丽莉	园林绿地生态功能评价与调控技术北京市重点实验室开放课题——园林绿地雨水花园改造关键技术研究（ST201703）	2017—2018

（续）

序号	姓名	所在院系	专业、领域	导师姓名	课题（项目）名称	课题（项目）起止年
305	彭锡钰	食品科学与工程学院	食品加工与安全	吕莹	分级糙粑粉的性质、应用及糙粑能量棒开发	2016.9至2018.6
306	陈仪婷	食品科学与工程学院	食品加工与安全	张红星	降胆固醇乳酸菌的筛选及其对大鼠降胆固醇作用研究	2017.3至2018.3
307	程怡然	食品科学与工程学院	食品加工与安全	赵晓燕	加工番茄不同品种果胶性质及制酱流动特性的研究	2016.7至2019.6
308	孙亚娟	食品科学与工程学院	食品加工与安全	王芳	大肠杆菌K12在樱桃番茄中生长及残留情况的影响因素研究	2016.10至2018.7
309	李娜	食品科学与工程学院	食品加工与安全	伍军	预调鸡丁配方与保鲜效果的研究	2016—2018
310	张子豪	食品科学与工程学院	食品加工与安全	高秀芝	一种细菌素在调制肉制品贮藏保险中的应用	2016.6至2017
311	郭旭	食品科学与工程学院	食品加工与安全	易欣欣	油菜连作	2012至今
312	常菁	食品科学与工程学院	食品加工与安全	易欣欣	现代农业产业技术体系北京市叶类蔬菜创新团队	2012至今
313	吴晨昊	食品科学与工程学院	食品加工与安全	韩涛	五味子对于肉制品中N-亚硝胺的抑制作用	2017.6至2018.3
314	王姬宇	食品科学与工程学院	食品加工与安全	谢远红	2株空间乳酸杆菌功能开发、改良及安全性评价	2016.11至2017.9
315	裴彦芬	食品科学与工程学院	食品加工与安全、益生菌发酵	刘慧	2株空间乳酸杆菌功能开发、改良及安全性评价	2016.11至2017.9
316	辛周	食品科学与工程学院	食品加工与安全、葡萄与葡萄酒工程	李德美	贺兰山东麓特色葡萄酒生产工艺体系及葡萄酒标准体系建立研究	2017—2019

（续）

序号	姓名	所在院系	专业、领域	导师姓名	课题（项目）名称	课题（项目）起止年
317	杨雯婀	食品科学与工程学院	食品加工与安全	谢远红	乳酸菌素在肉制品保鲜中的应用、植物乳杆菌素与 Nisin 复合保鲜膜在冷鲜肉保鲜中的应用	2017—2018
318	张欣瑶	食品科学与工程学院	食品加工与安全	陈湘宁	农产品供应全程质量控制集成应用及示范基地建设	2017.1 至 2019.6
319	巩翰颖	食品科学与工程学院	食品加工与安全	卢大新	铁锌在小麦产业链的含量变化与影响因素研究	2017.6 至 2018.6
320	孙毅蒙	食品科学与工程学院	食品加工与安全、食品检测新技术	丁柯	食品质量与安全北京实验室北京农学院开放课题	2017.7 至 2018.7
321	胡洁	计算机与信息工程学院	农业信息化	徐践	市创新团队粮食作物团队岗位专家工作经费（科研类）	2016—2018
322	胡洁	计算机与信息工程学院	农业信息化	徐践	研究生教改项目——延庆区井庄镇果栽培管理知识培训系统	2017—2018
323	邓雪超	计算机与信息工程学院	农业信息化	郑文刚	城郊型井渠灌区农业水资源管理技术研究与示范	2015—2018
324	李雪梦	计算机与信息工程学院	农业信息化	徐践	研究生教改项目——延庆区井庄镇蔬果栽培管理知识培训系统	2017—2018

图书在版编目（CIP）数据

都市型农林高校研究生教育内涵式发展与实践.2018/
姚允聪，何忠伟，董利民主编.—北京：中国农业出版
社，2019.9
　ISBN 978-7-109-25829-7

　Ⅰ.①都…　Ⅱ.①姚…②何…③董…　Ⅲ.①农学-
研究生教育-研究-中国②林学-研究生教育-研究-中
国　Ⅳ.①S3②S7

中国版本图书馆 CIP 数据核字（2019）第 183196 号

中国农业出版社出版
地址：北京市朝阳区麦子店街 18 号楼
邮编：100125
责任编辑：冀　刚
版式设计：韩小丽　　责任校对：沙凯霖
印刷：化学工业出版社印刷厂
版次：2019 年 9 月第 1 版
印次：2019 年 9 月北京第 1 次印刷
发行：新华书店北京发行所
开本：720mm×960mm　1/16
印张：19
字数：380 千字
定价：60.00 元